Lutz Lambert
Mechatronische Systeme

Weitere empfehlenswerte Titel

Modellbasierte Entwicklung Mechatronischer Systeme
mit Software- und Simulationsbeispielen für Autonomes Fahren
Frank Tränkle, 2021
ISBN 978-3-11-072346-5, e-ISBN (PDF) 978-3-11-072352-6,
e-ISBN (EPUB) 978-3-11-072355-7

Modellbasierte Entwicklung Mechatronischer Systeme
mit Funktionsmodellen und Laborprojekten für Servoantriebe
Jürgen Baur, geplant für 2022
ISBN 978-3-11-074444-6, e-ISBN (PDF) 978-3-11-074446-0,
e-ISBN (EPUB) 978-3-11-074448-4

Toleranzdesign
im Maschinen- und Fahrzeugbau
Bernd Klein, 2021
ISBN 978-3-11-072070-9, e-ISBN (PDF) 978-3-11-072072-3,
e-ISBN (EPUB) 978-3-11-072075-4

Maschinenelemente, Hubert Hinzen
Maschinenelemente 1, 2017
ISBN 978-3-11-054082-6, e-ISBN (PDF) 978-3-11-054087-1,
e-ISBN (EPUB) 978-3-11-054104-5
Maschinenelemente 2: Lager, Welle-Nabe-Verbindungen, Getriebe, 2018
ISBN 978-3-11-059707-3, e-ISBN (PDF) 978-3-11-059708-0,
e-ISBN (EPUB) 978-3-11-059758-5
Maschinenelemente 3: Verspannung, Schlupf und Wirkungsgrad,
Bremsen, Kupplungen, Antriebe, 2020
ISBN 978-3-11-064546-0, e-ISBN (PDF) 978-3-11-064707-5,
e-ISBN (EPUB) 978-3-11-064714-3

Mechatronische Netzwerke
Praxis und Anwendungen
Jörg Grabow, 2018
ISBN 978-3-11-047084-0, e-ISBN (PDF) 978-3-11-047085-7,
e-ISBN (EPUB) 978-3-11-047095-6

Lutz Lambert

Mechatronische Systeme

Modellbildung und Simulation mit MATLAB®/SIMULINK®

DE GRUYTER
OLDENBOURG

Autor
Prof. Dr. Lutz Lambert
Hezilostr. 7
97422 Schweinfurt
lutz.lambert@web.de

ISBN 978-3-11-073799-8
e-ISBN (PDF) 978-3-11-073801-8
e-ISBN (EPUB) 978-3-11-073311-2

Library of Congress Control Number: 2021950670

Bibliografische Information der Deutschen Nationalbibliothek
Die Deutsche Nationalbibliothek verzeichnet diese Publikation in der DeutschenNationalbibliografie; detaillierte bibliografische Daten sind im Internet über http://dnb.dnb.de abrufbar.

Printing and binding: CPI books GmbH, Leck
Cover image: Gettyimages / zorazhuang

www.degruyter.com

Vorwort

Mechanische, elektrische bzw. elektronische und informationsverarbeitende Systeme waren in der Vergangenheit Gegenstand eigenständiger Disziplinen. In jüngster Zeit hat sich in Verbindung mit neuen Anforderungen ein technologischer Wandel vollzogen, bei dem mechanische durch elektrische bzw. elektronische Komponenten ergänzt oder ersetzt und Mikrorechner unterstützend mit einbezogen wurden. Dabei hat es sich als notwendig erwiesen, die jeweiligen Komponenten nicht mehr isoliert, sondern als Ganzes zu betrachten. Damit ist ein neues Fachgebiet *Mechatronik* entstanden, das die Fachgebiete Mechanik, Elektrotechnik und Informatik miteinander vereinigt.

Mit diesem Lehrbuch wird der Symbiose aus den drei Disziplinen durch fächerübergreifende Simulationen Rechnung getragen. Dabei erfordert die Entwicklung der Simulationsmodelle Grundlagekenntnisse in den drei Fächern. Hinzu kommt noch Grundlagenwissen in Regelungs- und Steuerungstechnik. Mit diesen Grundlagenkenntnissen sind Studierende der Mechatronik und auf diesem Gebiet in der Praxis arbeitende Ingenieure, an die sich das Buch richtet, i.A. vertraut.

Da mechatronische Anwendungen sich aus mechanischen, elektrischen und informationsverarbeitenden Komponenten zusammensetzen und dabei komplexe Strukturen bilden, lassen sie sich kaum noch analytisch beschreiben. Daher ist eine Modellierung mit anschließender Simulation von besonderer Bedeutung. Doch nicht nur für die Analyse eines mechatronischen Systems werden Simulationsmodelle entwickelt, sondern auch beim Entwicklungsprozess eines neuen Projektes vor der Realisierung von Hardware- und Softwarekomponenten, um Kosten und Zeit zu sparen.

Alle mit Sorgfalt für dieses Buch erstellten Modelle stehen dem Leser für eigene Untersuchungen auf der Web-Seite des Verlages https://www.degruyter.com/document/isbn/9783110738018/html zum Download zur Verfügung. Die Verwendung dieser Modelle und des Buchinhalts ist ausschließlich für die Lehre gedacht. Treten bei anderweitiger Verwendung Fehler auf, haftet weder der Autor noch der Verlag.

Der Enstehung des Buches liegt dem Autor seine langjährige Erfahrung in der Lehre an der Fachhochschule Würzburg-Schweinfurt, der Hamburger Fernhochschule und der Diploma-Fernhochschule sowie industrielle Projektbetreuung zugrunde. Das Korrekturlesen übernahm dankenswerterweise mein Kollege Prof. Dr. Günther Dorn.

https://doi.org/10.1515/9783110738018-202

Inhaltsverzeichnis

Vorwort — V

Einleitung — 1

1 Modellbildung mechatronischer Systeme — 3
1.1 Physikalische Grundgesetze — **3**
1.1.1 Mechanik — **4**
1.1.2 Elektrotechnik — **6**
1.1.3 Wärmeleitung — **6**
1.1.4 Fluidik — **7**
1.2 Entwicklung von Simulationsmodellen — **8**
1.2.1 Systeme mit einer Eingangs- und einer Ausgangsgröße — **8**
1.2.2 Systeme mit mehreren Ein-und Ausgangsgrößen — **14**
1.3 Bausteine der Modellbildung — **19**
1.4 Numerische Integration — **20**
1.5 Modellbildung einfacher Beispiele — **21**
1.5.1 Mechanische Beispiele — **21**
1.5.2 Elektrische Beispiele — **26**
1.5.3 Pneumatische Beispiele — **30**
1.6 Auswahl und Einstellung von Reglern — **31**
1.6.1 Unterteilung der Strecken — **31**
1.6.2 Verwendung und Entwurf eines PID-Reglers — **33**
1.6.3 Zustandsregelung — **53**
1.7 Antworten zu den Kontrollfragen — **60**

2 Modellbildung und Simulation mechatronischer Systeme — 61
2.1 Elektrischer Motor als Aktuator — **61**
2.1.1 Modellbildung und Simulation — **61**
2.1.2 Ansteuerung von Kleinmotoren — **64**
2.2 Positionsregelung eines Radioteleskops — **67**
2.2.1 Kontrollfragen — **77**
2.3 Untersuchung von vertikalen Kraftfahrzeug-Schwingungen — **77**
2.4 Antrieb eines Kraftfahrzeug-Fensterhebers — **82**
2.4.1 Beschreibung des Kfz-Fensterhebers — **82**
2.4.2 Modellierung — **82**
2.4.3 Kontrollfragen — **88**
2.5 Modellierung und Regelung eines E-Bike-Antriebs — **88**
2.5.1 Drehmomentsensor — **89**
2.5.2 Drehimpulssensor am Laufrad (Hinterrad) — **90**

2.5.3 Drehimpulssensor an der Tretkurbelwelle — 90
2.5.4 Modellierung des E-Bike-Antriebs — 91
2.5.5 Kontrollfragen — 101
2.6 Weglose Waage — 101
2.6.1 Funktion der weglosen Waage — 102
2.6.2 Modellierung der weglosen Waage — 103
2.6.3 Regelung der weglosen Waage — 107
2.6.4 Kontrollfragen — 114
2.7 Höhen- und Stabilitätsregelung eines Quadrocopters — 114
2.7.1 Beschreibung des Quadrocopters — 114
2.7.2 Modell des Quadrocopters für senkrechten Flug — 116
2.8 Regelung der Drosselklappenstellung bei Kraftfahrzeugen — 131
2.8.1 Beschreibung der Drosselklappe — 131
2.8.2 Modellierung der Drosselvorrichtung — 132
2.8.3 Regelung des Drosselklappenwinkels — 141
2.8.4 Kontrollfragen — 145
2.9 Auswirkung von Haft- und Gleitreibung — 145
2.9.1 Entstehung von Schwingungen bei Gleitreibung — 145
2.9.2 Verstärkung der Schwingung durch zusätzliche Haftreibung — 147
2.9.3 Der Stick-Slip-Effekt beim Kfz-Scheibenwischer — 149
2.10 Geschwindigkeits- und Abstandsregelung eines Kraftfahrzeugs — 152
2.10.1 Modellierung der Dynamik des Kraftfahrzeugs — 152
2.10.2 Geschwindigkeitsregelung — 155
2.10.3 Abstandsregelung — 159
2.11 Lageregelung von Kleinsatelliten — 162
2.11.1 Modellierung der Strecke — 163
2.11.2 Regelung des Satellitenwinkels — 166
2.11.3 Kontrollfragen — 169
2.12 Gleichlaufregelung bei Walzantrieben — 170
2.12.1 Beschreibung der Aufgabe — 170
2.12.2 Modellierung des Antriebs — 171
2.12.3 Winkelregelung des Slaveantriebs — 175
2.13 Regelung der Raumtemperatur — 179
2.13.1 Modellierung — 180
2.13.2 Modellierung des Dreiwege-Mischventils — 185
2.13.3 Regelung der Kesseltemperatur — 188
2.14 Antworten zu den Kontrollfragen — 190

3 Signalverarbeitung — 193
3.1 Diskrete Fouriertransformation (DFT) — 193
3.2 Messwertübertragung — 196
3.2.1 Modulator — 197

3.2.2 Demodulator — 198
3.2.3 Automatic Gain Control — 204
3.3 Pseudozufallszahlengenerator — 207

4 Modellbildung und Simulation hybrider Systeme — 209
4.1 Beschreibung ereignisdiskreter Systeme — 209
4.2 Modellierung und Simulation ereignisdiskreter Systeme — 211
4.2.1 Funktionsüberwachung eines Motors — 211
4.2.2 Modellierung eines Ziffernschlosses als Automat — 214
4.2.3 Modellierung einer Parkuhr — 215
4.3 Ereignisdiskrete Steuerung — 217
4.3.1 Verknüpfungssteuerung — 218
4.3.1.1 Dualzahlgenerator — 219
4.3.1.2 Untersuchung einer Verriegelungsschaltung — 220
4.3.1.3 Sperrsignal zur Verhinderung falscher 7-Segment-Anzeige — 222
4.3.1.4 Verknüpfung von Zuständen mit Aktionen — 223
4.3.1.5 Ansteuerung einer 7-Segment-Anzeige — 225
4.3.1.6 Lampensteuerung mit drei Schaltern — 227
4.3.1.7 Steuerung einer Verteilerstation — 229
4.3.2 Analyse von Schaltnetzen — 233
4.4 Ablaufsteuerungen — 236
4.4.1 Steuerung der Position eines Roboterarms — 236
4.4.2 Steuerung einer Rolltreppe — 239
4.4.3 Schleuse zur Desinfektion — 242
4.4.4 Zweigleisige Eisenbahnstrecke mit eingleisigem Tunnel — 245
4.4.5 Fahrstuhlsteuerung — 248

5 Übungsaufgaben mit Lösungen — 253
5.1 Übungsaufgaben — 253
5.1.1 Aufgaben mit dynamischen Systemen — 253
5.1.2 Ereignisdiskrete Aufgaben — 257
5.2 Lösungen — 262
5.2.1 Lösungen von dynamischen Systemen — 262
5.2.2 Lösungen von ereignisdiskreten Systemen — 270

Literatur — 277

Sachregister — 279

Einleitung

Bei der Entwicklung mechatronischer Systeme hat es sich aufgrund ihrer Komplexität als sinnvoll und notwendig erwiesen, ihr Verhalten vor ihrer Realisierung auf einem Rechner zu simulieren, um Irrtümer zu vermeiden. Dabei wird entweder das gesamte System oder nur ein Teil simuliert, wobei der andere Teil als reales System vorhanden ist (Hardware in the Loop Simulation). Darüber hinaus werden innovative Ideen ebenfalls mit einer Simulation auf ihre Tauglichkeit hin überprüft. Ferner hilft eine Simulation, das Verhalten nichtlinearer Systeme, das sich mathematisch nur schwer oder näherungsweise beschreiben lässt, mit einer Simulation darzustellen.

Bevor ein mechatronisches System simuliert werden kann, muss ein programmierbares Modell erstellt werden. Dabei muss das Modell die interessierenden Eigenschaften des mechatronischen Systems genau nachbilden. Die Modellbildung erfolgt i.A. auf der Grundlage physikalischer Gesetze, wobei nur schwer, aufwändig oder gar nicht zu bestimmende Parameter experimentell ermittelt werden. Modellrealisierung erfolgt mit Softwaretools für unterschiedlichste Anwendungen. Für ein breites Anwendungsspektrum eignet sich besonders das in Wissenschaft und Industrie weit verbreitete Programm MATLAB mit Simulink von der Fa. The MathWorks GmbH, das auch hier verwendet wird und womit der Leser vertraut sein sollte. Auf eine kurze Einfühung in MATLAB/Simulink wurde hier vezichtet, vielmehr wird auf das im Literaturverzeichnis [2] angegebene, ausgezeichnete Lehrbuch verwiesen.

Der erste Teil des Buches beschreibt die Modellbildung nach einer kurzen Übersicht über die den Modellen zugrunde liegenden physikalischen Beziehungen und mathematischen Systembeschreibungen. Mechatronische Anwendungen erfordern häufig auch regelungstechnische Maßnahmen. Hierfür werden in einem Kapitel die Methoden für die Wahl des Reglers und seiner geeigneten Einstellung behandelt.

Im zweiten Teil des Buches werden verschiedenste Anwendungen aus dem Bereich der Mechatronik physikalisch beschrieben, mit Simulink modelliert, das Modellverhalten getestet und dokumentiert. Die bei den vielen Beispielen dargestellte methodische Vorgehensweise soll dem Leser dabei ein Rüstzeug in die Hand geben, mit dem er eigene Aufgaben modellieren und durch Simulation untersuchen kann.

Der dritte Teil des Buches befasst sich aus dem Bereich der Signalverarbeitung mit Messwert-Übertragung und -Verarbeitung.

Im vierten Teil des Buches werden ereignisdiskrete Systme behandelt, da sie sehr häufig Teil eines mechatronischen Gerätes bzw. einer mechatronischen Anlage sind. Dabei werden verschiedenste Verknüpfungs- und Ablaufsteuerungen modelliert und ihre Funktionsweise überprüft.

https://doi.org/10.1515/9783110738018-001

1 Modellbildung mechatronischer Systeme

Ausgangspunkt für die Modellbildung mechatronischer Systeme ist zunächst die Abgrenzung einer definierten Anordnung von Konstruktions- und Schaltelementen mit gegenseitigen Verknüpfungen. Dabei ist zu beachten, dass sich jedes System in einer bestimmten Umgebung mit Einfluss nehmenden Eingangsgrößen und nach außen wirkenden Ausgangsgrößen befindet.

Allgemeine Vorgehensweise
- Definition und Abgrenzung des zu modellierenden Systems,
- Definition der beeinflussenden Umgebung,
- Abschätzen des sinnvollen Aufwands: Das Modell darf einerseits nicht zu komplex werden, um übersichtlich zu bleiben, andererseits dürfen keine dominanten Systemeigenschaften verloren gehen,
- Erkennen von Einschränkungen und Gültigkeitsbereichen,
- Aufstellen der physikalischen Grundgleichungen durch Beziehungen folgender Art:
  - Bilanzierungen für Kräfte, Momente, Ströme, Spannungen, Wärmeflüsse, usw.,
  - Kontinuitätsgleichungen,
  - Erhaltungssätze für Masse, Energie, Impuls, Drehimpuls, usw. und die
  - Hauptsätze der Thermodynamik.

1.1 Physikalische Grundgesetze

Physikalische Grundgesetze bilden die Grundlage für die Modellbildung. Dabei kommen i.A. die nachfolgend aufgeführten Grundgesetze aus den Bereichen Mechanik, Elektrotechnik, Wärmeleitung und Fluidik zur Anwendung.

Die Auswertung physikalischer Gleichungen erfolgt meist ohne Angabe von Einheiten, damit die oft umfangreichen Gleichungen übersichtlich bleiben. Dafür werden konsequent SI-Einheiten verwendet, womit gewährleistet ist, dass das Ergebnis in der entsprechenden Einheit erscheint.

Es werden diejenigen physikalischen Grundgesetze aus den Bereichen Mechanik, Elektrotechnik, Wärmeleitung und Fluidik dargestellt, die später bei der Modellbildung benötigt werden. Dabei handelt es sich nur um eine Kurzdarstellung der in entsprechender Fachliteratur ausführlich behandelten Sachverhalte.

https://doi.org/10.1515/9783110738018-002

1.1.1 Mechanik

Diese Kurzdarstellung verwendet nur skalare physikalische Größen die jedoch vektoriell erweitert werden, wenn es eine Modellbildung erfordert.

Tab. 1: Dynamische Grundgesetze

Translation	Ausdruck	Rotation	Ausdruck
Ort [m]	x	Winkel [grd]oder [^{0}]	φ
Wegelement [m]	dx	Winkelelement [grd]oder [^{0}]	$d\varphi$
Geschwindigkeit [m/s]	$v = dx / dt$	Winkelgeschwindigkeit [grd/s]	$\omega = d\varphi / dt$
Beschleunigung [m/s^2]	$a = dv / dt$	Winkelbeschleunigung [grd/s^2]	$\alpha = d\omega / dt$
Masse [kg]	m	Massenträgheitsmoment [kgm^2]	$J = m r^2$
Impuls [kgm/s]	$p = m \cdot v$	Drehimpuls [kgm^2/s]	$L = J \cdot \omega$
Kraft [N]	$F = m \cdot a$	Drehmoment [Nm]	$M = J \cdot \alpha$
Kinetische Energie [kgm^{2}s^2]	$E_{Kin} = m \cdot v^2 / 2$	Kinetische Energie [kgm^{2}s^2]	$E_{Kin} = J \cdot \omega^2 / 2$
Arbeit [Nm]	$W = \int F dx$	Arbeit [Nm]	$W = \int M d\omega$
Leistung [Nm/s]	$P = F \cdot v$	Leistung [Nm/s]	$P = M \cdot \omega$

Kräfte und Drehmomente

Federkraft für längsgerichtete Auslenkung x:

$F = -f(x)$ bzw. linear $F = -c \cdot x$ mit Federkonstante c.

Federmoment für Drehwinkel φ:

$M = -f(\varphi)$ bzw. linear $M = -c \cdot \varphi$.

Zentripetalkraft:

$F = m \cdot \omega^2 \cdot r$ (m: Masse des rotierenden Körpers, r: Kreisradius).

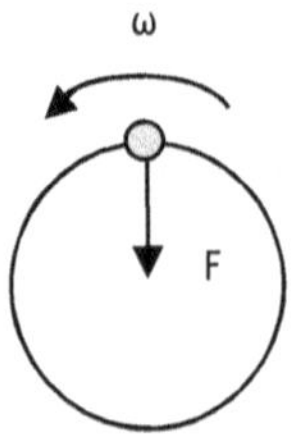

Abb. 1.1.1: Zentripetalkraft

Reibkräfte

Coulomb- bzw. Gleitreibung

$$F_R = -sgn(v)\mu F_N$$

mit der Geschwindigkeit v, der Normalkraft F_N=mg und dem Reibkoeffizienten μ.

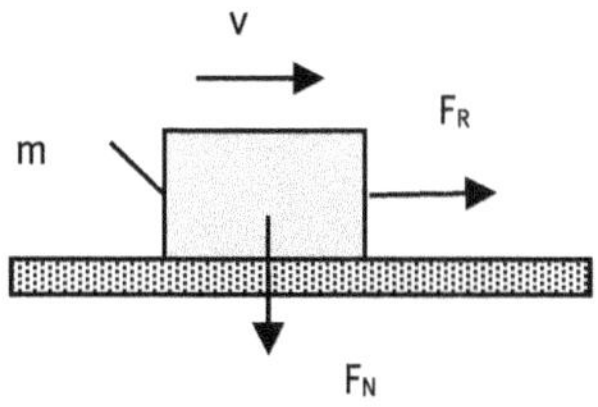

Abb. 1.1.2: Coulomb-Reibung

Bei Bewegungen mit Richtungswechsel ist unter Umständen auch noch eine Haftreibung zu berücksichtigen, die wesentlich größer als die Gleitreibung ist.

Reibkraft bei viskoser Reibung

$F_R = -g(v)$ bzw. linear $F_R = -d \cdot v$,

Reibmoment bei viskoser Reibung:

$M_R = -g(\omega)$ bzw. $M_R = -d \cdot \omega$.

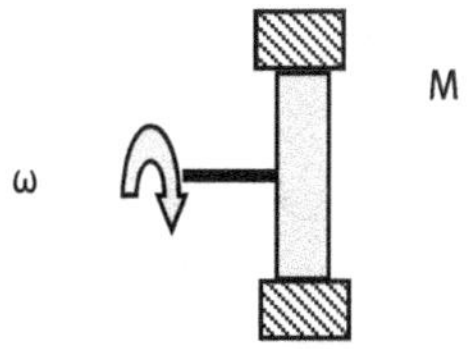

Abb. 1.1.3: Reibmoment

Newtonsche Reibung

$$F_R = -b \cdot v^2 .$$

1.1.2 Elektrotechnik

Tab. 2: Strom-Spannungs-Beziehung an den Schaltelementen

Schaltelement	Strom-Spannungs-Beziehung
R	$u(t) = R \cdot i(t)$
C	$u(t) = \frac{1}{C}\int_{-\infty}^{t} i(\tau)d\tau$
L	$u(t) = L \cdot \frac{di(t)}{dt}$

Bei der Verdrahtung von Schaltelementen zu Netzwerken gelten folgende *Kirchhoffsche* Gesetze:

- Entlang einer geschlossenen Leitungsführung (Schleife) gilt für die Spannungen u_k an den Schaltelementen und Quellen die Beziehung
  $\sum_k u_k(t) = 0$.
  Dabei werden Quellspannungen und Spannungsabfälle mit unterschiedlichen Vorzeichen gewertet.
- Für die Summe der Ströme i_k in einem Verzweigungspunkt (Knoten) gilt:
  $\sum_k i_k(t) = 0$. Dabei werden zu- bzw. abfließende Ströme mit unterschiedlichen Vorzeichen gewertet.

1.1.3 Wärmeleitung

Für den Wärmefluss φ_w (Wärmemenge pro sec) von einem Medium 1 mit der höheren Temperatur ϑ_1 zu einem durch eine Wand mit der Fläche A_w und Dicke Δx getrennten Medium 2 mit der niedrigeren Temperatur ϑ_2 gilt:

$$\varphi_w(t) = \alpha_w \frac{A_w}{\Delta x}\left[\vartheta_1(t) - \vartheta_2(t)\right]$$

mit der Wärmeleitzahl α_w.

Aufgrund des zufließenden Wärmeflusses φ_w erfolgt ein Temperaturanstieg im Medium 2 gemäß

$$\frac{d\vartheta_2(t)}{dt} = \frac{1}{m_2 c_2}\varphi_w(t)$$

mit der Masse m_2 und der spezifischen Wärmekapazität c_2 des Mediums 2, sofern keine Wärmemenge abfließt.

1.1.4 Fluidik

Es wird eine Blende (siehe Abb. 1.1.4) behandelt, mit der der Volumenstrom q durch ein Rohr mithilfe der Druckdifferenz $\Delta p = p_2 - p_1$ bestimmt werden kann.

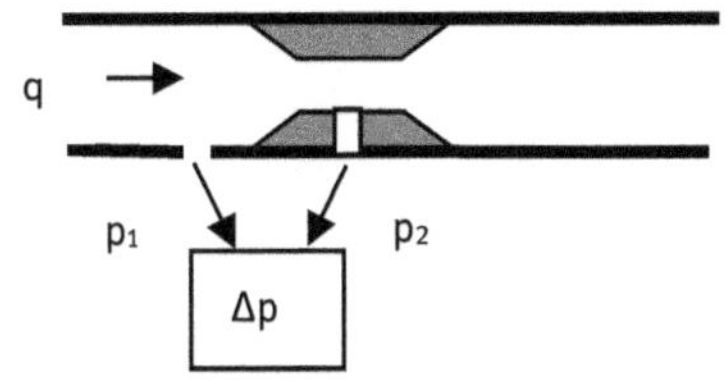

Abb. 1.1.4: Blende

Je nach Ausbildung der Blende erhält man an der Engstelle eine turbulente oder eine laminare Strömung, für die sich unterschiedliche Zusammenhänge zwischen Δp und q ergeben. Es gilt bei

– turbulenter Strömung

$$q = \alpha\sqrt{\frac{2\Delta p}{\rho}}$$

mit der Druckdifferenz Δp, der Dichte des Fluids ρ und dem Öffnungsgrad der Blende

$$\alpha = \frac{A_1 A_2}{\sqrt{A_1^2 - A_2^2}}$$

(mit den Querschnitten im Rohr bzw. der Engstelle A_1 bzw. A_2) und bei

– laminarer Strömung

$$q = \kappa \cdot \Delta p$$

wobei in κ der Öffnungsgrad und die Dichte eingehen.

Nun wird ein Behälter mit einem laminar zufließenden Medium q betrachtet, siehe Abb. 1.1.5.

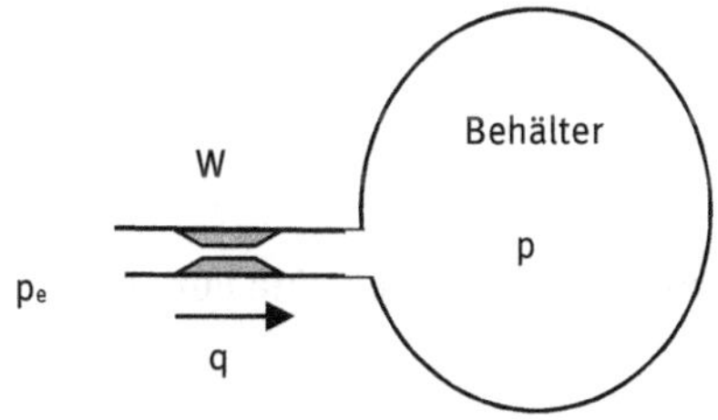

Abb. 1.1.5: Druckbehälter

Als Folge des zufließenden Mediums q steigt im Behälter der Druck p bei

- Öl mit der Beziehung

  $$\frac{dp(t)}{dt} = \frac{E}{V} q(t)$$

  mit dem Elastizitätsmodul E und dem Kammervolumen V,

und bei

- Luft mit der Beziehung

  $$\frac{dp(t)}{dt} = \frac{1}{K_L} q(t)$$

  mit der Speicherkapazität K_L der Druckkammer.

1.2 Entwicklung von Simulationsmodellen

1.2.1 Systeme mit einer Eingangs- und einer Ausgangsgröße

Es werden technische Systeme mit der Eingangsgröße u(t) und der Ausgangsgröße y(t) behandelt, deren dynamisches Übertragungsverhalten entweder durch eine lineare Differenzialgleichung n-ter Ordnung mit i.A. konstanten Koeffizienten

$$\frac{d^n}{dt^n} y(t) + a_{n-1} \frac{d^{n-1}}{dt^{n-1}} y(t) + \ldots + a_1 \frac{d}{dt} y(t) + a_0 y(t) =$$

$$b_m \frac{d^m}{dt^m} u(t) + b_{m-1} \frac{d^{m-1}}{dt^{m-1}} u(t) + \ldots + b_1 \frac{d}{dt} u(t) + b_0 u(t) \qquad (1.2.1)$$

(mit $m \leq n$)

und im Sonderfall auch zeitabhängigen Konstanten $a_k(t)$ bzw. $b_j(t)$ beschrieben wird oder sich durch eine nichtlineare Differenzialgleichung n-ter Ordnung

$$\frac{d^n}{dt^n} y(t) + f_{n-1} \left\{ \frac{d^{n-1}}{dt^{n-1}} y(t) \right\} + \ldots + f_1 \left\{ \frac{d}{dt} y(t) \right\} + f_0 \left\{ y(t) \right\} =$$

$$g_m \left\{ \frac{d^m}{dt^m} u(t) \right\} + g_{m-1} \left\{ \frac{d^{m-1}}{dt^{m-1}} u(t) \right\} + \ldots + g_1 \left\{ \frac{d}{dt} u(t) \right\} + g_0 \left\{ u(t) \right\} \qquad (1.2.2)$$

(mit $m \leq n$)

beschreiben lässt.

Eventuell vorhandenes statisch nichtlineares Verhalten wird durch eine Funktion

$$y = f(u)$$

oder durch eine Wertetabelle bzw. Kennlinie mit der Eingangsgröße u und der Ausgangsgröße y beschrieben.

Die numerische Lösung der Differenzialgleichungen erfolgt durch Integration. Hierfür wird die Differenzialgleichung in eine Integralgleichung umgewandelt, indem sie theoretisch n-fach integriert wird. Das sei für den Fall der linearen Differenzialgleichung mit konstanten Koeffizienten gezeigt:

$$y(t) = -a_{n-1}\int y(t) - \ldots - a_1 \underbrace{\iiint}_{n-1} y(t) - a_0 \underbrace{\iiint}_{n} y(t) + b_m \underbrace{\iint}_{n-m} u(t) + b_{m-1} \underbrace{\iint}_{n-m+1} u(t) + \ldots + b_1 \underbrace{\iiint}_{n-1} u(t) + b_0 \underbrace{\iiint}_{n} u(t) \quad (1.2.3)$$

Das nachfolgende Strukturbild Abb. 1.2.1 zeigt, wie man die Integralgleichung mit einem Simulationsprogramm, bestehend aus Koeffizientenmultiplizierern, Summations- und Integrationsbausteinen, lösen kann. Dargestellt ist der Fall mit m=n.

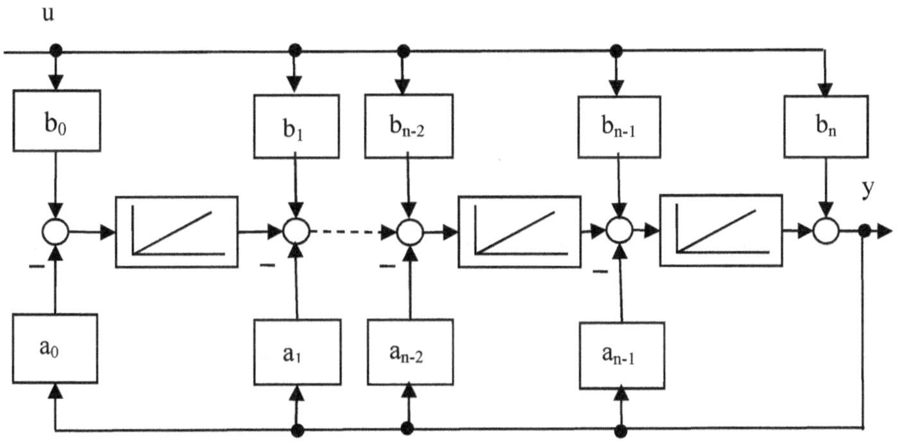

Abb. 1.2.1: Strukturbild in „Beobachter-Normalform“

Neben dem dargestellten Strukturbild, das als Beobachter-Normalform (BNF) bezeichnet wird, wird noch eine weitere in der Regelungstechnik gebräuchliche Struktur, die Regelungs-Normalform (RNF), behandelt. Dies geschieht am Ende dieses Abschnitts, da hierfür von der Übertragungsfunktion eines Systems ausgegangen wird, die zunächst noch eingeführt werden muss.

Im Strukturbild lassen sich auch zeitabhängige Koeffizienten und nichtlineare Abhängigkeiten von y berücksichtigen, was später noch gezeigt wird. Für die Integration bieten Simulationsprogramme unterschiedliche, problemspezifische Algorithmen an. Für normale Anwendungen wird i.A. der Euler- Integrationsalgorithmus verwendet.

Übertragungsfunktion

Systeme, die sich durch eine lineare Differenzialgleichung mit konstanten Koeffizienten beschreiben lassen, werden häufig im Frequenzbereich durch Übertragungsfunktionen dargestellt, die mit Hilfe der Laplace-Transformation in nachfolgend dargestellter Weise gebildet werden. Die Laplacetransformatierte der Funktion f(t) ist definiert mit:

$$F(s) = \int_0^\infty f(t)\, e^{-st}\, dt$$

mit

$$f(t) = 0 \text{ für } t < 0 \text{ und } s = \sigma + j\omega .$$

Anstelle der Integration schreibt man symbolisch auch

$$F(s) = L\{f(t)\} .$$

Bei der Ermittlung der **Übertragungsfunktion** wird der Differenziationssatz

$$L\left\{\frac{d^k f(t)}{dt^k}\right\} = s^k \cdot F(s)$$

verwendet. Er setzt voraus, dass der Anfangswert f(0) und die der (k-1) Ableitungen null sind, was bei Übertragungsfunktionen Voraussetzung ist.

Wendet man die Laplacetransformation mit dem Differenziationssatz auf die einzelnen Glieder der Differenzialgleichung (1.2.1) an, so gilt

$$\begin{aligned} &s^n y(s) + a_{n-1} s^{n-1} y(s) + \ldots + a_1 s y(s) + a_0 y(s) \\ &= b_m s^m u(s) + b_{m-1} s^{m-1} u(s) + \ldots + b_1 s\, u(s) + b_0 u(s) \quad . \end{aligned} \tag{1.2.4}$$

Ausklammern von y(s) und u(s) ergibt:

$$y(s)\left(s^n + a_{n-1}s^{n-1} + \ldots + a_1 s + a_0\right) = u(s)\left(b_m s^m + b_{m-1}s^{m-1} + \ldots + b_1 s + b_0\right) . \tag{1.2.5}$$

Die Übertragungsfunktion ist definiert zu

$$G(s) = \frac{y(s)}{u(s)} . \tag{1.2.6}$$

Mit den Gleichungen (1.2.5) und (1.2.6) erhält man die Übertragungsfunktion

$$G(s)=\frac{y(s)}{u(s)}=\frac{b_m s^m + b_{m-1}s^{m-1} + \ldots + b_1 s + b_0}{s^n + a_{n-1}s^{n-1} + \ldots + a_1 s + a_0}. \tag{1.2.7}$$

Hinweis: In der Übertragungsfunktion werden Anfangswerte nicht berücksichtigt.

Bildung der Regelungsnormalform (RNF)

Für die Bildung der RNF wird auch der maximal mögliche Zählergrad m=n angenommen.

Zunächst wird Gl. (1.2.7) umgeschrieben in

$$y(s)\frac{1}{b_n s^n + b_{n-1}s^{n-1} + \ldots + b_1 s + b_0} = \frac{1}{s^n + a_{n-1}s^{n-1} + \ldots + a_1 s + a_0}u(s) \tag{1.2.8}$$

Für die linke Seite dieser Gleichung wird eine neue Größe $x_1(s)$ eingeführt mit

$$x_1(s)=\frac{1}{s^n + a_{n-1}s^{n-1} + \ldots + a_1 s + a_0}u(s). \tag{1.2.9}$$

Damit folgt für Gl. (1.2.8)

$$y(s)=\left(b_n s^n + b_{n-1}s^{n-1} + \ldots + b_1 s + b_0\right)x_1(s) \tag{1.2.10}$$

bzw. kompakter

$$y(s)=\sum_{\nu=0}^{n} b_\nu s^\nu x_1(s). \tag{1.2.11}$$

Weitere Größen werden eingeführt mit

$$x_{\nu+1}(s)=s^\nu x_1(s) \tag{1.2.12}$$

für die ferner gilt

$$x_{\nu+1}(s)=s\,x_\nu(s) \tag{1.2.13}$$

Die Zustandsgleichungen erhält man nun durch Rücktransformation in den Zeitbereich der Gl. (1.2.13)

$$\dot{x}_1(t) = x_2(t) \tag{1.2.14}$$

$$\dot{x}_2(t) = x_3(t) \tag{1.2.15}$$

$$\vdots$$

$$\dot{x}_{n-1}(t) = x_n(t) \tag{1.2.16}$$

und der Gl. (1.2.9)

$$\dot{x}_n(t) = u(t) - a_0 x_1(t) - a_1 x_2(t) - \ldots - a_{n-1} x_n(t) \tag{1.2.17}$$

Transformiert man Gl. (1.2.11) ebenfalls in den Zeitbereich und ersetzt $\dot{x}_n(t)$ durch die rechte Seite von Gl. (1.2.17), so erhält man

$$y(t) = b_0 x_1(t) + b_1 x_2(t) + \ldots + b_{n-1} x_n(t) + b_n\left[u(t) - a_0 x_1(t) - a_1 x_2(t) - \ldots - a_{n-1} x_n(t)\right] \tag{1.2.18}$$

und nach dem Ordnen nach Zustandsgrößen

$$y(t) = (b_0 - b_n a_0) x_1(t) + (b_1 - b_n a_1) x_2(t) + \ldots + (b_{n-1} - b_n a_{n-1}) x_n(t) + b_n u(t) \tag{1.2.19}$$

Die Darstellung der durch die Zustandsgleichungen (1.2.14) bis (1.2.17) und die Ausgangsgleichung (1.2.19) gegebenen Zusammenhänge mit Hilfe von Integrierern und Proportionalgliedern zeigt das Strukturbild in Abb. 1.2.2.

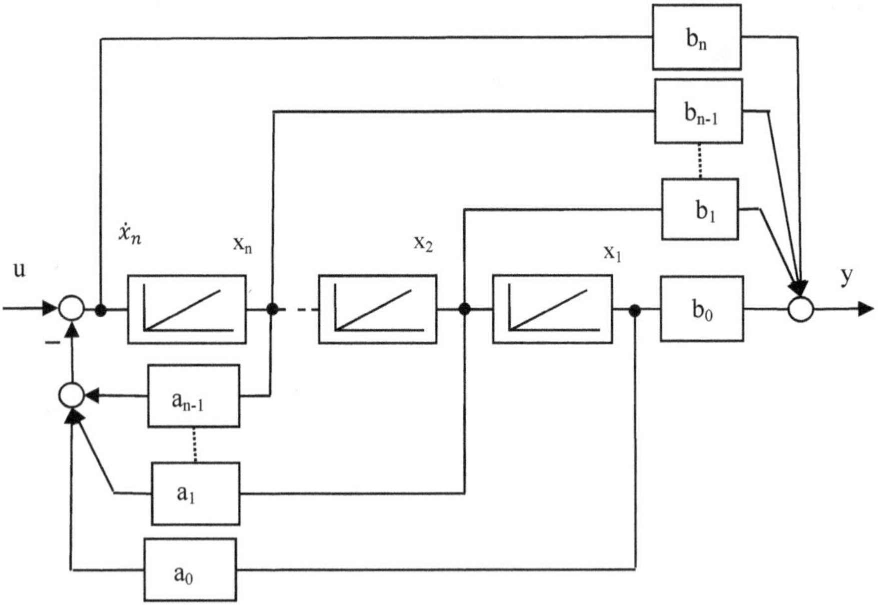

Abb. 1.2.2: Strukturbild der Regelungsnormalform

Betrachtet man Abb. 1.2.2, so wird folgendes klar: Die Systemordnung wird durch die Anzahl der Integrierer festgelegt, die Pollagen werden durch die gewichteten Rückführungen der Integrierer bestimmt und die Nullstellen der Übertragungsfunktion durch die gewichteten Vorwärtskopplungen im System.

Beispiel

Gegeben ist ein System mit der Übertragungsfunktion

$$G(s)=\frac{y(s)}{u(s)}=\frac{b_1 s+b_0}{s^2+a_1 s+a_0}.$$

Gesucht wird ein Strukturbild als BNF entsprechend Abb. 1.2.1.

Es ist

$$y(s)\left(s^2+a_1 s+a_0\right)=\left(b_1 s+b_0\right)u(s)$$

$$s^2 y+a_1 s\cdot y+a_0 y=b_1 s\cdot u+b_0 u$$

Transformation in den Zeitbereich:

$$\ddot{y}(t)+a_1\dot{y}(t)+a_0 y(t)=b_1\dot{u}(t)+b_0 u.$$

Überführung in die Integralgleichung durch zweifache Integration:

$$y(t)=-a_1\int y(t)-a_0\iint y(t)+b_1\int u(t)+b_0\iint u(t)$$

bzw.

$$y(t)=\int\left[b_1 u(t)-a_1 y(t)\right]dt+\iint\left[b_0 u(t)-a_0 y(t)\right]dt^2.$$

Aus dieser Integralgleichung folgt unmittelbar nachfolgendes Strukturbild.

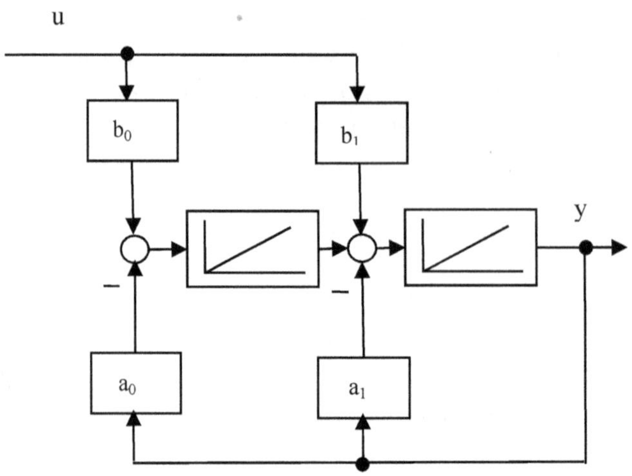

Abb. 1.2.3: BNF

1.2.2 Systeme mit mehreren Ein-und Ausgangsgrößen

Lineare, zeitinvariante Systeme mit mehreren Ein-und Ausgangsgrößen können im **Zustandsraum** beschrieben werden. Es werden hier die Systeme behandelt, deren Ausgangsgrößen nicht direkt von den Eingangsgrößen abhängen (kein Durchgriff)[1], was i.A. der Fall ist. Solche Systeme werden im Zustandsraum folgendermaßen beschrieben:

$$\frac{d\underline{x}(t)}{dt} = \underline{A}\underline{x}(t) + \underline{B}\underline{u}(t) \qquad \text{(Zustandsgleichung)} \qquad (1.2.20)$$

$$\underline{y}(t) = \underline{C}\underline{x}(t) \qquad \text{(Ausgangsgleichung),} \qquad (1.2.21)$$

$$\underline{x}(t_0) = \underline{x}_0 \qquad \text{(Anfangszustand).} \qquad (1.2.22)$$

Die Zustandsgleichung erhält man, indem die Differenzialgleichungen höherer Ordnung in ein System von Differenzialgleichungen 1. Ordnung umgewandelt werden. Hierbei ist der Eingangsvektor

1 Auf diesen üblichen Fall wollen wir uns hier beschränken.

$$\underline{u}(t) = \begin{bmatrix} u_1(t) \\ \vdots \\ u_r(t) \end{bmatrix}, \tag{1.2.23}$$

der Ausgangsvektor

$$\underline{y}(t) = \begin{bmatrix} y_1(t) \\ \vdots \\ y_m(t) \end{bmatrix}, \tag{1.2.24}$$

der Zustandsvektor

$$\underline{x}(t) = \begin{bmatrix} x_1(t) \\ \vdots \\ x_n(t) \end{bmatrix}, \tag{1.2.25}$$

die Systemmatrix

$$\underline{A} = \begin{bmatrix} a_{11} & \cdots & a_{1n} \\ \vdots & & \vdots \\ a_{n1} & \cdots & a_{nn} \end{bmatrix} \tag{1.2.26}$$

die Eingangs- oder Steuermatrix

$$\underline{B} = \begin{bmatrix} b_{11} & \cdots & b_{1r} \\ \vdots & & \vdots \\ b_{n1} & \cdots & b_{nr} \end{bmatrix} \tag{1.2.27}$$

und die Ausgangs- oder Beobachtungsmatrix

$$\underline{C} = \begin{bmatrix} c_{11} & \cdots & c_{1n} \\ \vdots & & \vdots \\ c_{m1} & \cdots & c_{mn} \end{bmatrix}. \tag{1.2.28}$$

Hinweis: Die verwendeten Bezeichnungen sind üblich bei der Zustandsdarstellung. Die Zustandsgleichung beschreibt mit der Systemmatrix $\underline{A}$ die Dynamik des Systems. Ist die Eingangsgröße u(t)=0, so ergibt sich die *homogene* Zustandsgleichung

$$\dot{\underline{x}}(t) = \underline{A}\underline{x}(t) \tag{1.2.29}$$

Sie beschreibt das Eigenverhalten des Systems von einem gegebenen Anfangszustand $\underline{x}_0$ aus. Dabei enthält die Systemmatrix $\underline{A}$ die vollständige Information über das Eigenverhalten und damit über die Stabilität des Systems.

Die Steuermatrix $\underline{B}$ beschreibt, wie der Eingangsvektor $\underline{u}(t)$ auf den Systemzustand $\underline{x}(t)$ wirkt.

Die Beobachtungsmatrix $\underline{C}$ gibt an, wie die Zustandsvariablen auf den Ausgangsvektor $\underline{y}(t)$ wirken. Zustands- und Ausgangsgleichung lassen sich in einem vektoriellen Strukturbild grafisch zum Ausdruck bringen, siehe Abb. 1.2.4.

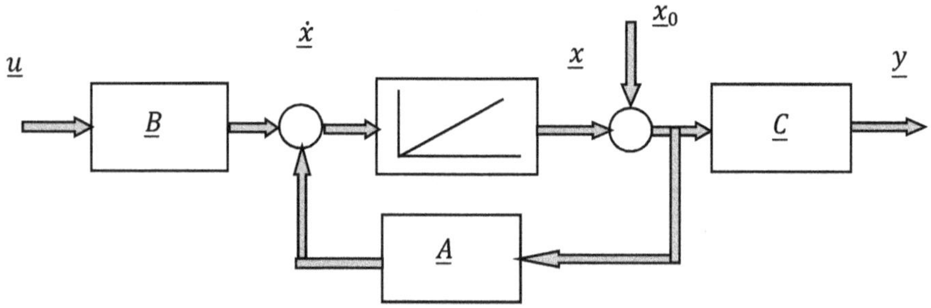

Abb. 1.2.4: Strukturbild der Zustandsdarstellung

Beispiel

Die Zustandsdarstellung soll für das dargestellte elektrische RLC-Netzwerk mit einer Eingangsgröße u(t) und zwei Ausgangsgrößen $u_R(t)$ und $u_C(t)$ entwickelt werden.

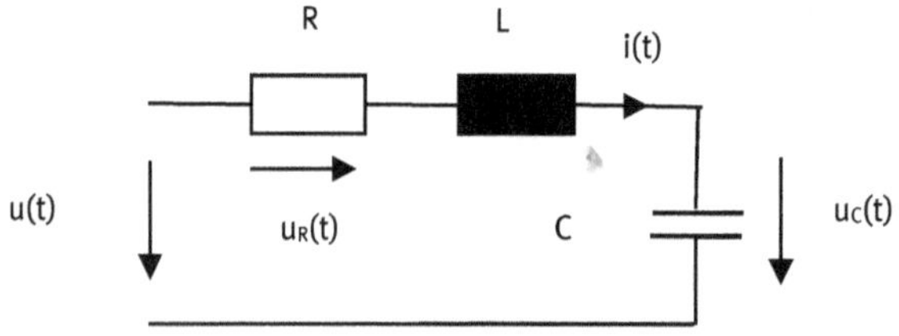

Abb. 1.2.5: Elektrisches Netzwerk

Das Netzwerk besitzt zwei Energiespeicher: Die Spule mit der Induktivität L speichert die magnetische Energie

$$W_L = \frac{1}{2} L i^2$$

und der Kondensator mit der Kapazität C speichert die elektrische Energie

$$W_C = \frac{1}{2} C u_C^2$$

Der Zustand des Netzwerks wird deshalb durch zwei Zustandsvariablen

$$x_1 = i \text{ und } x_2 = u_C$$

beschrieben. Aus der Maschengleichung und der Strom-Spannungsbeziehung des Kondensators folgen

$$L\dot{x}_1(t) = u(t) - x_2(t) - Rx_1(t)$$

und

$$C\dot{x}_2(t) = x_1(t).$$

Für die Zustandsdarstellung müssen die abgeleiteten Zustandsvariablen auf der linken Seite der Gleichungen alleinstehen und die rechte Seite folgendermaßen angeordnet sein:

$$\dot{x}_1(t) = -\frac{R}{L} x_1(t) - \frac{1}{L} x_2(t) + \frac{1}{L} u(t)$$

$$\dot{x}_2(t) = \frac{1}{C} x_1(t)$$

Diese zwei DGLen 1. Ordnung für die Zustandsvariablen $x_1(t)$ und $x_2(t)$ werden nun als Vektor-DGL 1.Ordnung für den zweidimensionalen Zustand $\underline{x}(t)$ wie folgt in Matrizenschreibweise dargestellt:

$$\begin{bmatrix} \dot{x}_1(t) \\ \dot{x}_2(t) \end{bmatrix} = \begin{bmatrix} -R/L & -1/L \\ 1/C & 0 \end{bmatrix} \begin{bmatrix} x_1(t) \\ x_2(t) \end{bmatrix} + \begin{bmatrix} 1/L \\ 0 \end{bmatrix} u.$$

Diese Zustandsgleichung wird mit der Systemmatrix

$$\underline{A} = \begin{bmatrix} -R/L & -1/L \\ 1/C & 0 \end{bmatrix}$$

und dem Steuervektor

$$\underline{b} = \begin{bmatrix} 1/L \\ 0 \end{bmatrix}$$

kompakter in der Vektor-Schreibweise

$$\dot{\underline{x}}(t) = \underline{A}\underline{x}(t) + \underline{b}u(t)$$

geschrieben. Der Ausgangsvektor ist

$$\underline{y}(t) = \begin{bmatrix} y_1(t) \\ y_2(t) \end{bmatrix} = \begin{bmatrix} u_R(t) \\ u_C(t) \end{bmatrix} = \begin{bmatrix} R & 0 \\ 0 & 1 \end{bmatrix} \begin{bmatrix} x_2(t) \\ x_2(t) \end{bmatrix}.$$

Damit folgt die Ausgangsgleichung

$$\underline{y}(t) \quad \underline{C}\,\underline{x}(t)$$

mit

$$\underline{C} = \begin{bmatrix} R & 0 \\ 0 & 1 \end{bmatrix}.$$

Zur Veranschaulichung der Systemstruktur wird nachfolgend ein *Strukturbild* erstellt.

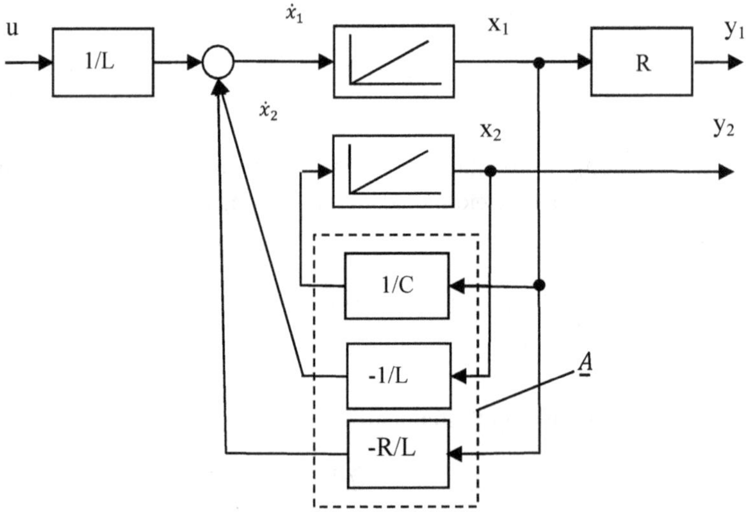

Abb. 1.2.6: Strukturbild

1.3 Bausteine der Modellbildung

Grundlage der Modellbildung bilden die zur Verfügung stehenden Bausteine. Hier wird für die Simulation mechatronischer Systeme das Programm *Simulink* von *Matlab* verwendet.[2] Demzufolge stehen uns hier die Bausteine von Simulink zur Verfügung.

Es gibt Blöcke zur Signalerzeugung, Signalverarbeitung und Signaldarstellung. Zu den linearen signalverarbeitenden Blöcken gehören beispielsweise Integrierer, Differenzierer, Übertragungsfunktionen und Systeme in der Zustandsdarstellung, alles sowohl zeitkontinuierlich als auch zeitdiskret. Blöcke mit nichtlinearen Funktionen sind beispielsweise, Begrenzer, Zweipunktglied mit Hysterese, Lose und Look-Up Tables für beliebig zu formenden Kennlinien. Zur Bildung eines Simulink -Modells werden gewünschte Funktionsblöcke aus den Blockbibliotheken, siehe Abb. 1.3.1 in ein Simulink -Grafikfenster (Simulink Modell Windows) übertragen und hier durch Grafen als Signalpfade miteinander verbunden.

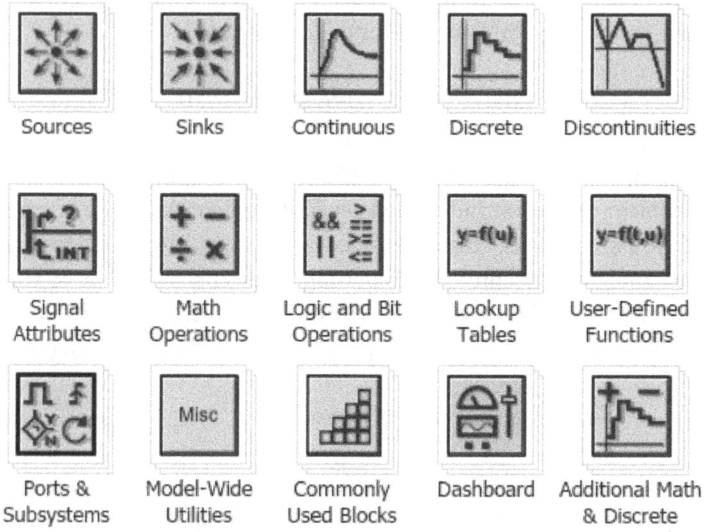

Abb. 1.3.1: Blockbibliotheken von Simulink

2 Eine ausführliche und empfehlenswerte Darstellung von Matlab/Simulink ist mit [2] gegeben.

Mit *Simscape*, eine Ergänzung zu Simulink, können physikalische Komponenten-Modelle, wie elektrische Motoren, Brückengleichrichter, Hydraulikantriebe usw., direkt in Simulink-Blockdiagramme integriert werden.

1.4 Numerische Integration

Für die numerische Integration bei der Simulation stellt Simulink mehrere Algorithmen mit unterschiedlichen Eigenschaften zur Verfügung. Sie können auf der Werkzeugleiste des Simulink-Fensters mit dem Button *Model Configuration Parametrs* festgelegt werden. Für allgemeine Anwendungen wird das *Runge-Kutta-Verfahren* (*ode45* oder *ode23*) oder das *Trapezverfahren* (*ode23t*) empfohlen.

Der Integrationsalgorithmus kann unter *Model Configuration Parametrs* mit variabler (üblich) oder mit fester Schrittweite gewählt werden. Bei variabler Schrittweite wird die Integralgleichung zunächst mit der *Initial step size* gelöst. Während der Simulation wird versucht, die Integralgleichung unter Verwendung der größtmöglichen Schrittweite *Max step size* zu lösen. Wird *Max step size* auf *auto* gestellt, berechnet sich ihr Wert abhängig von *Start time* und *Stop time* zu

$$\mathit{Max}\ \text{step time} = \left(\mathit{Stop}\ \text{time-Start time}\right) / 50$$

Neben dieser Einstellung können *Initial step size*, *Max step size* und *Min step size* in der *Configuration Parametrs* Dialogbox individuell gewählt werden. Damit die Integrationsschrittweite an die Dynamik der Zustandsgrößen $x_1, x_2, \ldots, x_n$ angepasst werden kann, wird bei jedem Integrationsschritt die Änderung jeder Zustandsgröße x_i vom letzten zum aktuellen Zeitpunkt berechnet. Diese Änderung wird mit *local error* e_i bezeichnet. Bei jedem Integrationsschritt wird für jede Zustandsgröße x_i geprüft, ob

$$e_i \leq max\left(reltol \cdot \left|x_i\right|, abstol\right)$$

erfüllt ist. Darin sind die Parameter *reltol* und *abstol* in der *Configuration Parametrs* Dialogbox einstellbar. Erfüllt eine Zustandsgröße die Bedingung nicht, wird die Integrationsschrittweite herabgesetzt und die Berechnung wiederholt. Die Parameter *reltol* und *abstol* haben die Voreinstellung *auto* (d.h. *abstol*=10^{-6}), womit i.A. erfolgreich simuliert wird.

Die Funktionsblöcke *Relay, Saturation, Step, Sign, switch, Abs* und noch einige mehr erzeugen unstetige Signale. Mit der Option Zero *crossing control enable* (siehe *Configuration Parametrs* Dialogbox) werden Unstetigkeitsstellen erkannt und Nulldurchgänge durch Interpolation bestimmt. Bei Simulationen mit diesen Blöcken ist diese Option unbedingt zu verwenden.

1.5 Modellbildung einfacher Beispiele

1.5.1 Mechanische Beispiele

1. Dämpfer-Feder-Kombination
Betrachtet wird eine Dämpfer-Feder-Kombination mit der Dämpfung d und der Federkennlinie c(x), siehe Abb. 1.5.1. Auf die Dämpfer-Feder-Kombination wirkt die Kraft F(t) und verursacht eine Wegänderung x(t) mit der dargestellten Zählrichtung.

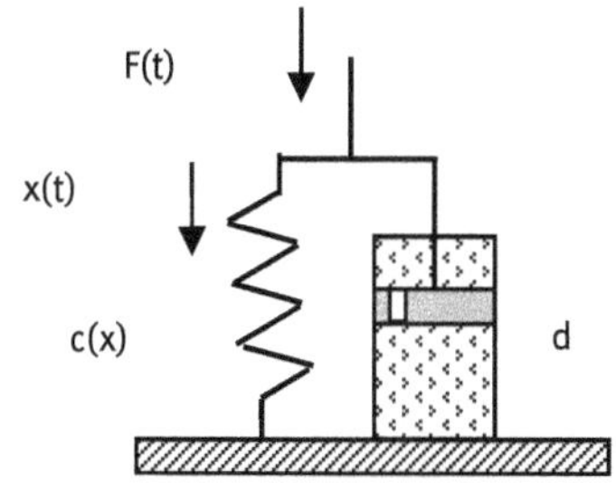

Abb. 1.5.1: Dämpfer-Feder-Kombination

Die Federkraft

$$F_c(t) = c(x) \cdot x(t) \tag{1.5.1}$$

mit der Federkennlinie c(x) und die Dämpfungskraft

$$F_d(t) = d \cdot \frac{dx(t)}{dt} \tag{1.5.2}$$

mit der Dämpfungskonstanten d wirken der einwirkenden Kraft F(t) entgegen. Aufgrund der Kräftebilanz gilt

$$F(t) = c(x) \cdot x(t) + d \cdot \frac{dx(t)}{dt}. \tag{1.5.3}$$

Die Wegänderung als Reaktion auf die Krafteinwirkung ergibt sich durch Integration zu

$$x(t) = \frac{1}{d} \int_0^t \left[F(\tau) - c(x) \cdot x(\tau) \right] d\tau . \tag{1.5.4}$$

Diese Integralgleichung wird mit dem Simulink-Modell in Abb. 1.5.2 modelliert. Dabei wird eine Federkennlinie zugrunde gelegt, die sich linear jeweils bei Druck und Zug verhält, jedoch bei Druck eine größere Federkonstante besitzt, realisiert mit dem Block *Lookup Table*.

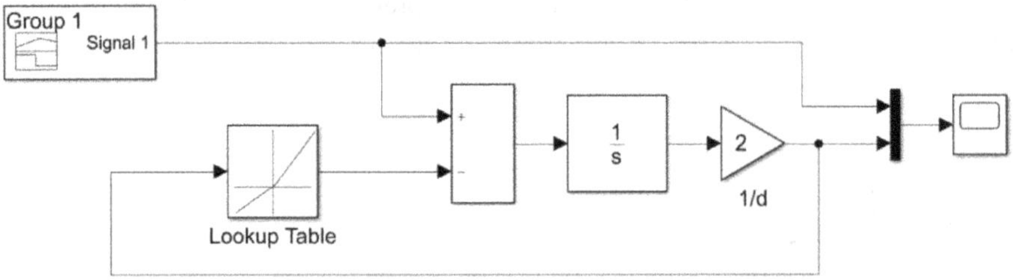

Abb. 1.5.2: Simulink-Modell der Dämpfer-Feder-Kombination (*bsp1.slx*)

Für die wirkende Kraft F(t) wird eine Folge von zwei Rechteckimpulsen gewählt, realisiert mit dem Block *Signal Builder*. Das Ergebnis der Simulation ist in Abb. 1.5.3 dargestellt. Das Einschwingverhalten entspricht einem PT_1-System. Die stationäre Wegänderung ergibt sich aus

$$x_{stat}^{+} = \frac{F_c}{c^{+}} \quad bzw. \quad x_{stat}^{-} = \frac{F_c}{c^{-}}. \tag{1.5.5}$$

und wegen

$$c^{+} > c^{-} \quad \text{ist} \quad x_{stat}^{+} < x_{stat}^{-},$$

was in Abb. 1.5.3 deutlich zu erkennen ist.

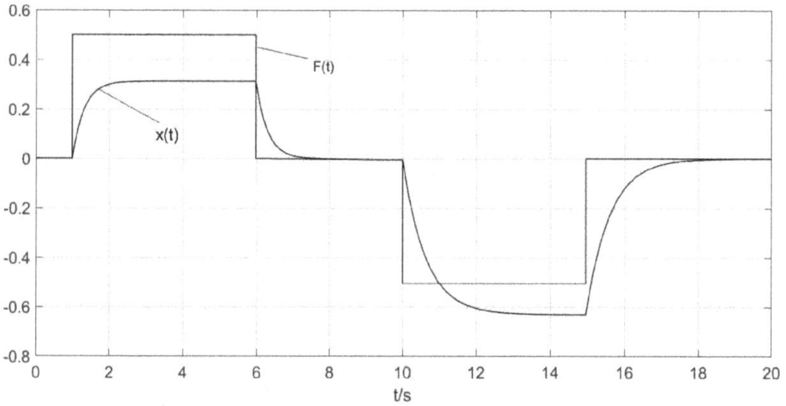

Abb. 1.5.3: Kraft- und Wegverlauf

2. Dämpfer-Feder-Masse-Kombination

Das Dämpfungs-Feder-System wird nun mit einer Masse m(t) belastet. Dabei wird m(t) zeitabhängig gewählt, um das Verhalten einer Dämpfer-Feder-Masse-Kombination bei Gewichtsänderung zu betrachten (z.B. Bürostuhl). Die Federkennlinie sei linear, d.h. c(x)=c und die Dämpfung d sei einstellbar.

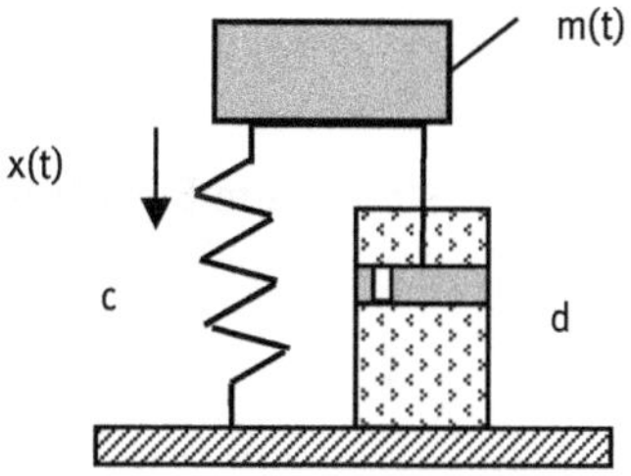

Abb.1.5.4: Dämpfer-Feder-Masse-Kombination

Die vertikale Bewegung x(t) wird beschrieben durch die DGL

$$m(t)\frac{d^2x(t)}{dt^2}+d\cdot\frac{dx(t)}{dt}+c\cdot x(t)=m(t)g \tag{1.5.6}$$

bzw.

$$\frac{d^2x(t)}{dt^2}+\frac{d}{m(t)}\cdot\frac{dx(t)}{dt}+\frac{c}{m(t)}\cdot x(t)=g \tag{1.5.7}$$

mit der Erdbeschleunigung g=9,81m/s². Durch zweifache Integration folgt

$$x(t)=\iint\limits_t g d\tau-\int\limits_t\frac{d}{m(\tau)}x(\tau)d\tau-\iint\limits_t\frac{c}{m(\tau)}x(\tau)d\tau\,. \tag{1.5.8}$$

Das Simulink-Modell zur Simulation der Vertikalbewegung ist in Abb. 1.5.5 dargestellt.

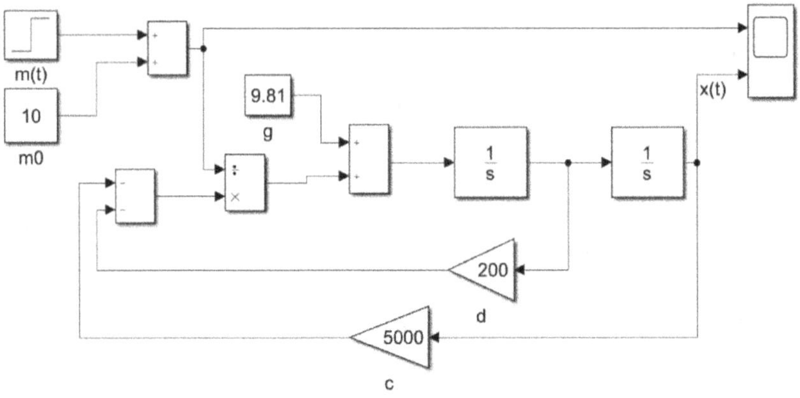

Abb. 1.5.5: Simulinkmodell der Dämpfer-Feder-Masse-Kombination (*bsp2.slx*)

Dem Modell sind Werte zugrunde gelegt, wie sie beispielsweise bei einem Bürostuhl vorliegen:
c=5000 kg/s², d=200, 300 und 400 kg/s,
m_0=10kg (z.B. Masse Stuhl),
m_1=70 kg (z.B. Masse Person: Auf den Stuhl gesetzt bei t_1=1s).

Mit den Parametern D und ω_0 einer schwingungsfähigen DGL 2.Ordnung folgen aus der Betrachtung der Gl. (1.5.7) die Beziehungen

$$\omega_0^2 \mathrel{\hat{=}} \frac{c}{m} \quad \text{und} \quad 2D\omega_0 \mathrel{\hat{=}} \frac{d}{m}. \tag{1.5.9}$$

Damit ergeben sich die Zusammenhänge

$$\omega_0=\sqrt{\frac{c}{m}} \tag{1.5.10}$$

und

$$D = \frac{d}{2\sqrt{mc}}, \qquad (1.5.11)$$

was bedeutet: Mit zunehmendem Gewicht erhöht sich die Schwingfrequenz ω_0 und verringert sich die Dämpfung D. Die stationäre Wegänderung ergibt sich aus der Beziehung

$$x_{Stat} = \frac{m}{c} g. \qquad (1.5.12)$$

Mit m_0 erhält man die Wegänderung

$$x_0 = \frac{10kg}{5000kg/s^2} 9,81m/s^2 = 0,02m$$

und mit m_0+m_1 die Wegänderung

$$x_0 = \frac{80}{5000} 9,81m = 0,16m.$$

Das Modell wurde mit unterschiedlichen d-Werten simuliert und die Wegänderungen aufgezeichnet, siehe Abb. 1.5.6. Die stationären Wegänderungen findet man in der Aufzeichnung bestätigt.

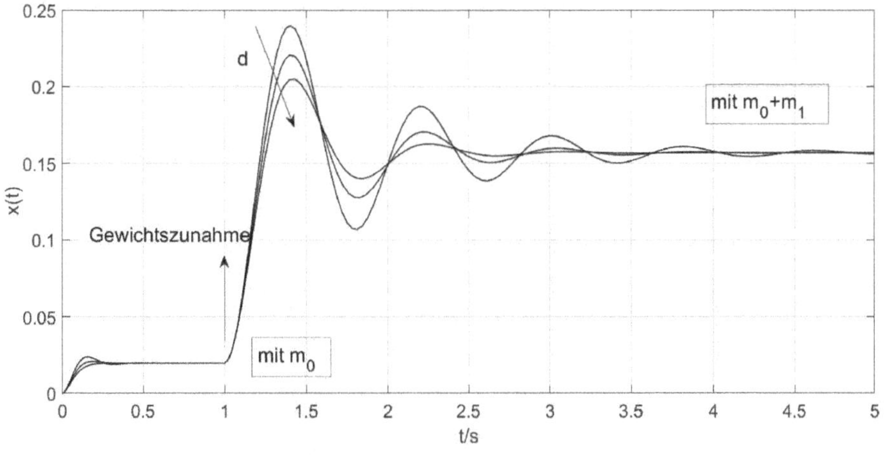

Abb. 1.5.6: Einschwingvorgänge des Dämpfungs-Feder-Masse-Systems für d=200, 300 und 400kg/s

Kontrollfragen zu 1.5.1

1.Welchen Einfluss hat die Federkonstante c auf die Auslenkung x, die Frequenz ω_0 und die Dämpfung D des Einschwingverhaltens?

2. Zwei Personen unterschiedlichen Gewichts setzen sich auf die Stühle. Welche Person mit welchem Gewicht erfährt längeres Einschwingen?

1.5.2 Elektrische Beispiele

1. RC-Kombination

Auf die dargestellte RC-Kombination wird eine Gleichspannung u_0 geschaltet. Es wird ermittelt, wie sich die Spannung am Kondensator C aufbaut.

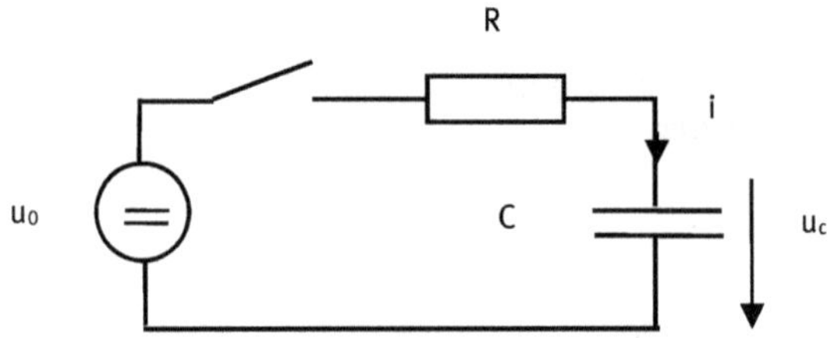

Abb. 1.5.7: RC-Kombination

Maschengleichung:

$$u_0(t) = R \cdot i(t) + u_c(t) \tag{1.5.13}$$

mit

$$i(t) = C\frac{du_c(t)}{dt}. \tag{1.5.14}$$

Gl. (1.5.14) in Gl. (1.5.13) eingesetzt ergibt

$$RC\frac{du_c(t)}{dt} + u_c(t) = u_0(t) \tag{1.5.15}$$

und als Integralgleichung

$$u_c(t) = \frac{1}{RC}\int_0^t \left[u_0(\tau) - u_c(\tau)\right] d\tau. \tag{1.5.16}$$

Das Simulink-Modell zur Simulation der Kondensatorspannung $u_c(t)$ ist in Abb. 1.5.8 dargestellt. Um außerdem noch i(t) mit aufzuzeichnen, ist der Faktor 1/RC in 1/R und 1/C aufgeteilt. Im Modell werden folgende Werte verwendet:
R=100 kΩ und C=2,5 µF.

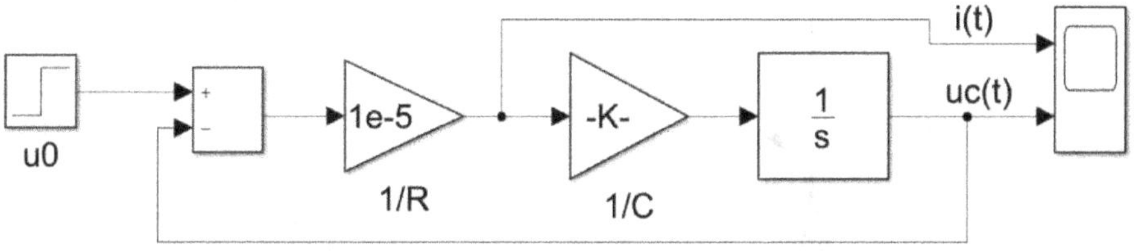

Abb. 1.5.8: Simulinkmodell der RC-Kombination (*bsp3.slx*)

Die Verläufe von $u_c(t)$ und i(t) nach einer Aufschaltung von u_0=10 V zum Zeitpunkt t_1 = 0,1 s zeigt Abb. 1.5.9.

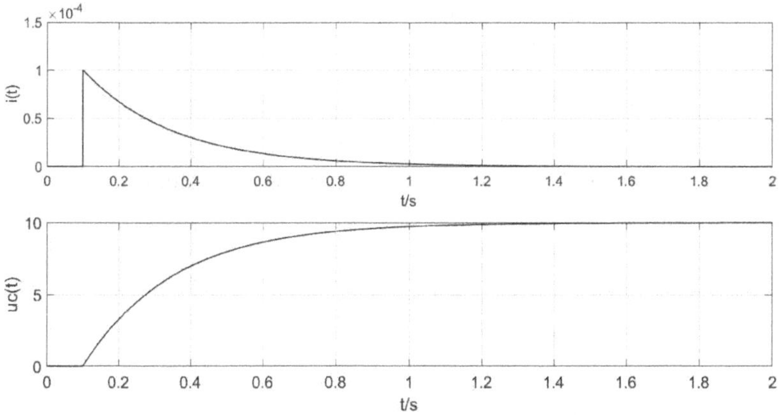

Abb. 1.5.9: Übergangsverhalten der RC-Kombination

Der Verlauf der Kondensatorspannung entspricht dem eines PT_1-Übertragungsglieds und wie zu erwarten, ist $u_c(t \to \infty) = u_0$. Der Verlauf des Stromes entspricht dem eines DT_1-Übertragungsglieds und wie zu erwarten, ist zum Einschaltzeitpunkt

$$i(t_1) = \frac{u_0}{R} = \frac{10V}{100k\Omega} = 0{,}1mA\,.$$

2. LC-Oszillation

Gegeben ist die Parallelschaltung eines Kondensators mit einer Spule. Dabei wird die Spule elektrisch durch die Hintereinanderschaltung einer Induktivität L mit einem ohmschen Widerstand dargestellt, siehe Abb. 1.5.10.

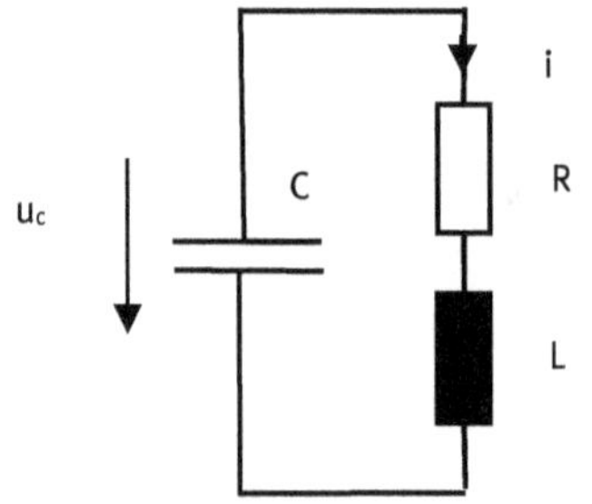

Abb. 1.5.10: Parallelschaltung von Spule mit Kondensator

Es soll mit einer Simulation der Zeitverlauf der Spannung $u_C(t)$ am Kondensator und des Stromes i(t) durch die Spule, ausgehend von einer Anfangsspannung u_{C0}, betrachtet werden. Aus der Maschengleichung folgt

$$u_C(t) = R \cdot i(t) + L\frac{di(t)}{dt} \tag{1.5.17}$$

und am Kondensator gilt zwischen Strom und Spannung die Beziehung

$$i(t) = -C\frac{du_C(t)}{dt} \tag{1.5.18}$$

bzw. nach Integration

$$u_C(t) = -\frac{1}{C}\int_0^t i(\tau)d\tau\,. \tag{1.5.19}$$

Aus Gl. (1.5.17) folgt durch Umstellung

$$L\frac{di(t)}{dt} = u_C(t) - R \cdot i(t) \tag{1.5.20}$$

und durch Integration

$$i(t) = \frac{1}{L}\left[\int_0^t u_C(\tau) - R \cdot i(\tau)\right]d\tau\,. \tag{1.5.21}$$

Für die Simulation werden die Werte u_{C0}=1, R=0,25Ω, L=0,05 Ωs und C= 0,02s/Ω gewählt. Das Simulink-Modell zeigt Abb. 1.5.11.

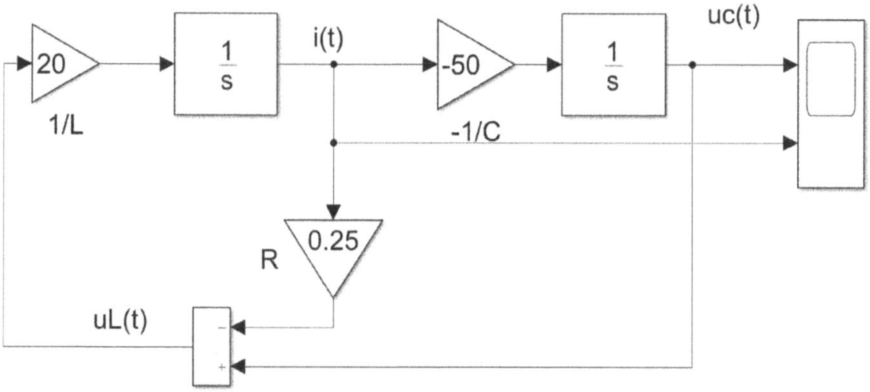

Abb. 1.5.11: Simulinkmodell der Parallelschaltung von Spule mit Kondensator (*bsp4.slx*)

Den Spannungs- und Stromverlauf zeigt Abb. 1.5.12.

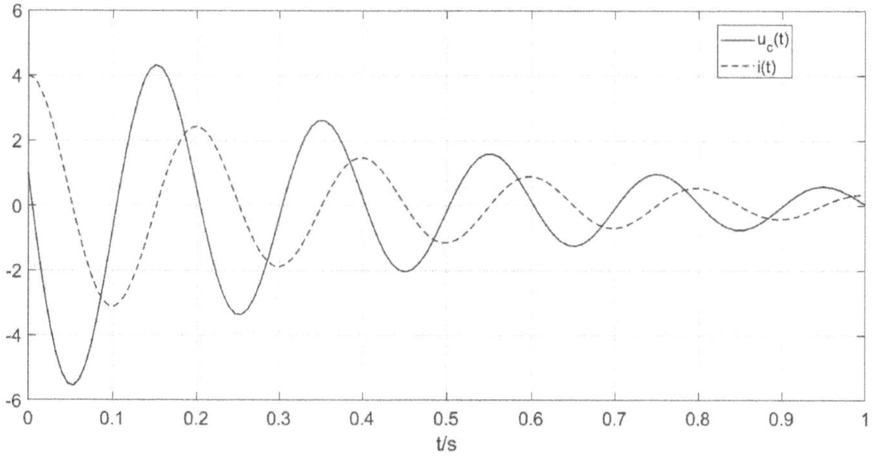

Abb. 1.5.12: Spannungs- und Stromverlauf der Parallelschaltung von Spule mit Kondensator

Spannung und Strom klingen ausgehend von u_{C0}=1 V und i_0=4 A oszillierend auf Null ab wegen des ohmschen Widerstands der Spule.

Kontrollfragen zu 1.5.2

1. Welche Bausteine im Simulinkmodell Abb. 1.5.11 repräsentieren den Kondensator?
2. Welche Bausteine im Simulinkmodell Abb. 1.5.11 repräsentieren die Induktivität?

1.5.3 Pneumatische Beispiele

Drossel-Speicher-Kombination

Ein Druckbehälter mit der Kapazität K_B ist über eine Leitung mit einer Querschnitts-Engstelle (Drossel) mit einer Druckluftquelle p_e verbunden, siehe Abb. 1.5.13.

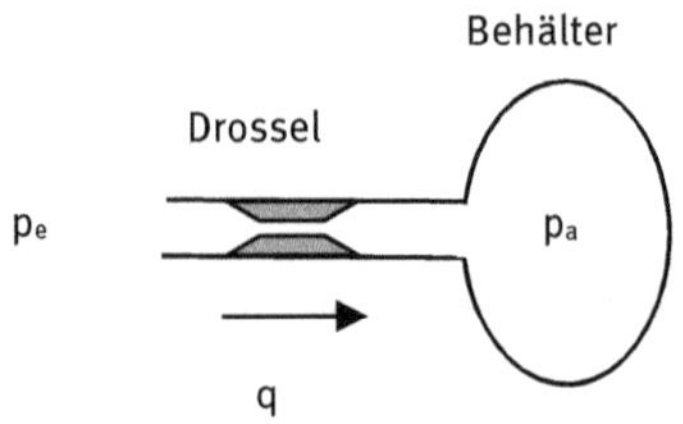

Abb. 1.5.13: Drossel-Speicher-Kombination

An der Drossel bleibt die Luftströmung wie in der Leitung entweder laminar oder sie wird turbulent, je nachdem wie die Engstelle gestaltet ist.

a) *Drossel mit laminarer Strömung.*
Hier hat die Drossel den Strömungswiderstand W und es gilt

$$q(t)=\frac{1}{W}\cdot\left[p_e(t)-p_a(t)\right] \tag{1.5.22}$$

$$\frac{dp_a(t)}{dt}=\frac{1}{K_B}\cdot q(t) \tag{1.5.23}$$

$$K_B W\frac{dp_a(t)}{dt}+p_a(t)=p_e(t) \tag{1.5.24}$$

Vergleicht man diese Beziehung mit der Gl. (1.5.15) vom RC-Glied, so zeigt sich eine Analogie hinsichtlich des dynamischen Verhaltens.

b) *Drossel mit turbulenter Strömung.*
Aufgrund der Kontinuitätsbeziehung von *Bernoulli* für Flüssigkeiten und Gase gilt an der Drossel die Durchflussgleichung

$$q(t) = \alpha \sqrt{\frac{2}{\rho}\left[p_e(t) - p_a(t)\right]} \qquad (1.5.25)$$

Darin sind ρ die Dichte des Gases und α der Öffnungsgrad der Drossel, siehe Kapitel 1.1.4. Mit Gl. (1.5.23) folgt die nichtlineare Differenzialgleichung für den Druckaufbau im Behälter

$$\frac{dp_a(t)}{dt} = \frac{\alpha}{K_B} \cdot \sqrt{\frac{2}{\rho}\left[p_e(t) - p_a(t)\right]} \qquad (1.5.26)$$

Für das Simulink-Modell wird diese Gleichung integriert und man erhält die Struktur in Abb. 1.5.14. Darin ist c=2/ρ.

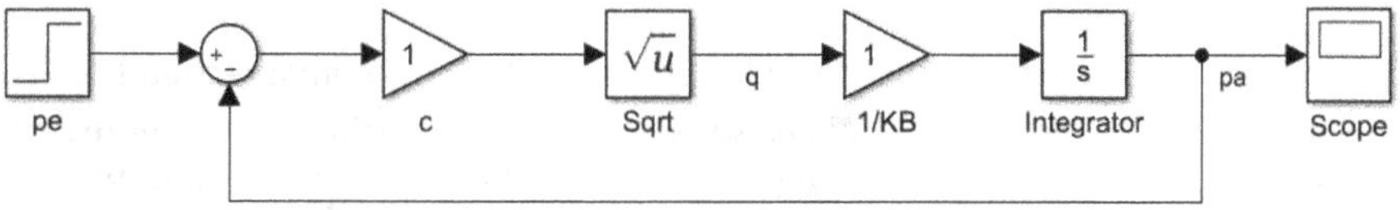

Abb. 1.5.14: Strukturbild des nichtlinearen Drossel-Speicher-Systems (*druckbehaelter.slx*)

Kontrollfragen zu 1.5.3

1. Sind die stationären Drücke in den Behältern bei laminarer bzw. turbulenter Strömung gleich?
2. Modellieren Sie den Fall, dass der Behälter ein Leck ins Freie hat mit dem Öffnungsgrad α/10.

1.6 Auswahl und Einstellung von Reglern

Mechatronische Anwendungen bestehen häufig aus zu regelnden Teilsystemen. Hierfür muss ein geeigneter Regler gewählt und dimensioniert werden. Die Wahl des Reglers und insbesondere seine Parametereinstellung hängen sehr stark vom Typ und den dynamischen Eigenschaften des zu regelnden Systems, genannt Strecke, ab. Betrachtet werden hier Verzögerungsstrecken mit und ohne Ausgleich, die i.A. in der Mechatronik vorkommen.

1.6.1 Unterteilung der Strecken

Man unterscheidet Strecken mit und ohne Ausgleich sowie solche, die nur reelle Pole haben von denen, die auch konjugiert komplexe Pole haben.

Strecken mit Ausgleich und Verzögerungen, d.h. ohne integrierenden Anteil. Beschreibt man das dynamische Übertragungsverhalten mit der Übertragungsfunktion $G_S(s)$, so gilt mit reellen Polen und einer Darstellung mit Zeitkonstanten die Beziehung

$$G_S(s) = \frac{K_S}{(1+sT_1)(1+sT_2)\cdot\ldots\cdot(1+sT_n)}. \qquad (1.6.1)$$

Ist zusätzlich ein konjugiert komplexes Polpaar vorhanden so gilt in einer Darstellung mit der Eigenkreisfrequenz ω_0 und der Dämpfung D die Beziehung.

$$G_S(s) = \frac{K_S}{(1+sT_1)(1+sT_2)\cdot\ldots\cdot(1+sT_n)\left(\frac{s^2}{\omega_0^2}+\frac{2D}{\omega_0}s+1\right)} \qquad (1.6.2)$$

Bei mehreren konjugiert komplexen Polen wird die Gl. (1.6.2) entsprechend erweitert. Häufig sind ein, zwei oder drei Zeitkonstanten deutlich größer als weitere Zeitkonstanten, so dass beim Reglerentwurf nur diese zu berücksichtigen sind. Weitere konjugiert komplexe Pole können ebenfalls vernachlässigt werden, wenn ihre Eigenkreisfrequenzen deutlich größer sind. Beides gilt allerdings nur unter der Einschränkung, dass die Dynamik der geregelten Strecke nicht wesentlich schneller als die der Strecke ohne Regelung gemacht wird.

Strecken ohne Ausgleich und mit Verzögerungen, d.h. mit integrierendem Anteil. Nur mit reellen Polen lautet die Übertragungsfunktion

$$G_S(s) = \frac{K_S}{s\cdot(1+sT_1)(1+sT_2)\cdot\ldots\cdot(1+sT_n)} \qquad (1.6.3)$$

und mit einem konjugiert komplexen Polpaar gilt

$$G_S(s) = \frac{K_S}{s\cdot(1+sT_1)(1+sT_2)\cdot\ldots\cdot(1+sT_n)\left(\frac{s^2}{\omega_0^2}+\frac{2D}{\omega_0}s+1\right)} \qquad (1.6.4)$$

1.6.2 Verwendung und Entwurf eines PID-Reglers

Strecken mit Ausgleich und Verzögerungen durch reelle Pole.
Bei Strecken mit Ausgleich und Verzögerungen wird i.A. ein PI-Regler eingesetzt. Dabei ist der I-Anteil wegen der stationären Genauigkeit bei sprungförmigen Eingangsgrößen erforderlich. Ein D-Anteil wird ggf. benötigt, um das Zeitverhalten zu verbessern. Damit einher geht i.A. eine Vergrößerung der Stellamplitude, was zu berücksichtigen ist.

Die Integrationszeit des PI-Reglers wird i.A. so gewählt, dass seine Nullstelle den „langsamsten" Pol kompensiert (Kompensationsmethode). Diese Maßnahme liefert ein umso besseres Führungsverhalten, je dominanter der kompensierte Pol gegenüber den anderen ist.

Die Verstärkung K_R des Reglers wird i.A. so gewählt, dass die Führungssprungantwort eine bestimmte Überschwingweite nicht überschreitet. Ist die Ordnung der Übertragungsfunktion des offenen Regelkreise $G_O(s)$ kleiner gleich zwei, ist eine analytische Ermittlung von K_R möglich. Bei höherer Ordnung werden grafische oder numerische Verfahren verwendet.

Mit dem *Wurzelortskurven-Verfahren* (WOK-Verfahren) lassen sich die Pole des geschlossenen Kreises bei gegebenen Polen und Nullstellen von $G_O(s)$ in Abhängigkeit von der Kreisverstärkung und damit von K_R bestimmen. Hierfür stellt MATLAB ein leistungsfähiges Programm *rlocus(sys)* zur Verfügung. Anhand der dargestellten WOK wird dann K_R so gewählt, dass die dominanten Pole des geschlossenen Regelkreises eine gewünschte Dämpfung haben. Das WOK-Verfahren hat den Vorteil, dass man durch Wahl der Pole des geschlossenen Regelkreises ein gewünschtes Führungs-Zeitverhalten erzeugen kann.

Ein weiteres Verfahren besteht darin, den Frequenzgang der Übertragungsfunktion des offenen Regelkreises grafisch in Form der Frequenzkennlinie darzustellen. Auch hierfür liefer MATLAB ein leistungsfähiges Programm *bode(sys)*. Die Kreisverstärkung wird dann so gewählt, dass sich eine gewünschte Stabilitätsreserve meist in Form der Phasenreserve Φ_R ergibt. Zwischen der Phasenreserve Φ_R und der Dämpfung D des Einschwingvorganges besteht unter bestimmten Voraussetzungen, die bei der PI-Regelung von Verzögerungsstrecken i.A. erfüllt sind, näherungsweise der Zusammenhang

$$D \approx \frac{\Phi_R}{100^0}. \qquad (1.6.5)$$

Damit lässt sich indirekt an Hand des Frequenzganges ein gewünschtes Zeitverhalten einstellen.

Beispiel

Am Beispiel einer Strecke mit der Übertragungsfunktion

$$G_S(s)=\frac{0,5}{(1,2s+1)(0,6s+1)(0,3s+1)}$$

werden PI-Regler entworfen. Die Integrationszeit wird mit der Kompensationsmethode bestimmt. Die Reglerverstärkung wird einerseits mit dem WOK-Verfahren und andererseits im Frequenzbereich für eine bestimmte Phasenreserve bestimmt. Der PI-Regler hat die Übertragungsfunktion

$$G_R(s)=K_R\frac{1+sT_N}{sT_N}.$$

mit der Integrations- bzw. Nachstellzeit T_N und der Reglerverstärkung K_R. Die Übertragungsfunktion des offenen Regelkreises $G_O(s)$ ergibt sich zu

$$G_O(s)=\frac{0,5K_R(1+sT_N)}{sT_N(1,2s+1)(0,6s+1)(0,3s+1)}$$

und nach Anwendung der Kompensationsmethode T_N=1,2 zu

$$G_O(s)=\frac{0,5K_R}{1,2s(0,6s+1)(0,3s+1)}$$

bzw.

$$G_O(s)=\frac{0,417K_R}{s(0,6s+1)(0,3s+1)}.$$

Ermittlung von K_R mit dem WOK-Verfahren.

MATLAB-Eingabe:

```
s=tf(,s‘)
    Go=0.417/(s*(0.6*s+1)*(0.3*s+1))     %Go(s) mit KR=1 eingeben
    rlocus(Go)                           %WOK-Aufruf
    grid                                 %
```

Die berechnete WOK zeigt Abb. 1.6.1. Die WOK-Äste entstehen in den Polen von $G_O(s)$ und streben nach Unendlich. Zusätzlich sind mit der Anweisung *grid* Linien mit konstanter Dämpfung (Strahlen) und solche mit konstanter Kreisfrequenz (zu Ellipsen verzerrte Kreise) eingezeichnet.

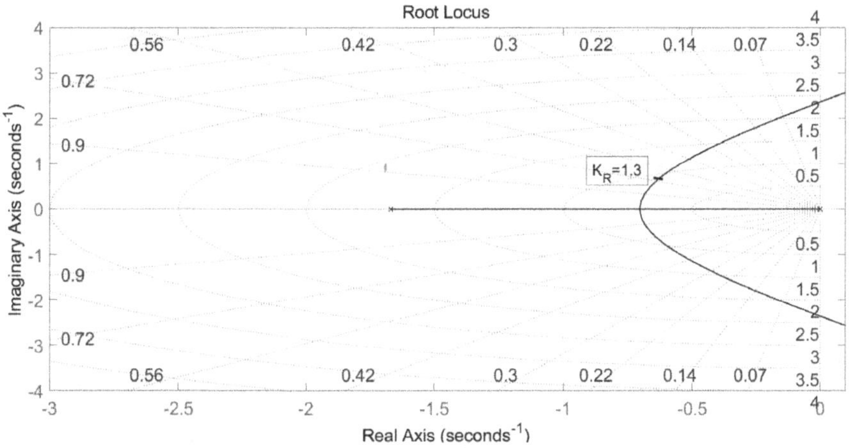

Abb. 1.6.1: WOK-Verlauf

Für den geschlossenen Regelkreis wird eine Dämpfung von D=0,7 gewählt. Um hierfür K_R zu bestimmen, wird die WOK im Schnittpunkt mit dem Strahl für D=0,7 angeklickt, wodurch der zugehörigen K_R-Wert angezeigt wird. Der gesuchte PI-Regler hat also die Werte $K_R = 1,3$ und $T_N=1,2$.

Ermittlung von K_R mit dem Frequenzkennlinien-Verfahren.

MATLAB-Eingabe:

```
bode(Go); mit KR=1
grid
```

Die berechneten Amplituden-und Phasenkennlinien sind in Abb. 1.6.2 dargestellt. Für den geschlossenen Regelkreis wird eine Phasenreserve von $\Phi_R=70^0$ gewählt, was nach Gl. (1.6.5) einer Dämpfung von D=0,7 entspricht, wie bei der Ermittlung mit dem WOK-Verfahren. Bei $\Phi_O=-110^0$ geht der Amplitudengang etwa durch 0dB, was bedeutet, dass sich mit $K_R=1$ eine Phasenreserve von $\Phi_R=70^0$ einstellt.

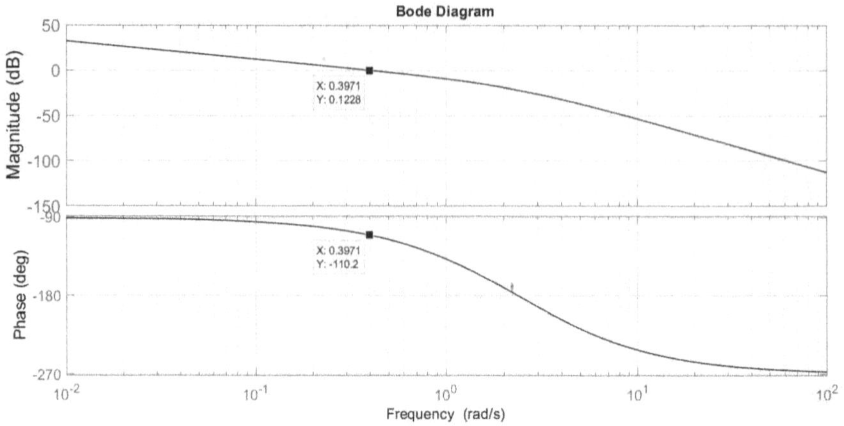

Abb. 1.6.2: Frequenzkennlinien

Mit Simulink wurde der Regelkreis modelliert und es wurden Einheits-Führungssprungantworten mit den beiden Reglereinstellungen aufgenommen, siehe Abb. 1.6.3.

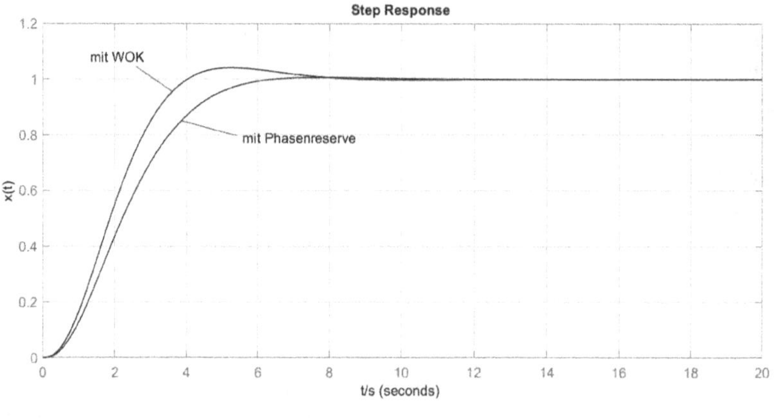

Abb. 1.6.3: Übergangsfunktionen bei unterschiedlicher K_R-Ermittlung

In beiden Fällen zeigt sich ein genaues Führungsverhalten, wobei die Einstellung mit dem WOK-Verfahren einen Einschwingverlauf zeigt, der besser der Vorgabe D=0,7 entspricht, denn bei dieser Dämpfung sollte die Überschwingweite ü ≈ 5% betragen, was sich hier zeigt.

Hat die Strecke neben den reellen Polen noch konjugiert komplexe Pole mit hinreichend großer Dämpfung, so kann ein PI-Regler ausreichen, der mit dem WOK-

Verfahren zu dimensionieren ist. Bei schwach gedämpften Polen ist mindestens ein PID-Regler oder besser noch eine Zustandsregelung zu verwenden.

Strecken ohne Ausgleich und mit Verzögerungen durch reelle Pole.
Wir gehen im Folgenden von sprungförmigen Eingangsgrößen aus. Wird von der Regelung nur ein stationär genaues Führungsverhalten verlangt, genügt ein P-Regler, dessen Verstärkung je nach Ordnung der Strecke entweder analytisch oder mit dem WOK-Verfahren bzw. im Frequenzbereich mit der Phasenreserve bestimmt wird.

Wird außerdem stationär genaues Störverhalten gefordert, wird ein PI-Regler erforderlich. Hierbei darf die Integrations- bzw. Nachstellzeit nicht mit der Kompensationsmethode festgelegt werden, da der Regelkreis dann instabil wird. Hat die Strecke neben dem integrierenden Anteil nur eine Verzögerung, bzw. sind weitere Verzögerungen vernachlässigbar klein, so wird i.A. das *Symmetrische Optimum* zur Reglereinstellung verwendet. Es wird insbesondere in der elektrischen Antriebstechnik eingesetzt. Es hat seinen Namen daher, dass die Frequenzkennlinien bzgl. der Frequenz ω_D (genannt Durchtrittsfrequenz), bei der die Amplitudenkennlinie 0 dB schneidet, symmetrisch verlaufen. Mit dieser Einstellung ergibt sich weder ein optimales Führungs- noch Störverhalten, vielmehr stellt es einen guten Kompromiss zwischen beiden dar.

Bei mechatronischen Anwendungen ist es oft erforderlich, IT_1-Strecken mit einem PI-Regler zu regeln. Daher wird nachfolgend die Reglereinstellung mit dem *Symmetrische Optimum* besonders ausführlich behandelt.

Dimensionierung des PI-Reglers mit dem Symmetrischen Optimum.
Voraussetzung: Die Strecke hat die Übertragungsfunktion

$$G_S(s) = \frac{K_S}{s\left(1 + sT_1\right)} . \tag{1.6.6}$$

Dimensionierung:
Die Nachstellzeit des PI-Reglers

$$G_R(s) = K_R \frac{1 + sT_N}{sT_N} \tag{1.6.7}$$

wird für eine gewünschte Phasenreserve Φ_R mit der Formel

$$T_N = \left(\frac{1 + \sin \Phi_R}{\cos \Phi_R} \right)^2 \cdot T_1 \tag{1.6.8}$$

und die Reglerverstärkung mit

$$K_R = \frac{1}{K_S} \cdot \frac{1}{\sqrt{T_N T_1}} \tag{1.6.9}$$

bestimmt.

Das Symmetrische Optimum liefert eine gewünschte Stabilitätsreserve in Form der Phasenreserve. Ein Rückschluss auf die Dämpfung des Einschwingverhaltens mit Hilfe der Faustformel Gl. (1.6.5) ist jedoch nicht möglich, da die Voraussetzungen für die Faustformel nicht erfült sind. Um dennoch eine Aussage für die Dämpfung zu bekommen, wurde in [1] nachfolgende Herleitung dargestellt. In die Übertragungsfunktion des offenen Kreises

$$G_O(s) = \frac{K_R K_S}{T_N} \frac{1 + sT_N}{s^2\left(1 + sT_1\right)} \tag{1.6.10}$$

wird K_R entsprechend dem Symmetrischen Optimum nach Gl. (1.6.9) gewählt. Dann ist

$$G_O(s) = \frac{1}{T_N\sqrt{T_N T_1}} \frac{1 + sT_N}{s^2\left(1 + sT_1\right)}. \tag{1.6.11}$$

Führt man außerdem die Normierung

$$q = \sqrt{T_N T_1} \cdot s \tag{1.6.12}$$

ein, gilt

$$G_O(q) = \frac{\sqrt{T_N T_1}}{T_N} \frac{1 + q\frac{T_N}{\sqrt{T_N T_1}}}{q^2\left(1 + q\frac{T_1}{\sqrt{T_N T_1}}\right)} = \sqrt{\frac{T_1}{T_N}} \frac{1 + q\sqrt{\frac{T_N}{T_1}}}{q^2\left(1 + q\sqrt{\frac{T_1}{T_N}}\right)} \tag{1.6.13}$$

Ferner wird die Substitution

$$a^2 = \frac{T_N}{T_1} \tag{1.6.14}$$

verwendet. Damit ist

$$G_O(q)=\frac{1}{a\cdot q^2}\cdot\frac{1+aq}{1+\frac{q}{a}} \quad . \tag{1.6.15}$$

Bildet man die Führungsübertragungsfunktion

$$G_W(q)=\frac{G_O(q)}{1+G_O(q)} \tag{1.6.16}$$

mit $G_O(q)$ von Gl. (1.6.13) mit a von Gl. (1.6.14), so folgt

$$G_W(q)=\frac{1+aq}{q^3+aq^2+aq+1} \quad . \tag{1.6.17}$$

Aufgrund der symmetrischen Koeffizienten handelt es sich beim Nennerpolynom um ein Spiegelpolynom, von dem bekannt ist, dass eine Wurzel $q_{P1} = -1$ ist, während die anderen beiden Wurzeln $q_{P2,3}$, falls sie konj. kompl. sind, auf dem Einheitskreis liegen. Damit gilt

$$G_W(q)=\frac{1+aq}{(q+1)\left(q^2+(a-1)q+1\right)} \quad . \tag{1.6.18}$$

Die Pole in der q-Ebene sind

$$q_{P1} = -1 \tag{1.6.19}$$

und für a < 3

$$q_{P_{2,3}}=-\frac{a-1}{2}\pm j\sqrt{1-\left(\frac{a-1}{2}\right)^2} \tag{1.6.20}$$

bzw. für a > 3

$$q_{2,3}=-\frac{a-1}{2}\pm\sqrt{\left(\frac{a-1}{2}\right)^2-1} \quad . \tag{1.6.21}$$

Die konj. komplen Pole haben die Dämpfung

$$D=\frac{a-1}{2}=\frac{\sqrt{\frac{T_N}{T_1}}-1}{2} \quad . \tag{1.6.22}$$

Durch Umstellen dieser Gleichung erhält man für eine gewünschte Dämpfung D des konj. komplexen Polpaares eine Bestimmungsgleichung für die Nachstellzeit T_N:

$$T_N = (2D+1)^2 \cdot T_1 \,. \tag{1.6.23}$$

In der komplexen s-Ebene liegen für D < 1 die drei Pole auf einem Halbkreis in der linken Halbebene mit dem Radius

$$\omega_O = \frac{1}{\sqrt{T_N T_1}} \,, \tag{1.6.24}$$

wobei die komplexen Pole unter den Winkeln $\alpha = \pm arccos\, D$ bzgl. der negativ reellen Achse liegen.

Es stellt sich natürlich die Frage, ob mit der Einstellung nach dem Symmetrischen Optimum eine optimale Dämpfung für das konjugiert komplexe Polpaar erzielt wird. Zur Untersuchung wird eine Strecke mit

$$G_S(s) = \frac{0,5}{s(1+s)}$$

und ein PI-Regler mit $T_N=4T_1=4$ sowie nach Gl. (1.6.9)

$$K_R = \frac{1}{K_S} \cdot \frac{1}{\sqrt{T_N T_1}} = \frac{1}{0,5} \cdot \frac{1}{\sqrt{4}} = 1$$

betrachtet. Für den geschlossenen Regelkreis ergibt sich mit Gl. (1.6.22) die Dämpfung

$$D = \frac{1}{2}\left(\sqrt{\frac{T_N}{T_1}} - 1\right) = 0,5\left(\sqrt{\frac{4}{1}} - 1\right) = 0,5$$

und nach Gl. (1.6.23) die Eigenkreisfrequenz

$$\omega_O = \frac{1}{\sqrt{T_N T_1}} = \frac{1}{\sqrt{4}} = 0,5 \,.$$

Für die Klärung der Frage wird die WOK des geschlossenen Regelkreises berechnet und in Abb. 1.6.4 dargestellt. Außerdem werden die mit dem Symmetrischen Optimum festgelegten Pole s_{P1}, s_{P2} und s_{P3} in die komplexe Ebene eingetragen. Die konj. komplexen Pole $s_{P2,3}$ liegen auf der WOK und zwar in dem Punkt mit maximaler Dämpfung. Außerdem ergibt sich hier derselbe K_R-Wert wie beim Symmetrischen

Optimum. Das legt die Annahme nahe, dass das mit dem Symmetrischen Optimum festgelegte komplexe Polpaar die maximale Dämpfung bei zuvor gewählter Nachstellzeit ergibt. Dieser Sachverhalt wurde mit weiteren Nachstellzeiten untersucht und die Annahme bestätigt.

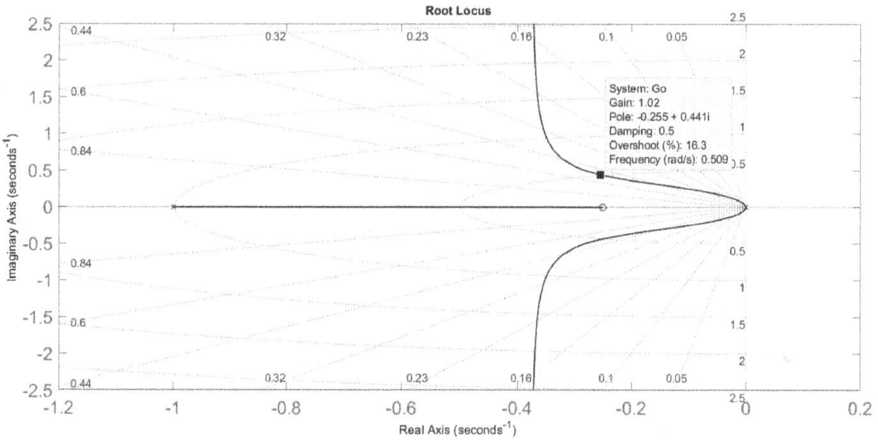

Abb. 1.6.4: WOK- Darstellung mit Polen gemäß Symmetrischem Optimum

Zusammenfassend sei festgestellt, dass mit dem Symmetrischen Optimum nicht nur eine gewünschte Phasenreserve sondern auch eine optimale Dämpfung des konjugiert komplexen Polpaares eingestellt werden kann.

Damit das Führungsverhalten ausschließlich von der Dämpfung des konj. kompl. Polpaares bestimmt wird, ist noch ein weiterer Schritt erforderlich. Um den Einfluss der Nullstelle und des reellen Poles in der Führungsübertragungsfunktion zu eliminieren, wird dem Regelkreis ein Lag-Filter vorgeschaltet mit der Übertragungsfunktion

$$G_V(s) = \frac{1 + s\sqrt{T_N T_1}}{1 + sT_N}. \qquad (1.6.25)$$

Damit ergibt sich für die Hintereinanderschaltung von Lag-Filter und Regelkreis als Führungsübertragungsfunktion

$$\tilde{G}_W(s) = G_V(s) G_W(s) \qquad (1.6.26)$$

und mit den Gleichungen (1.6.25) und (1.6.17) sowie der Rücksubstitation von a folgt

$$\tilde{G}_W(s) = \frac{1+s\sqrt{T_N T_1}}{1+sT_N} \frac{1+\sqrt{\frac{T_N}{T_1}}s\sqrt{T_N T_1}}{\left(s\sqrt{T_N T_1}+1\right)\left(T_N T_1 s^2 + 2Ds\sqrt{T_N T_1}+1\right)}, \tag{1.6.27}$$

$$\tilde{G}_W(s) = \frac{1+s\sqrt{T_N T_1}}{1+sT_N} \frac{1+sT_N}{\left(s\sqrt{T_N T_1}+1\right)\left(T_N T_1 s^2 + 2Ds\sqrt{T_N T_1}+1\right)}, \tag{1.6.28}$$

$$\tilde{G}_W(s) = \frac{1}{T_N T_1 s^2 + 2Ds\sqrt{T_N T_1}+1} \tag{1.6.29}$$

und mit Gl. (1.6.24)

$$\tilde{G}_W(s) = \frac{1}{\frac{1}{\omega_0^2}s^2 + \frac{2D}{\omega_0}s+1}, \tag{1.6.30}$$

d.h. das Führungsverhalten hängt nun nur von dem konjugiert komplexen Polpaar ab, was erreicht werden sollte.

Nun wird die Regelung der bereits verwendeten Strecke

$$G_S(s) = \frac{0,5}{s(1+s)} \tag{1.6.31}$$

in der zuvor beschrieben Weise mit Simulink modelliert und in Abb. 1.6.5 dargestellt.

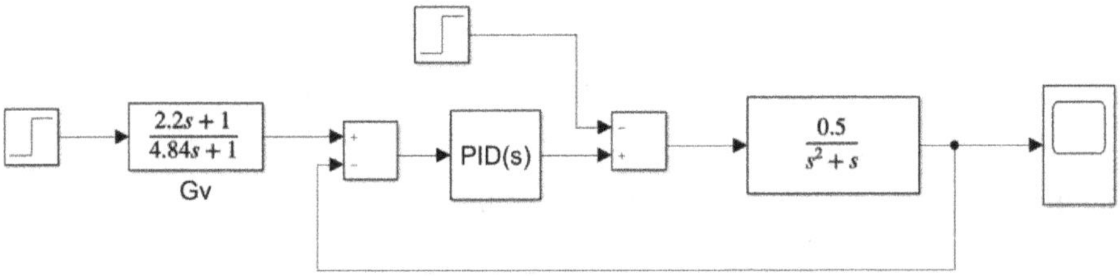

Abb. 1.6.5: Regelung mit Symmetrischem Optimum und mit Vorfilter (symmopt.slx)

Es wird das Führungs-und Störverhalten der PI-Reglung mit den gewählten Dämpfungen D=0,5 und D=0,6 betrachtet. Hierfür sind die Reglerparameter mit den Gleichungen (1.6.23)

$$T_N = (\ 2D+1\ )^2 \cdot T_1$$

und (1.6.9)

$$K_R = \frac{1}{K_S} \cdot \frac{1}{\sqrt{T_N T_1}}$$

einzustellen. Für D=0,5 ergeben sich

$$T_N = (\ 2 \cdot 0,5 + 1\ )^2 = 4$$

und

$$K_R = \frac{1}{0,5} \cdot \frac{1}{\sqrt{4}} = 1$$

bzw. für D=0,6 ergeben sich

$$T_N = (\ 2 \cdot 0,6 + 1\ )^2 = 4,84$$

und

$$K_R = \frac{1}{0,5} \cdot \frac{1}{\sqrt{4,84}} = 0,91\,.$$

Die aufgezeichneten Führungs-und Störsprungantworten zeigt Abb. 1.6.6. Der Störsprung erfolgt mit z_0=0,2 verzögert zum Zeitpunkt t_1=25s. Die Überschwingweiten der Führungssprungantworten mit ü=16% bei D=0,5 und ü=10% bei D=0,6 entsprechen exakt den theoretischen Werten. Die Regelabweichung durch die Störung ist temporär und wird vollständig ausgeregelt.

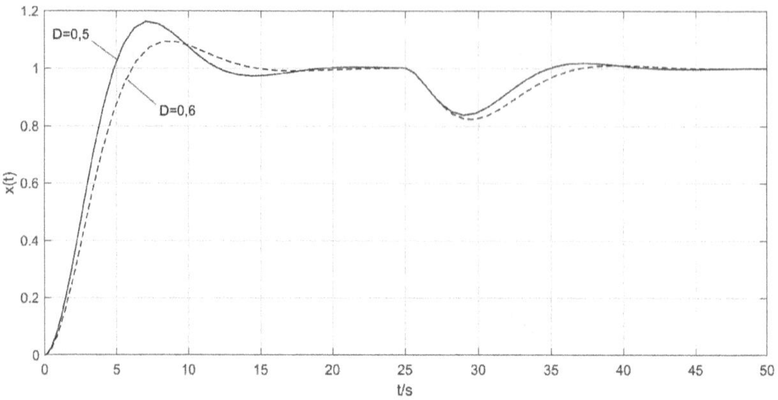

Abb. 1.6.6: Führungs- und Störsprungantworten

Technische Realisierung des Reglers

Der Regler wird als Software auf einem Mikrocomputer implementiert und als digitaler Regler bezeichnet. Zusätzlich werden benötigt: Abtasthalteglied (Sample&Hold) sowie Analog/Digital- und Digital/Analogwandler (ADC und DAC). Mit dem Abtasthalteglied werden der Regelgröße x(t) im zeitlichen Abstand der Tastperiode T_S die Werte $x(kT_S)$ entnommen und wärend der Periode T_S gehalten. Der mit dem Analog/Digital-Wandler erzeugte digitale Abtastwert wird von der zeitdiskreten Führungsgröße $w(kT_S)$ abgezogen und dem Rechner zugeführt, siehe Abb. 1.6.7. Hier wird mit dem entsprechenden Regelalgorithmus das Stellsignal $y(kT_S)$ berechnet, über eine Periode gehalten, vom Digital/Analogwandler gewandelt und anschließend als zeitkontinuierlich treppenförmiges Signal $\bar{y}(t)$ dem Stellglied bzw. der Strecke zugeführt.

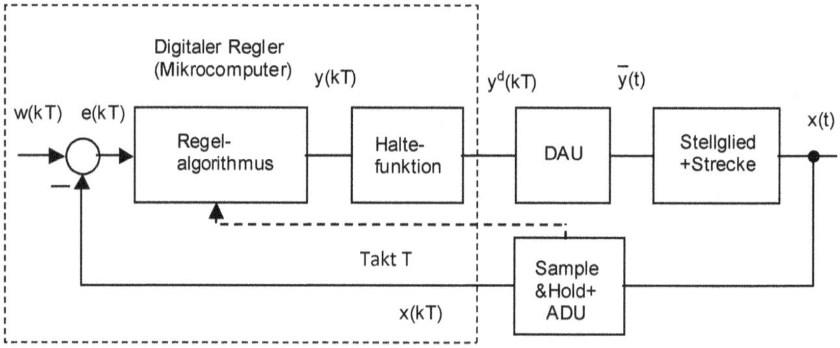

Abb. 1.6.7: Struktur einer digitalen Regelung (mit T statt T_S)

Dem Entwurf eines digitalen Reglers liegen zwei unterschiedliche Beschreibungsformen des Regelkreises zugrunde. Bei der i.A. verwendeten *quasikontinuierlichen*

Regelung wird der Regelkreis zeitkontinuierlich beschrieben und der Regler nach seinem Entwurf digital umgesetzt. Bei einer *Abtastregelung* wird der Regelkreis zeitdiskret beschrieben und der digitale Regler zeitdiskret entworfen. Hier wird die digitale Umsetzung des kontinuierlich entworfenen Reglers behandelt.

Bei der quasikontinuierlichen Regelung wird die kontinuierliche Regelung möglichst gut zeitdiskret nachgebildet. Deshalb erfolgt hier die Abtastung in so kurzen Zeitabständen, dass die damit verbundene Zeitverzögerung das Regelverhalten kaum destabilisierend beeinflusst. Für die Wahl der Abtastperiode bzw. Tastzeit werden in der Literatur für Digitale Regelung unterschiedliche Richtwerte genannt. Der Autor empfiehlt als Faustformel für die Tastzeit

$$T_S \cong \frac{1}{5 \cdot \omega_D} \quad \dots \quad \frac{1}{10 \cdot \omega_D} \tag{1.6.32}$$

mit der Durchtrittsfrequenz ω_D, also der Frequenz, bei der $|G_O(j\omega_D)| = 1$ ist. Damit ist der destabilisierende Einfluss der zeitlichen Verzögerung durch die Abtastung vernachlässigbar gering, da dann die Zeitverzögerung näherungsweise nur mit -6^0 bis -3^0 am Phasengang des offenen Regelkreises beteiligt ist.

Eine exakte Rekonstruktion von x(t) aus dem abgetasteten Signal wäre dann gewährleistet, wenn bei der Wahl der Tastzeit das *Abtasttheorem* von Shannon

$$f_a = \frac{1}{T} > 2 \cdot f_b \tag{1.6.33}$$

berücksichtigt werden könnte, wobei f_b das Ende des Frequenzspektrums von x(t) angibt. Dann besäße das periodische Spektrum des abgetasteten Signals keine Überlappung (Aliasing).

Nachfolgend wird gezeigt, dass man mit Berücksichtigung der Faustformel Gl. (1.6.32) der vom Abtasttheorem geforderten Bandbegrenzung nahe kommt: Geht man von der meist zutreffenden Annahme aus, dass ab ca. ω_D der Amplitudengang mit >40dB/Dekade abnimmt, so sind nach einer Dekade die Spektralanteile ca. auf 1/100 abgeklungen und daher zu vernachlässigen, folglich kann man $\omega_b \approx 10 \cdot \omega_D$ setzen. Mit

$$\tilde{f}_b = \frac{\omega_b}{2\pi} \tag{1.6.34}$$

gilt dann

$$\tilde{f}_b \approx 1{,}6 \cdot \omega_D . \tag{1.6.35}$$

Mit dem Zusammenhang

$$\omega_D = \frac{1}{5 \cdot T_S} \ldots \frac{1}{10 \cdot T_S} \tag{1.6.36}$$

von Gl. (1.6.32) in Gl. (1.6.35) folgt

$$\frac{1}{T_S} \cong 3.125 \cdot \tilde{f}_b \ \ldots \ 6.25 \cdot \tilde{f}_b \,, \tag{1.6.37}$$

d.h. das Theorem von Shannon wäre damit gut erfüllt, wenn $\tilde{f}_b$ eine vollständige Bandbegrenzung wäre.

Entwurf des digitalen Reglers

Der digitale PID-Regler soll den analogen PID-Regler möglichst gut approximieren. Der analoge PID-Regler wird im Zeitbereich beschrieben durch:

$$y(t) = K_R \left[e(t) + \frac{1}{T_N} \int_0^t e(\tau) d\tau + T_V \dot{e}(t) \right] \tag{1.6.38}$$

Beim Übergang zum Zeitdiskreten wird die Integration durch eine Summation von Teilflächen

$$\int_0^{kT_S} e(t) dt = \sum_{i=1}^{k} \int_{(i-1)T_S}^{iT_S} e(t) dt \tag{1.6.39}$$

vorgenommen und die Differenziation durch den Differenzenquotienten ersetzt

$$\dot{e}(t) \approx \frac{e(kT_S) - e((k-1)T_S)}{T_S} \,. \tag{1.6.40}$$

Die Stellsignalfolge setzt sich aus den drei Anteilen

$$y(kT_S) = y_P(kT_S) + y_I(kT_S) + y_D(kT_S) \tag{1.6.41}$$

mit

$$y_P(kT_S) = K_R \cdot e(kT_S) \,, \tag{1.6.42}$$

$$y_I(kT_S) = \frac{K_R}{T_N} \sum_{i=1}^{k} \int_{(i-1)T_S}^{iT_S} e(t)dt \tag{1.6.43}$$

und

$$y_D(kT_S) = K_R \frac{T_V}{T_S} \left[e(kT_S) - e((k-1)T_S) \right] \tag{1.6.44}$$

zusammen. Für einen programmierbaren Algorithmus ist es erforderlich, den I-Anteil rekursiv zu beschreiben:

$$y_I(kT_S) = y_I((k-1)T_S) + \frac{K_R}{T_N} \int_{(k-1)T_S}^{kT_S} e(t)dt\,. \tag{1.6.45}$$

Für das in der Zeitspanne von (k-1)Ts bis kTs hinzu kommende Flächenelement sind drei Approximationen gebräuchlich: Die

Rechteckregel in Vorwärtsrichtung: $\int_{(k-1)T_S}^{kT_S} e(t)dt \approx T_S \cdot e((k-1)T_S)$, (1.6.46)

die Rechteckregel in Rückwärtsrichtung: $\int_{(k-1)T_S}^{kT_S} e(t)dt \approx T_S \cdot e(kT_S)$ (1.6.47)

und die Trapezregel: $\int_{(k-1)T_S}^{kT_S} e(t)dt \approx \frac{T_S}{2} \cdot \left[e(kT_S) + e((k-1)T_S) \right]$. (1.6.48)

Damit gilt für den I-Anteil bei der Rechteckregel in Vorwärtsrichtung

$$y_I(kT_S) = y_I((k-1)T_S) + K_R \frac{T_S}{T_N} e((k-1)T_S), \tag{1.6.49}$$

der Rechteckregel in Rückwärtsrichtung

$$y_I(kT_S) = y_I((k-1)T_S) + K_R \frac{T_S}{T_N} e(kT_S) \tag{1.6.50}$$

und der Trapezregel

$$y_I(kT_S) = y_I((k-1)T_S) + K_R \frac{T_S}{2T_N}\left[e(kT_S) + e((k-1)T_S)\right]. \tag{1.6.51}$$

Mit der Trapezregel ist die Approximation am genauesten, weshalb sie für den Regler verwendet wird.
Berechnet wird bei jedem Abtastschritt nicht die Stellgröße selbst, sondern die Differenz

$$\Delta y(kT_S) = y(kT_S) - y((k-1)T_S)\,. \tag{1.6.52}$$

Die weitere Darstellung wird wegen einer besseren Übersicht ohne T_S geschrieben.
Mit Gl. (1.6.41) folgt

$$\Delta y(k) = y_P(k) - y_P(k-1) + y_I(k) - y_I(k-1) + y_D(k) - y_D(k-1) \tag{1.6.53}$$

und mit den Gleichungen (1.6.42), (1.6.44) und (1.6.51) für die einzelnen Glieder erhält man die *Differenzengleichung* für den PID-Regler zu

$$\Delta y(k) = K_R \cdot \left\{e(k) - e(k-1) + \frac{T_S}{2T_N}\left[e(k) + e((k-1))\right] + \frac{T_V}{T_S}\left[e(k) - 2e(k-1) + e(k-2)\right]\right\} \tag{1.6.54}$$

bzw.

$$\Delta y(k) = K_R \cdot \left\{\left[1 + \frac{T_S}{2T_N} + \frac{T_V}{T_S}\right] e(k) + \left[\frac{T_S}{2T_N} - 1 - 2\frac{T_V}{T_S}\right] e(k-1) + \frac{T_V}{T_S} e(k-2)\right\}. \tag{1.6.55}$$

Durch Weglassen entsprechender Terme in Gl. (1.6.55) erhält man die Differenzengleichung des digitalen PI-Reglers zu

$$\Delta y(k) = K_R \cdot \left\{\left[1 + \frac{T_S}{2T_N}\right] e(k) + \left[\frac{T_S}{2T_N} - 1\right] e(k-1)\right\}. \tag{1.6.56}$$

Zur Ausgabe kommt natürlich die Stellgröße selbst:

$$y(k) = y(k-1) + \Delta y(k)\,, \tag{1.6.57}$$

d.h. es muss der zurück liegende Wert y(k-1) der Stellgröße abgespeichert werden.

Beim PI- und PD-Algorithmus muss außerdem der zurück liegender Wert e(k-1) und beim PID-Algorithmus müssen noch zwei zurück liegende Werte e(k-1) und e(k-2) zur Berechnung der Stellgröße abgespeichert sein. Als bedeutsam ist festzustellen, dass sich der PD- und PID-Regler ohne Zeitverzögerung des D-Anteils, also ideal, realisieren lassen, da deren Differenzengleichungen problemlos gebildet werden können. Jedoch ergibt sich durch den D-Anteil i.A. eine sehr große Anfangsstellamplitude nach einem Führungssprung mit w_0, denn es gilt bei Verzögerungsstrecken (wegen x(0)=0):

$$y(0) = K_R(1 + \frac{T_S}{2T_N} + \frac{T_V}{T_S})w_0 \tag{1.6.58}$$

und es ist i.a. $T_N >> T_{V.} >> T_S$. Um den großen Anfangsimpuls zu vermeiden, sollte auch bei dem digitalen Regler der D-Anteil mit einer Zeitverzögerung versehen werden. So ergibt sich das Stellsignal des DT_1-Anteils vom Regler zu

$$y_{DT_1}(k) = \frac{T_1}{T_S + T_1} y_{DT_1}(k-1) + \frac{T_V}{T_S + T_1}\left[e(k) - e(k-1)\right] \tag{1.6.59}$$

und der Anfangswert ist

$$y_{DT_1}(0) = \frac{T_V}{T_S + T_1} w(0) \tag{1.6.60}$$

Programmentwicklung eines Reglers

Es wird nur der PI-Regler behandelt, da er meist zum Einsatz kommt und um den Aufwand angemessen zu halten.

Bei der Umsetzung des PI-Reglers in ein C- oder Assembler-Algorithmus gehen wir aus von Gl. (1.5.56), eingesetzt in Gl. (1.5.57) und erhalten die zu programmierende Gl. (1.6.61)

$$y(k) = y(k-1) + K_R \cdot \left\{ \left[1 + \frac{T_S}{2T_N} \right] e(k) + \left[\frac{T_S}{2T_N} - 1 \right] e(k-1) \right\} \tag{1.6.61}$$

mit y(0)=0 und e(0)=0.

Zu Beginn einer Tastperiode wird der Eingabewert e(k) eingelesen, die abgespeicherten zurück liegenden Werte y(k-1) und e(k-1) aus dem Speicher gelesen und der Ausgabewert y(k) entsprechend der Differenzengleichung berechnet sowie in derselben Tastperiode ausgegeben. Dabei muss gewährleistet sein, dass die Rechenzeit kleiner als die Tastzeit ist. Die zeitverzögerten Ein- und Ausgangswerte werden dabei als Variablen im Programm geführt. Bei der für PI-Regelung häufig verwendeten

Ganzzahlarithmetik sollten die Berechnungen im genauen 16 Bit-Format durchgeführt werden, um Rundungsfehler gering zu halten. Das Format vom Eingabewert e(k) bzw. Ausgabewert y(k) wird vom A/D- bzw. D/A-Wandler bestimmt, z.B. 8, 10 oder 12 Bit.

Bei den Koeffizienten der Gl. (1.6.61) handelt es sich i.A. um gebrochen rationale Zahlen unterschiedlicher Größe. Bei Verwendung einer Ganzzahlarithmetik müssen die gebrochen rationalen Koeffizienten durch Multiplikation mit einem Skalierungsfaktor in ganze Zahlen umgewandelt werden. Für die Skalierung wird Gl. (1.6.61) kürzer geschrieben in der Form

$$y(k) = y(k-1) + a_0 e(k) + a_1 e(k-1) \tag{1.6.62}$$

mit

$$a_0 = K_R\left(1+\frac{T_S}{2T_N}\right) \text{ und } a_1 = -K_R\left(1-\frac{T_S}{2T_N}\right). \tag{1.6.63}$$

Das Wortformat des Mikroprozessors mit μ Bit ist i.A. größer als das Format für Ein- und Ausgabe mit ν Bit. Dadurch kann der Skalierungsfaktor λ bis zu

$$\lambda_{max} = \frac{2^{\mu-\nu}}{max\{|a_0|,|a_1|\}} \tag{1.6.64}$$

groß gewählt werden.

Die Multiplikation mit dem Skalierungsfaktor muss dann vor der Ausgabe durch eine Division kompensiert werden. Ist beim Mikrocontroller keine Division implementiert, so ist λ als Zweierpotenz zu wählen, so dass die Division mit einer Bitschiebeoperation durchgeführt werden kann. Mit Verwendung eines Skalierungsfaktors lautet Gl. (1.6.62)

$$y(k) = y(k-1) + \lambda^{-1}\{[a_0 \cdot \lambda]e(k) + [a_1 \cdot \lambda]e(k-1)\}. \tag{1.6.65}$$

Dabei werden im Programm die mit λ multiplizierten Koeffizienten $[a_0 \cdot \lambda]$ und $[a_1 \cdot \lambda]$ in Form eines gerundeten Integerwertes eingegeben. Die Gl (1.6.65) wird zur Laufzeit des Programmes vom Rechner ausgewertet, wobei zuerst der Inhalt der geschweiften Klammern berechnet und anschließend die Division mit λ ausgeführt wird.

Damit die Berechnung der Gl. (1.6.65) vollständig im μ-Bit-Wertebereich ausgeführt wird, ist y(k-1) als μ-Bit-Wert abzuspeichern, obwohl y(k) nur als ν-Bit-Wert ausgegeben wird. Bei der Addition mit y(k-1) in Gl. (1.6.65) kann es im ungünstigsten Fall noch zu Über- bzw. Unterschreitung des Wertebereichs kommen. Dann muss das Ergebnis auf den Max- bzw. Min-Wert des Wortformats gesetzt werden. Aufgrund des bei Mikroprozessoren verwendeten Zweierkomplements folgt dem größten positiven Wert der kleinste negative Wert. So ein Umschlagen auf den nahezu gleichen Wert mit entgegen gesetztem Vorzeichen ist regelungstechnisch fatal, da dabei von Gegen- auf Mitkopplung umgesteuert wird.

Beispiel
Zum Beispiel der Regelung der PT3-Strecke mit der Übertragungsfunktion

$$G_S(s) = \frac{0,5}{(1,2s+1)(0,6s+1)(0,3s+1)}$$

aus dem Kapitel Reglerentwurf soll nun der für eine Dämpfung von D=0,7 entworfene PI-Regler mit der Übertragungsfunktion

$$G_R(s) = K_R \frac{1+sT_N}{sT_N}$$

und den Werten K_R=1,34 und T_N=1.2 mit einem 16 Bit-Mikrocontroller realisiert werden. Die verwendeten A/D- und D/A-Wandler haben eine Wortlänge von 8 Bit.
Für die Festlegung der Tastzeit wird mit Hilfe des Bodediagrammes die Durchtrittsfrequenz bestimmt zu $\omega_D = 0,52s^{-1}$. Die Tastzeit wird mit der Faustformel Gl. (1.6.32) festgelegt. Also

$$\frac{1}{10 \cdot 0,52} s \le T_S < \frac{1}{5 \cdot 0,52} s \Rightarrow 0,19s \le T_S < 0,38s\,.$$

Gewählt wird T_S = 0,2s. Der PI-Regler wird mit Gl. (1.6.62) implementiert

$$y(k) = y(k-1) + a_0 e(k) + a_1 e(k-1)\,.$$

Die Koeffizienten berechnen sich zu

$$a_0 = K_R\left(1+\frac{T_S}{2T_N}\right) = 1,34\left(1+\frac{0,2}{2,4}\right) = 1,452$$

und

$$a_1 = -K_R\left(1-\frac{T_S}{2T_N}\right) = -1,34\left(1-\frac{0,2}{2,4}\right) = -1,228\,.$$

Als maximalen Skalierungsfaktor erhalten wir

$$\lambda_{max} = \frac{2^{16-8}}{1,452} = 176 .$$

Mit λ=100 wird gerundet λa_0=145 und λa_1=-122. Der Rundungsfehler ist maximal ca. 0,8% bei λa_1 und damit vernachlässigbar gering.
Gewählt wird $\lambda = 2^7 = 128$. Damit folgt

$\lambda a_0 = 128 \cdot 1,452 \approx 186$ und

$\lambda a_1 = -128 \cdot 1,228 \approx -157$.

Eingesetzt in Gl. (1.6.65) ergibt:

$$y(k) = y(k-1) + 2^{-7}\left\{186 \cdot e(k) - 157 \cdot e(k-1)\right\} .$$

Mit dem so realisierten PI-Regler wird die gegebene Stecke mit dem in Abb. 1.6.8 dargestellten Simulink-Modell geregelt.

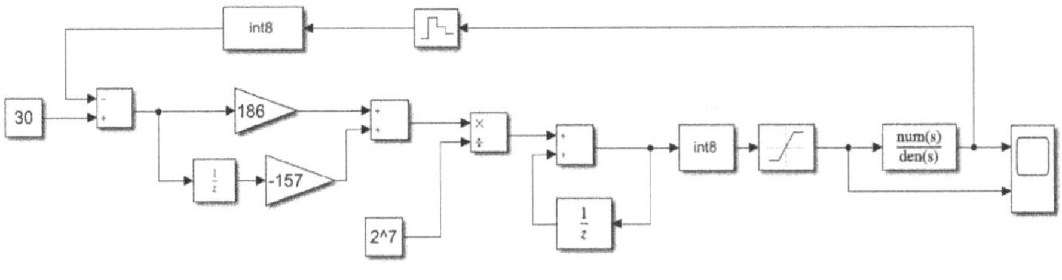

Abb. 1.6.8: Digitale Regelung einer PT3-Strecke (digreg.slx)

Der A/D-Wandler wandelt den analogen Bereich von -5 bis +5 in den digitalen 8 Bit-Wertebereich von -128 bis +127 um. Weil die Simulinklibrary keinen D/A-Wandler enthält, wird er im Simulinkmodell durch ein D/A-Reduktionsglied berücksichtigt. Der PI-Regler wird mit einer 16 Bit-Arithmetik ausgeführt. Die Aufzeichnung der Führungssprungantwort x(t) plus Stellsignal y(t) für den digitalen Sollwert w_0=30 zeigt Abb. 1.6.9. Die stationäre Regelgröße stellt sich genau auf diesen Wert ein, die Überschwingweite entspricht der zugrunde gelegten Dämpfung von D=0,7. Es zeigt sich gute Übereinstimmung mit der analogen Lösung.

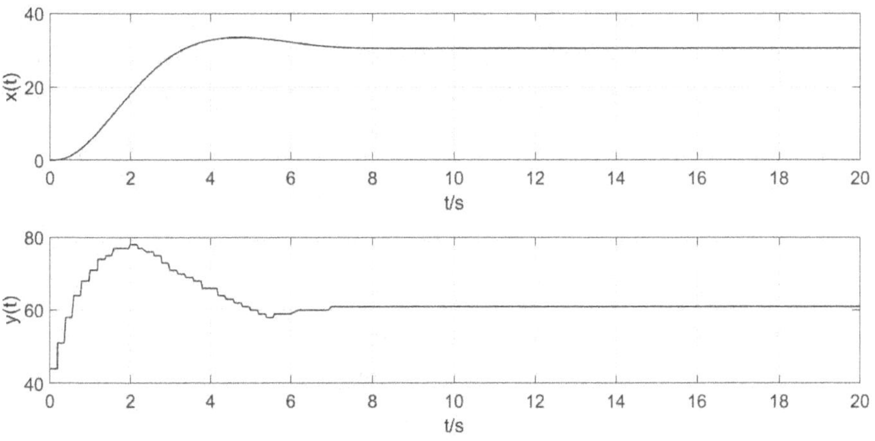

Abb. 1.6.9: Sprungantworten der Regel- und Stellgröße der digitalen Regelung

1.6.3 Zustandsregelung

Mechanische Systeme in der Mechatronik sind häufig nur schwach gedämpft. Muss mit ihnen eine Regelung vorgenommen werden, ist hierfür meist eine Zustandsregelung erforderlich.

Die Zustandsregelung verfolgt das Ziel, der geregelten Strecke eine gewünschte Dynamik zu geben. Das ist eine andere Zielsetzung als bei der klassischen Regelung, bei der es darum geht, die Regeldifferenz möglichst schnell auf null zu regeln. Für die Zustandsregelung müssen die Zustandsgrößen zur Verfügung stehen, entweder durch Messung, was aufwändig und nicht immer möglich ist, oder mit Hilfe eines *Beobachters*, der ein Modell der Strecke ist, dessen Modellfehler mittels Rückführungen minimiert wird.

Regelung mit Rückführung des Zustandsvektors

Für die Festlegung des Zustandsreglers muss von der Strecke ein Zustandsraum-Modell entworfen werden, siehe Kap. 1.2.2. Die Zustandsraumdarstellung für Strecken mit einem Ein- und Ausgang lautet

$$\dot{\underline{x}} = \underline{A}\underline{x} + \underline{b}u \tag{1.6.66}$$

$$y = \underline{c}^T \underline{x} \tag{1.6.67}$$

mit dem Anfangswert $\underline{x}_0 = \underline{x}(0)$ gegeben.

Der Zustandsregler für eine Strecke n-ter Ordnung besteht im Wesentlichen aus n zurück geführten und mit einem Proportionalwert multiplizierten Zustandsgrößen. Es wird mit ein konstanter Zeilenvektor $\underline{k}^T$ mit den Komponenten k_1, k_2, ..., k_n eingeführt und mit dem Zustandsvektor $\underline{x}$ das Skalarprodukt $\underline{k}^T \underline{x}$ als Rückführgröße gebildet. Subtrahiert man diese Rückführgröße von der mit einem Vorfaktor v gewichteten Führungsgröße w, so ergibt sich die Stellgröße zu

$$u(t) = -\underline{k}^T \underline{x}(t) + vw(t)\,. \tag{1.6.68}$$

Mit dem Vorfaktor v, auch *Vorfilter* genannt, wird dafür gesorgt, dass die Ausgangsgröße y (Regelgröße) im stationären Zustand mit der Führungsgröße w übereinstimmt. Die grafische Darstellung der Gleichungen (1.6.66) bis (1.6.68) zeigt Abb. 1.6.10.

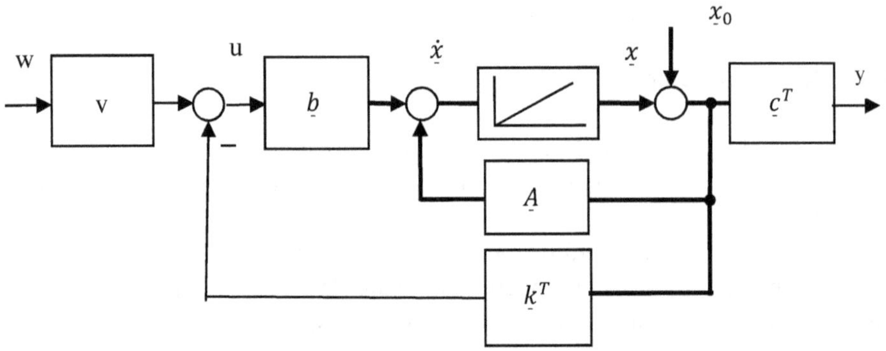

Abb. 1.6.10: Strukturbild der Zustandsregelung

Der Rückführvektor $\underline{k}^T$ bildet zusammen mit dem Vorfilter v den *Zustandsregler*. Eine Regelung hiermit bezeichnet man als *Zustandsregelung*. Es sei darauf hingewiesen, dass die Subtraktion der Rückführgröße von der mit v gewichteten Eingangsgröße w nicht im Sinne der klassischen Regelung als Soll- und Istwertvergleich interpretiert werden darf, um die Abweichung zwischen Soll- und Istwert trotz eingreifender Störungen möglichst gering zu halten. Vielmehr dient die Subtraktion der Rückführgröße dazu, die Dynamik der zustandsgeregelten Strecke in gewünschter Weise zu verändern. Mit dem Zustandregler ergibt sich folgende Zustandsraumdarstellung.

$$\dot{\underline{x}} = \left(\underline{A} - \underline{b}\underline{k}^T\right)\underline{x} + \underline{b}vw \tag{1.6.69}$$

$$y = \underline{c}^T \underline{x} \tag{1.6.70}$$

Die Systemmatrix $\underline{\tilde{A}}$ der Zustandsrückgeführten Strecke ist hierbei

$$\underline{\tilde{A}} = \underline{A} - \underline{bk}^T . \tag{1.6.71}$$

Ermittlung des Vorfilters:

Mit dem Vorfilter soll erreicht werden, dass nach einnem Führungssprung im stationären Zustand die Regelgröße y mit der Führungsgröße w übereinstimmt. Im stationären Zustand ist

$$\underline{\dot{x}} = \underline{0}$$

und es gilt der Zusammenhang

$$\underline{x}_{st} = \left(\underline{bk}^T - \underline{A}\right)^{-1} \underline{b} v w . \tag{1.6.72}$$

Mit Gl. (1.6.70) folgt

$$y_{st} = \underline{c}^T \underline{x}_{st} = \underline{c}^T \left(\underline{bk}^T - \underline{A}\right)^{-1} \underline{b} v w . \tag{1.6.73}$$

Zur Einhaltung der Forderung im Stationären $y_{st} = w$ muss

$$\underline{c}^T \left(\underline{bk}^T - \underline{A}\right)^{-1} \underline{b} v = 1 \tag{1.6.74}$$

sein, woraus sich der Vorfaktor zu

$$v = \frac{1}{\underline{c}^T \left(\underline{bk}^T - A\right)^{-1} \underline{b}} \tag{1.6.75}$$

ergibt. Die hierin auftretende Inverse existiert, falls sie nur Eigenwerte in der offenen linken s-Halbebene besitzt. Man beachte, dass mit dem Vorfilter nur bei genau bestimmten Streckenparametern kein stationärer Regelfehler entsteht.

Entwurf der Zustandsrückführungen durch Polvorgabe

Beim Entwurf der Zustandsregelung geht man zunächst davon aus, dass für t>0 keine Führungs- und Störgrößen vorliegen. Damit hat die Zustandsrückführung die Aufgabe, die Eigendynamik der zustandsrückgeführten Strecke zu verbessern. Dies

wird entweder durch Polvorgabe oder durch Optimierung auf der Grundlage eines quadratischen Gütekriteriums erfolgen. Wir wenden uns dem erstgenannten Verfahren zu, da es einen besseren Einblick in die Zusammenhänge gestattet.
Grundgedanke der Polvorgabe:
Man gibt die Pole s_{P1}, s_{P2}, ..., s_{Pn} der zustandsrückgeführten Strecke für eine gewünschte Dynamik vor und bestimmt daraus den Rückführvektor $\underline{k}^T$.

Wir gehen davon aus, dass die Strecke in der Regelungsnormalform gegeben ist (siehe Kap. 1.2.1), da dann der Entwurf sehr übersichtlich wird. Folglich ist

$$\dot{\underline{x}} = \begin{bmatrix} 0 & 1 & 0 & 0 & \cdots & 0 \\ 0 & 0 & 1 & 0 & \cdots & 0 \\ 0 & 0 & 0 & 1 & \cdots & 0 \\ \vdots & \vdots & \vdots & \vdots & \cdots & \vdots \\ 0 & 0 & 0 & 0 & \cdots & 1 \\ -a_0 & -a_1 & -a_2 & -a_3 & \cdots & -a_{n-1} \end{bmatrix} x + \begin{bmatrix} 0 \\ 0 \\ 0 \\ 0 \\ \vdots \\ 1 \end{bmatrix} u \, . \tag{1.6.76}$$

Gesucht wird die Zustandsrückführung

$$u(t) = -\underline{k}^T \underline{x}(t) = -\begin{bmatrix} k_1 & k_2 & \cdots & k_n \end{bmatrix} \underline{x} \tag{1.6.77}$$

mit der die Wurzeln des charakteristischen Polynoms der zustandsrückgeführten Strecke

$$\tilde{N}(s) = det\left(s\underline{I} - \underline{A} + \underline{b}\underline{k}^T \right) = s^n + \tilde{a}_{n-1}s^{n-1} + \ldots + \tilde{a}_1 s + \tilde{a}_0 \tag{1.6.78}$$

entsprechend den vorgegebenen Polen s_{P1}, s_{P2}, ..., s_{Pn} eingestellt werden. Die Systemmatrix $\tilde{\underline{A}}$ der zurückgeführten Strecke lautet

$$\tilde{A} = \begin{bmatrix} 0 & 1 & 0 & 0 & \cdots & 0 \\ 0 & 0 & 1 & 0 & \cdots & 0 \\ 0 & 0 & 0 & 1 & \cdots & 0 \\ \vdots & \vdots & \vdots & \vdots & \cdots & \vdots \\ 0 & 0 & 0 & 0 & \cdots & 1 \\ -(a_0 + k_1) & -(a_1 + k_2) & -(a_2 + k_3) & -(a_3 + k_4) & \cdots & -(a_{n-1} + k_n) \end{bmatrix} \tag{1.6.79}$$

bzw.

$$\underline{\tilde{A}} = \begin{bmatrix} 0 & 1 & 0 & 0 & \cdots & 0 \\ 0 & 0 & 1 & 0 & \cdots & 0 \\ 0 & 0 & 0 & 1 & \cdots & 0 \\ \vdots & \vdots & \vdots & \vdots & \cdots & \vdots \\ 0 & 0 & 0 & 0 & \cdots & 1 \\ -\tilde{a}_0 & -\tilde{a}_1 & -\tilde{a}_2 & -\tilde{a}_3 & \cdots & -\tilde{a}_{n-1} \end{bmatrix} \tag{1.6.80}$$

Wie man sieht, bleiben die RNF und die Systemordnung erhalten. Durch Vergleich der Koeffizienten der letzten Zeile beider Matrizen ergeben sich die Bestimmungsgleichungen für die Elemente des Rückführvektors $\underline{k}^T$:

$$k_{i+1} = \tilde{a}_i - a_i \qquad \text{mit i=0, 1, ..., n-1} \tag{1.6.81}$$

Die Lage der Pole eines Systems wird durch die Rückführungen der Zustandsgrößen bestimmt. Der Zustandsregler besteht aus Proportionalgliedern k_1, k_2, ..., k_n die parallel zu den Rückführungen a_0, a_1, ..., a_{n-1} der ungeregelten Strecke geschaltet werden. Ihre Werte sind dabei so groß, dass die Parallelschaltungen gerade die Rückführungen $\tilde{a}_0, \tilde{a}_1, \cdots, \tilde{a}_{n-1}$ für die gewünschte Pollage der geregelten Strecke ergeben. Dieser Sachverhalt wird an Hand des nachfolgenden Beispiels deutlich gemacht.

Beispiel

Gegeben ist eine schwach gedämpfte Strecke 2. Ordnung mit der Strecken-Übertragungsfunktion

$$G_S(s) = \frac{Y(s)}{U(s)} = \frac{K_S}{\dfrac{s^2}{\omega_0^2} + \dfrac{2D}{\omega_0} s + 1}.$$

Ihre Zustandsdarstellung in der RNF lautet

$$\underline{A} = \begin{bmatrix} 0 & 1 \\ -\omega_0^2 & -2D\omega_0 \end{bmatrix},$$

$$\underline{b} = \begin{bmatrix} 0 \\ 1 \end{bmatrix} \text{ und } \underline{c}^T = \begin{bmatrix} K_S\omega_0^2 & 0 \end{bmatrix}.$$

Zu entwerfen ist ein Zustandsregler, mit dem die zustandsgeregelte Strecke einen Doppelpol bei $s_{P1,2}=-2\omega_0$ erhält. Die Ermittlung des charakteristischen Polynoms der zustandsrückgeführten Strecke ergibt

$$\tilde{N}(s) = s^2 + \tilde{a}_1 s + \tilde{a}_0 = (s + 2\omega_0)^2 = s^2 + 4\omega_0 s + 4\omega_0^2 .$$

Durch Koeffizientenvergleich folgt $\tilde{a}_1 = 4\omega_0$ und $\tilde{a}_0 = 4\omega_0^2$.
Die Elemente des Zustandsreglers ergeben sich damit zu

$$k_1 = \tilde{a}_0 - a_0 = 4\omega_0^2 - \omega_0^2 = 3\omega_0^2$$

und

$$k_2 = \tilde{a}_1 - a_1 = 4\omega_0 - 2D\omega_0 = 2\omega_0(2 - D) .$$

Die Struktur der zustandsgeregelten Strecke 2.Ordnung zeigt Abb. 1.6.11

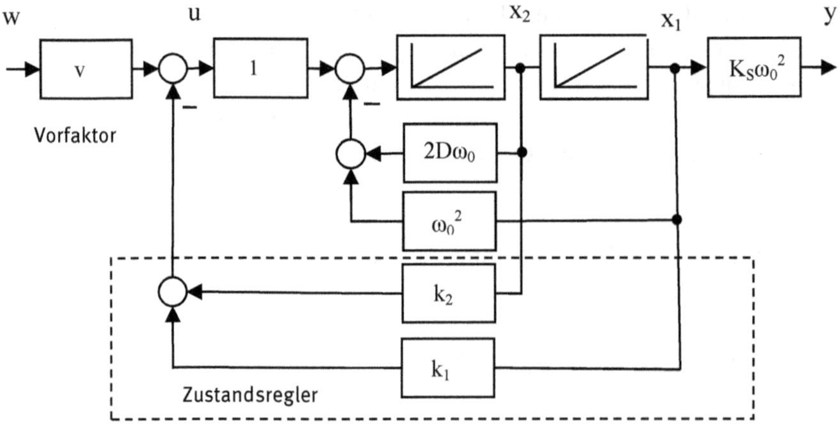

Abb. 1.6.11: Struktur der zustandsgeregelten Strecke 2.Ordnung

Zur Bestimmung des Vorfaktors v kann man entweder die Gl. (1.6.75) verwenden oder eine einfache Überlegung an Hand des Strukturbildes vornehmen. Es ist

$$wv - k_1 \frac{y_{st}}{K_S \omega_0^2} = \omega_0^2 \frac{y_{st}}{K_S \omega_0^2} .$$

Mit y_{st}=w, d.h. keine bleibende Regeldifferenz, folgt

$$wv - \frac{w}{K_S \omega_0^2} k_1 = \omega_0^2 \frac{w}{K_S \omega_0^2},$$

$$v = \frac{1}{K_S \omega_0^2}\left(\omega_0^2 + k_1\right) = \frac{1}{K_S \omega_0^2}\left(\omega_0^2 + 3\omega_0^2\right)$$

und schließlich

$$v = \frac{4}{K_S}.$$

Das Beispiel wird noch mit Simulink simuliert, um den Erfolg der Zustandsregelung zu zeigen. Hierfür werden die Werte K_S=1, ω_0=1 und D=0,3 gewählt. Die Aufzeichnung der Sprungantworten von der Strecke allein und der zustandsgeregelten Strecke ist in Abb. 1.6.12 dargestellt.

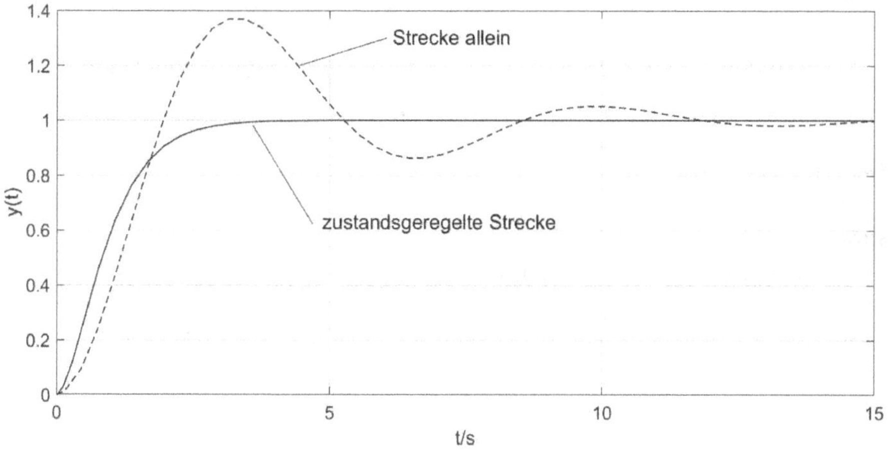

Abb. 1.6.12: Sprungantworten von der Strecke allein und der zustandsgeregelten Strecke

Man beachte, dass der stationäre Regelfehler nur dann Null ist, wenn K_S genau bekannt ist und sich im Betrieb nicht ändert.

Bei der Wahl der Pole der geregelten Strecke gelten die gleichen Überlegungen hinsichtlich der Schnelligkeit des Einschwingvorganges wie bei der klassischen Regelung. Will man den Einschwingvorgang durch die Regelung beschleunigen, so erreicht man dies nur durch Vergrößerung der Stellamplitude. Lineares Übertragungsverhalten ist nur mit solchen Pollagen gewährleistet, für die die Stellsignale vom Stellglied auch übertragen werden können.

Durch die Zustandsrückführung werden die Nullstellen nicht verändert, d.h. die geregelte Strecke hat die gleichen Nullstellen wie die ungeregelte Strecke.

1.7 Antworten zu den Kontrollfragen

Kapitel 1.5.1

1. Es ist

$$x_{Stat} = \frac{mg}{c}.$$

Je größer c, desto geringer die stationäre Auslenkung bei einem bestimmten Gewicht. Je größer c desto größer die Einschwingfrequenz und desto kleiner die Dämpfung des Einschwingens.

2. Die Person mit dem größeren Gewicht erfährt das längere Einschwingen.

Kapitel 1.5.2

1. Der Kondensator wird mit dem Block -1/C und dem nachfolgenden Integrierer realisiert.

2. Die Induktivität wird mit dem Block 1/L und dem nachfolgenden Integrierer realisiert.

Kapitel 1.5.3

1. Die stationären Drücke in den Behältern sind bei laminarer bzw. turbulenter Strömung gleich.

2. Modell des Behälters mit einem Leck.

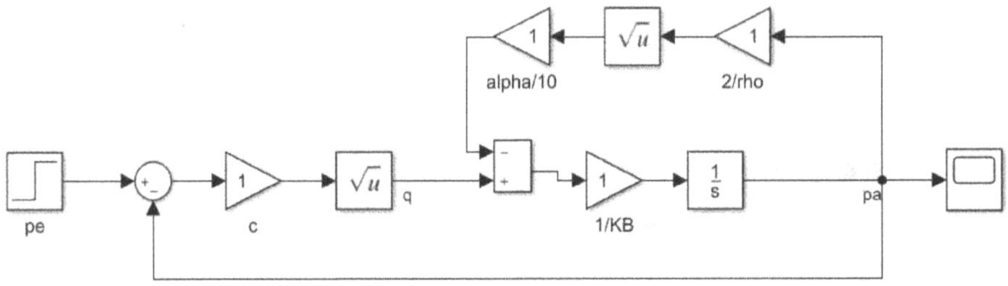

Abb. 1.7.1: Modell des Behälters mit Leck

2 Modellbildung und Simulation mechatronischer Systeme

In diesem Kapitel wird an Hand von unterschiedlichen mechatronischen Systemen deren Modellbildung und Simulation methodisch dargestellt. Bei mehreren Beispielen wird als Aktuator (bzw. Aktor) ein elektrischer Motor verwendet, dessen Modell im folgenden Kapitel hergeleitet wird.

2.1 Elektrischer Motor als Aktuator

Behandelt wird ein Gleichstrommotor, dessen Drehzahl über die Ankerspannung gesteuert oder geregelt wird. Seine schematische Darstellung zeigt Abb. 2.1.1.

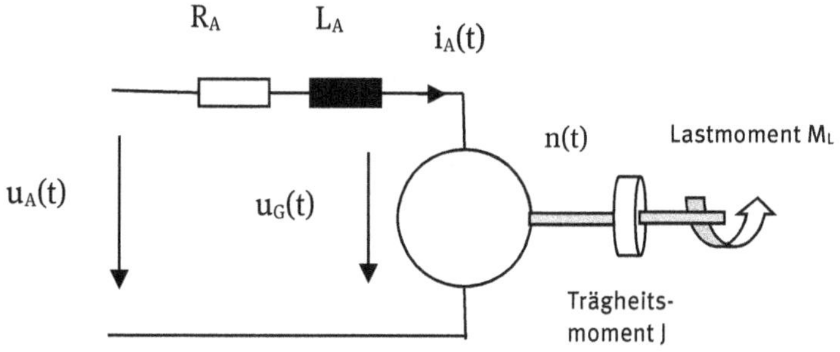

Abb. 2.1.1: Schematische Darstellung des Gleichstrommotors

2.1.1 Modellbildung und Simulation

Der Ankerkreis des Motors mit der Ankerspannung $u_A(t)$, dem Ankerstrom $i_A(t)$, der Induktivität L_A, dem Widerstand R_A und der elektromotorischen Gegenspannung $u_G(t)$ wird durch die Maschengleichung

$$L_A \frac{di_A(t)}{dt} + R_A i_A(t) = u_A(t) - u_G(t) \tag{2.1.1}$$

beschrieben.
Die elektromotorische Gegenspannung $u_G(t)$ ist proportional zur Winkelgeschwindigkeit ω:

https://doi.org/10.1515/9783110738018-003

$$u_G(t) = k_G \cdot \omega(t) \tag{2.1.2}$$

Darin ist k_G die Generatorkonstante. Für den mechanischen Zusammenhang zwischen dem Antriebsmomenten M_A, dem Lastmoment M_L und der Winkelgeschwindigkeit gilt:

$$J\frac{d\omega(t)}{dt} = M_A(t) - M_L(t) \quad . \tag{2.1.3}$$

Dabei ist das Antriebsmoment M_A proportional zum Ankerstrom i_A:

$$M_A(t) = k_M \cdot i_A(t). \tag{2.1.4}$$

Für eine Darstellung als Blockschaltbild müssen die Differentialgleichungen (2.1.1) und (2.1.3) in Integralgleichungen umgewandelt werden. Aus Gl. (2.1.1) folgt

$$i_A(t) = \frac{1}{T_A}\int_0^t \left[-i_A(\tau) + \frac{1}{R_A}(u_A(\tau) - u_G(\tau)) \right] d\tau \quad \text{mit} \quad T_A = \frac{L_A}{R_A}. \tag{2.1.5}$$

Aus Gl. (2.1.3) folgt

$$\omega(t) = \frac{1}{J}\int_0^t [M_A(\tau) - M_L(\tau)] d\tau \quad . \tag{2.1.6}$$

Ferner ergibt sich die Drehzahl zu

$$n(t) = \frac{60\ s/min}{2\pi}\omega(t) = \frac{30\ \text{s/min}}{\pi}\omega(t) \quad \text{[in U/min]} \quad . \tag{2.1.7}$$

Um das Drehzahlverhalten des Motors zu simulieren, werden Gl. (2.1.3) bis Gl. (2.1.6) in ein Simulinkmodell umgesetzt, siehe Abb. 2.1.2.

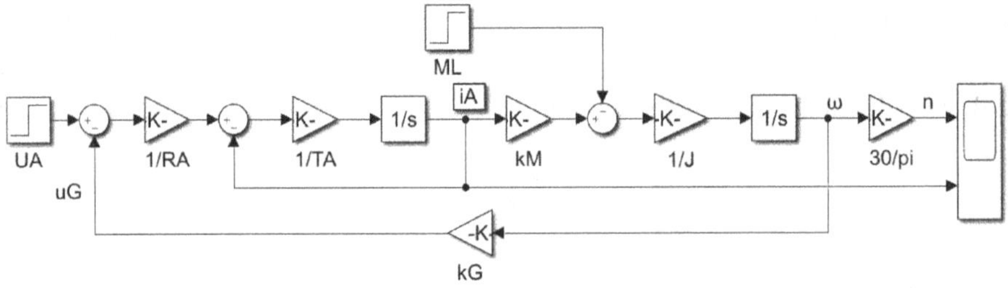

Abb. 2.1.2: Simulinkmodell des Gleichstrommotors (motor.slx)

Für eine Simulation müssen die Daten des Motors eingesetzt werden. Als Beispiel wird ein Motor mit folgenden Kenndaten gewählt:

- Nenndrehzahl n=2500 U/min
- Ankerspannung u_A=48 V
- Maschinenkonstanten: k_G=0,12 Vs/rad und k_M=0,16 Nm/A
- Ankerwiderstand R_A=1.4 Ω
- Ankerinduktivität L_A= 5mH
- Massenträgheitsmoment vom Motor J=0,008 kgm^2.

Die Ankerzeitkonstante T_A ergibt sich zu:

$$T_A = \frac{L_A}{R_A} = \frac{0,005H}{1,4\,\Omega} = 0,0036\ s\,.$$

Auf das Simulinkmodell des Gleichstrommotors wurde die Ankerspannung u_A=20 V und zusätzlich bei t_1=5 s ein Lastmoment aufgeschaltet. Das Drehzahlverhalten und der Ankerstromverlauf wurden aufgezeichnet und in Abb. 2.1.3 dargestellt.

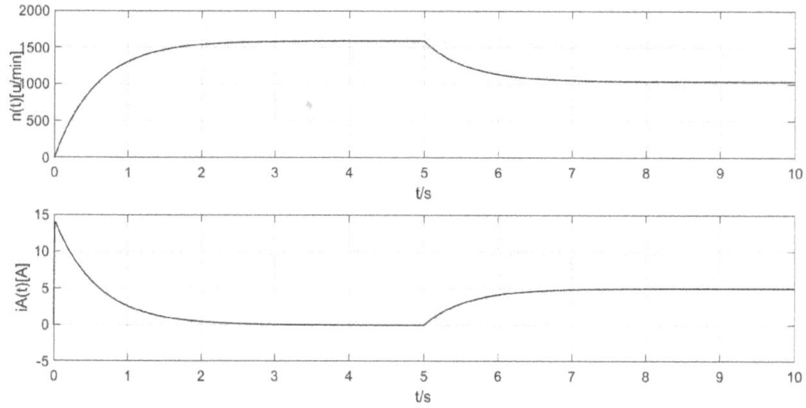

Abb. 2.1.3: Drehzahl- und Ankerstromverlauf des Gleichstrommotors

Der Drehzahlverlauf n(t) zeigt bei Belastung des Motors einen deutlichen Einbruch. Das führt dazu, dass für eine genaue Drehzahleinstellung i.A. eine Drehzahlregelung erforderlich wird.

2.1.2 Ansteuerung von Kleinmotoren

Für die Spannungsversorgung von Kleinmotoren und auch von Magnetventilen werden aus Kostengründen häufig schaltende Leistungsverstärker verwendet, die dann mit einem pulsweitenmodulierten Signal angesteuert werden, das meist von einem Mikrocontroller erzeugt wird. Um dies bei Simulationen zu berücksichtigen, ist es notwendig, einen Pulsweiten-Modulator zu modellieren.

Der Pulsweiten-Modulator (PWM) wird so gestaltet, dass der Mittelwert über eine Tastperiode T_S gleich dem analogen Wert des zu wandelnden Eingangssignals $y(t_1)$ zu Beginn der Periode t_1 entspricht. Das Ausgangssignal $y_{PWM}(kT_S)$ des PWM nimmt zwei Werte an, die Amplituden $\pm a$. Herzstück des PWM ist ein Sägezahnsignal sz(t) mit den Werten von $-y_{max}$ bis y_{max} und der Periode T_S, siehe Abb. 2.1.4. Das Sägezahnsignal $sz(t-kT_S)$ beginnt während einer Periode T_S bei $-y_{max}$ und steigt proportional mit der Zeit bis y_{max} am Ende der Periode an. Dieser Verlauf wiederholt sich periodisch. Das Eingangssignal y(t) wird mit dem Sägezahnsignal $sz(t-kT_S)$ verglichen. Solange wie $y(t) < sz(t-kT_S)$ ist, bleibt das Ausgangssignal $y_{PWM}=-a$. Wird $y(t) >= sz(t-kT_S)$ schaltet der PWM auf $y_{PWM}=+a$.

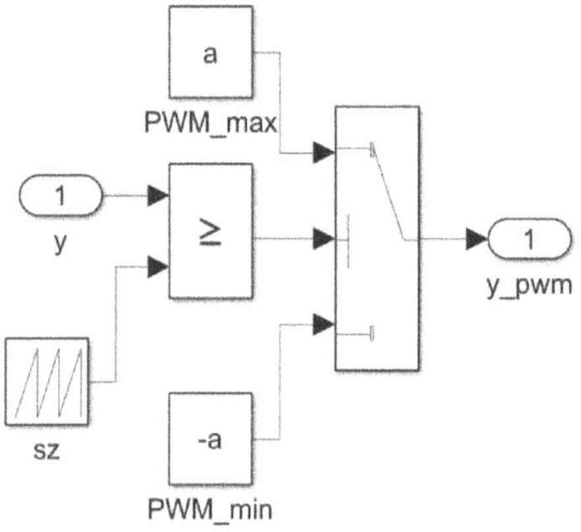

Abb. 2.1.4: Simulinkmodell des PWM

Dass der Mittelwert über eine Tastperiode T_S des PWM-Signals dem analogen Wert des zu wandelnden Eingangssignals $y(t_1)$ entspricht, wird nachfolgend gezeigt. Dabei besitzt der PWM lineares Übertragungsverhalten im symmetrischen Aussteuerbereich $-y_{max} < y < y_{max}$ mit dem Übertragungsbeiwert

$$k = \frac{a}{y_{max}}. \tag{2.1.8}$$

Erreicht innerhalb einer Periode T_S das Sägezahnsignal zum Zeitpunkt t_1 den Eingangswert $y(t_1)$ nach dem Zeitintervall Δt so gilt

$$y(t_1) = \frac{2y_{max}}{T_S}\Delta t - y_{max} . \tag{2.1.9}$$

bzw.

$$\frac{\Delta t}{T_S} = \frac{y(t_1) + y_{max}}{2y_{max}} \tag{2.1.10}$$

Der lineare Mittelwert μ des PWM-Signals mit den Amplituden $\pm a$ über eine Periode ergibt sich zu:

$$\mu = \frac{1}{T_S}[a\Delta t - a(T_S - \Delta t)] . \tag{2.1.11}$$

bzw.

$$\mu = \frac{\Delta t}{T_S}[a - a(\frac{T_S}{\Delta t} - 1)] . \tag{2.1.12}$$

Setzt man Gl. (2.1.10) in Gl. (2.1.12) ein, erhält man

$$\mu = \frac{y(t_1) + y_{max}}{2y_{max}}[a - a(\frac{2y_{max}}{y(t_1) + y_{max}} - 1)] , \tag{2.1.13}$$

$$\mu = a[\frac{y(t_1) + y_{max}}{2y_{max}} - (1 - \frac{y(t_1) + y_{max}}{2y_{max}})] , \tag{2.1.14}$$

$$\mu = a[\frac{y(t_1) + y_{max}}{2y_{max}} - \frac{-y(t_1) + y_{max}}{2y_{max}}] \tag{2.1.15}$$

und schließlich

$$\mu = \frac{a}{y_{max}} y(t_1) = ky(t_1) . \tag{2.1.16}$$

Damit ist gezeigt, dass der Mittelwert des PWM-Signals über eine Periode T_S identisch mit dem Eingangswert $y(t_1)$ ist, wobei t_1 innerhalb der Periode liegt.

Durch eine spektrale Begrenzung auf die halbe Abtastfrequenz $f_S=1/T_S$ des PWM-Signals wird das Signal y(t) aufgrund des Abtasttheorems zurückgewonnen. Wird diese spektrale Begrenzung hinreichend vom Motor bzw. Magnetventil selbst erbracht, ist keine weitere Maßnahme erforderlich. Ansonsten muss hierfür ein Tiefpass verwendet werden.

Beispiel

Mit dem PWM-Modell von Abb. 2.1.4 und den Werten y_{max}=5, a=5 und T_S=0,1s wird von einem sinusförmigen Eingangssignal y(t) mit ω=4 ein PWM-Signal $y_{PWM}(kT_S)$ erzeugt und mit einem entsprechenden Tiefpass zu $y_R(t)$ rekonstruiert, siehe Abb. 2.1.5.

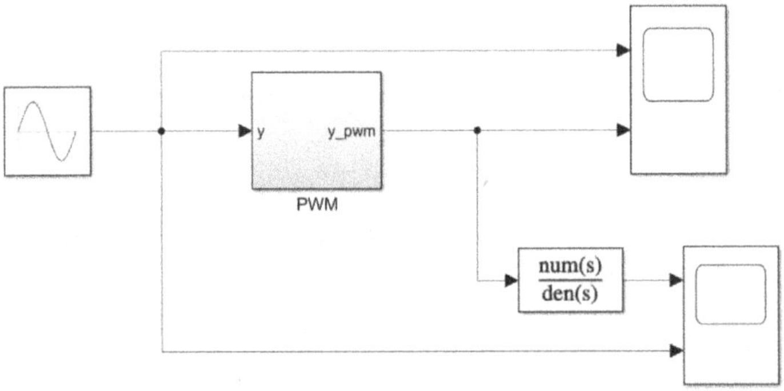

Abb. 2.1.5: PWM-Modell mit TP 2. Ordnung (pwm.slx)

Das PWM-Signal $y_{PWM}(kT_S)$ ist im Vergleich mit dem Eingangssignal y(t) in Abb. 2.1.6 dargestellt.

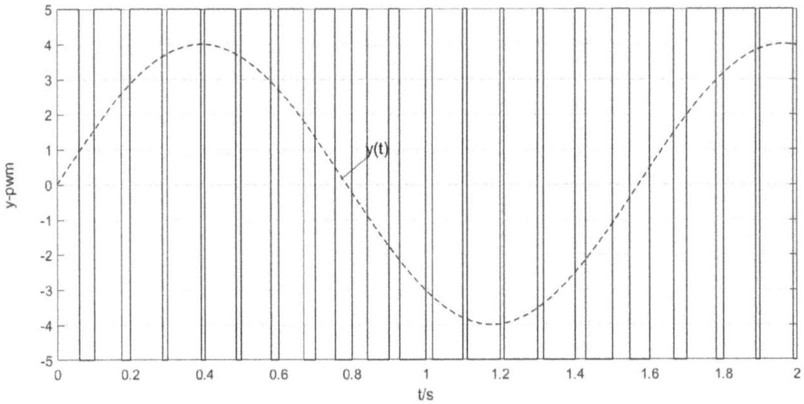

Abb. 2.1.6: Ursprüngliches Signal y(t) und moduliertes Signal y_{PWM}

Das mit einem Tiefpass 2. Ordnung mit $\omega_0=5$ und D=0,7 rekonstruierte Signal $y_R(t)$ ist im Vergleich mit y(t) in Abb. 2.1.7 dargestellt.

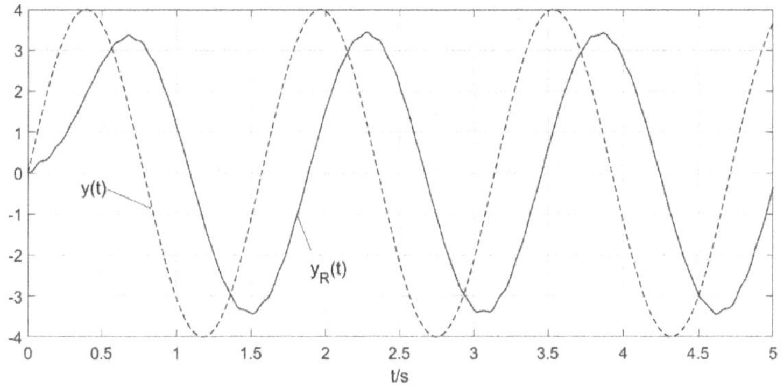

Abb. 2.1.7: Ursprüngliches Signal y(t) und rekonstruiertes Signal $y_R(t)$

In $y_R(t)$ zeigt sich noch eine geringe Restwelligkeit. Die Amplitudenreduzierung und die deutliche Phasenverschiebung gehen mit der Tiefpassfilterung einher. Während die Amplitudenreduzierung problemlos durch entsprechende Maßnahmen ausgeglichen werden kann, gelingt das bei der Phasenverschiebung nicht, was bei Anwendung der PWM mit Tiefpass im Regelkreis zu berücksichtigen ist.

2.2 Positionsregelung eines Radioteleskops

Radioteleskope müssen sehr genau positioniert werden, um radioastronomische Messungen durchführen zu können. Hierfür und um die Erddrehung zu kompensieren, ist eine Regelung erforderlich. Desweiteren müssen Teleskope Satellitenbahnen folgen, um deren Signale zu empfangen, wozu eine Folgeregelung erforderlich ist. Der Einfluss durch Windbelastung muss dabei außerdem durch die Regelung kompensiert werden. Den prinzipiellen Aufbau eines Radioteleskops zeigt Abb. 2.2.1.

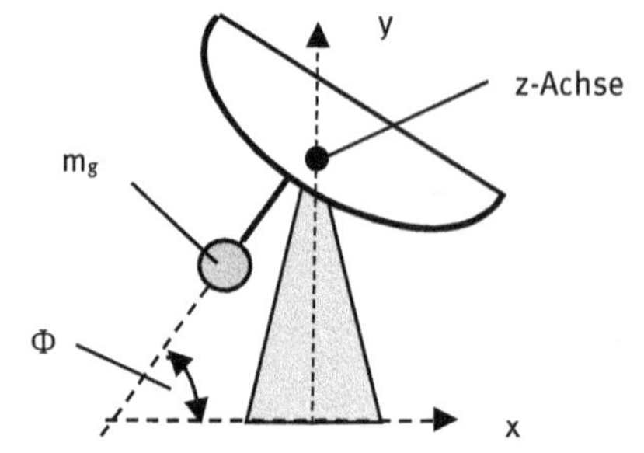

Abb. 2.2.1: Prinzipireller Aufbau eines Radioteleskops

Zur Positionierung des Teleskops muss sowohl eine Drehung um die senkrechte y-Achse (Einstellung des Azimutwinkels) als auch um die horizontale, senkrecht auf der Papierebene stehende z-Achse (Einstellung des Elevationswinkels Φ) vorgenommen werden. Hierfür werden Gleichstrommotoren mit Getriebe eingesetzt. Mit dem Ballastausleger mit der Masse m_g wird das vom Teleskop mit der Masse m_a hervorgerufene Drehmoment um die z-Achse kompensiert, so dass es bei der Modellierung nicht zu berücksichtigen ist.

Bei der Positionierung des Teleskops beschränkt sich die weitere Betrachtung auf die Reglung des Elevationswinkels Φ. Bevor ein Regler ausgewählt und parametriert werden kann, muss zunächst ein mathematisches Modell der Strecke (Radioteleskop) und des Stellgliedes (Motor mit Getriebe) hergeleitet werden.

Modellierung der Strecke

Mit den Gleichungen des Gleichstrommotors vom Kap. 2.1, der Verwendung einer Übertragungsfunktion für den Ankerkreis $G_A(s)$ und der Berücksichtigung des Getriebes ergibt sich das in Abb. 2.2.2 dargestellte Blockschaltbild der Strecke. Darin sind ω_M und ω_T die Winkelgeschwindigkeiten von Motor und Teleskop.

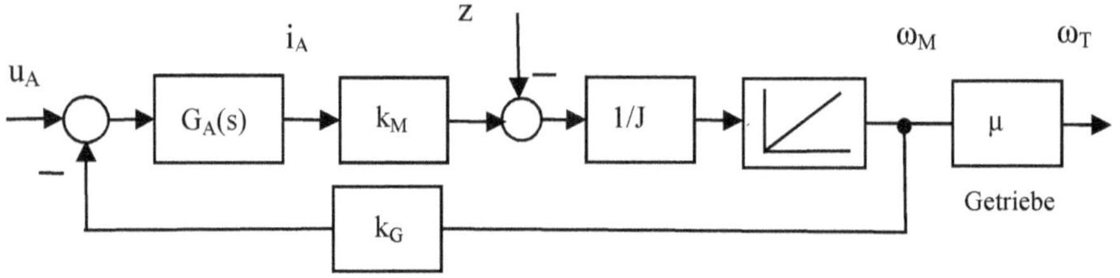

Abb. 2.2.2: Blockschaltbild eines Gleichstrommotors mit Getriebe

Die Parameter des elektrischen Teils sind durch die Motordaten

$$k_G = 0{,}8Vs,\ k_M = 0{,}8\frac{Nm}{A},\ R_A = 4\Omega \text{ und } T_A = 0{,}12s$$

gegeben. Für $G_A(s)$ folgt mi R_A und T_A:

$$G_A(s) = \frac{1}{R_A}\cdot\frac{1}{1+sT_A} = 0{,}25\frac{1}{1+0{,}12s}\Omega^{-1}\ . \tag{2.2.1}$$

Das Trägheitsmoment J von Motor mit Teleskop ergibt sich aufgrund der festen Ankopplung mit dem Getriebe zu:

$$J = J_M + \mu^2 J_T \tag{2.2.3}$$

Darin sind J_M das Trägheitsmoment des Motors, J_T das Trägheitsmoment des Teleskops,

$$\mu = \frac{\omega_T}{\omega_M} = 0{,}01 \tag{2.2.4}$$

das Übersetzungsverhältnis des Getriebes. Bei einer Nennspannung von u_A=220 V ergibt sich eine Leerlaufdrehzahl des Motors von n=2800 U/min. Die Windbelastung am Teleskop stellt ein störendes Drehmoment z dar. Haft- und Gleitreibung vom Lager und Getriebe wird beim Entwurf der Regelung vernachlässigt.

Regelung des Elevationswinkel Φ

Die Regelung des Elevationswinkels Φ erfolgt mit einer Kaskadenstruktur, siehe Abb. 2.2.3. Sie besteht aus dem unterlagerten Regelkreis, mit dem Regler $G_{R\omega}$ und dem Motor G_M, für die Regelung der Winkelgeschwindigkeit ω_M sowie dem überlagerten Regelkreis, mit dem Regler $G_{R\Phi}$, dem geregelten Motor $G_{W\omega}$, der Übersetzung μ und dem Integrierer, zur Regelung des Elevationswinkel Φ.

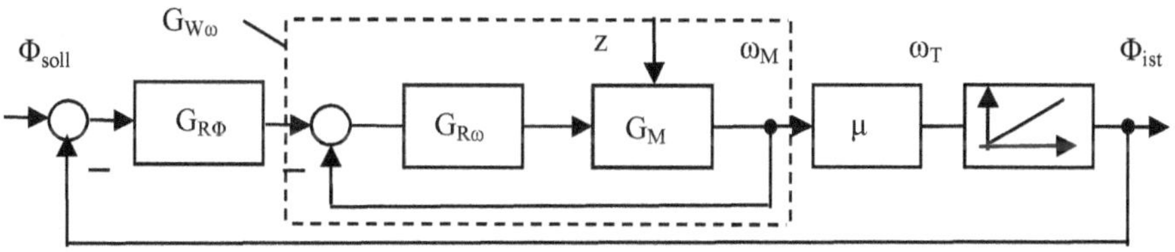

Abb. 2.2.3: Struktur der Kaskadenregelung des Elevationswinkels

Regelung der Winkelgeschwindigkeit des Motors

In der Antriebstechnik wird für die Drehzahlregelung eines Motors häufig ebenfalls die Kaskadenstruktur gewählt. Mit einem unterlagerten Regelkreis wird der Ankerstrom geregelt, um mit einem begrenzten Ankerstromsollwert den Motor vor Überlastung zu schützen, sie Abb. 2.2.4.

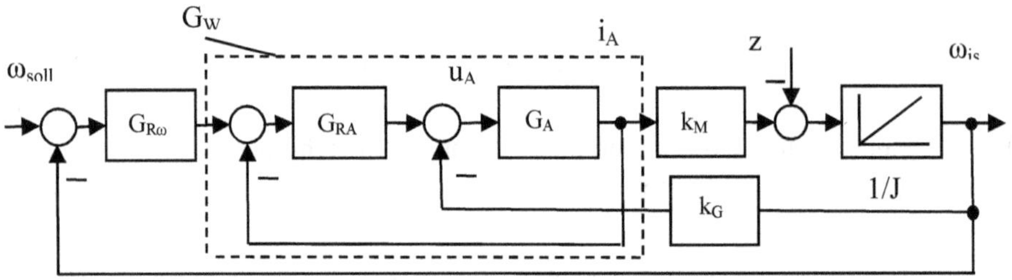

Abb. 2.2.4: Struktur der Kaskadenregelung der Winkelgeschwindigkeit des Motors

Wahl und Dimensionierung des Ankerstromreglers G_{RA}

Gewählt wird ein PI-Regler mit

$$G_{RA}=K_{RA}\frac{1+sT_{NA}}{sT_{NA}}. \tag{2.2.5}$$

Die Übertragungsfunktion des offenen Ankerstrom-Regelkreises ist

$$G_{OA}=G_{RA}G_A=K_{RA}\frac{1+sT_{NA}}{sT_{NA}}\cdot\frac{1/R_A}{1+sT_A} \tag{2.2.6}$$

Bei der Ermittlung der Führungsübertragungsfunktion G_{WA} wird die Aufschaltung der Rückführung $k_G\omega_{ist}$ an der Summationsstelle zwischen G_{RA} und G_A vernachlässigt, was bei der elektrischen Antriebsregelung üblich ist. Begründet wird das damit, dass die Dynamik des Ankerkreises wesentlich größer ist als die des Drehzahlkreises. Außerdem wird deshalb ein PI-Regler gewählt, damit die Rückführung auch stationär zu ignorieren ist. Damit berechnet sich die Führungsübertragungsfunktion des unterlagerten Stromregelkreises zu

$$G_{WA}=\frac{1}{1+\frac{1}{G_{OA}}}. \tag{2.2.7}$$

Angewendet wird die Pol/Nullstellen-Kompensation mit $T_{NA}=T_A=0{,}12$. Damit ist

$$G_{OA}=\frac{K_{RA}}{R_A}\frac{1}{sT_A}. \qquad (2.2.8)$$

Eingesetzt in G_{WA} ergibt

$$G_{WA}=\frac{1}{1+s\frac{R_A}{K_{RA}}T_A}. \qquad (2.2.9)$$

Bei der Wahl von K_{RA} geht es nicht darum, den Ankerkreis schneller zu machen, vielmehr muss dafür gesorgt werden, dass der Anfangsimpuls des Ankerstroms nicht zu groß wird. Gewählt wird

$$K_{RA}=R_A=4 \qquad (2.2.10)$$

und es ist

$$G_{WA}=\frac{1}{1+sT_A}=\frac{1}{1+0{,}12s}. \qquad (2.2.11)$$

Wahl und Dimensionierung des Drehzahlreglers $G_{R\omega}$. Erforderlich wird ebenfalls ein PI-Regler mit

$$G_{R\omega}=K_{R\omega}\frac{1+sT_{N\omega}}{sT_{N\omega}}, \qquad (2.2.12)$$

um das Lastmoment z auszuregeln. Die Übertragungsfunktion des offenen Dreh-zahl-Regelkreises ist

$$G_{O\omega}=K_{R\omega}\frac{1+sT_{N\omega}}{sT_{N\omega}}\frac{1}{1+sT_A}\frac{k_M}{Js} \qquad (2.2.13)$$

bzw.

$$G_{O\omega}=K_{R\omega}\frac{1+sT_{N\omega}}{sT_{N\omega}}\frac{\frac{k_M}{J}}{(1+sT_A)s}. \qquad (2.2.14)$$

Das Trägheitsmoment J lässt sich nur experimentell ermitteln. Da dem Autor entsprechende Daten nicht vorliegen und es hier lediglich darum geht, die Vorgehensweise darzustellen, wird $J=0{,}1 kg/m^2$ gewählt. Bei Kenntnis von J, muss dann nur $K_{R\omega}$ entsprechend angepasst werden.

Betrachtet man die Struktur von $G_{O\omega}$, so folgt, dass sich für die Dimensionierung des Reglers das Symmetrische Optimum eignet. Entsprechend Gl. (1.6.23) ist dann die Nachstellzeit gemäß

$$T_N = (2D+1)^2 \cdot T_A \tag{2.2.15}$$

und wegen Gl. (1.6.9) $K_{R\omega}$ zu

$$K_{R\omega} = \frac{J}{K_M} \cdot \frac{1}{\sqrt{T_{N\omega} T_A}} \tag{2.2.16}$$

zu wählen.

Für ein moderates Überschwingen wird $D = 1/\sqrt{2}$ gewählt. Damit folgt mit Gl. (2.2.15) und $T_A=0{,}12$

$$T_{N\omega} = \left(\frac{2}{\sqrt{2}} + 1 \right)^2 0{,}12 = 0{,}7$$

sowie mit Gl. (2.2.16)

$$K_{R\omega} = \frac{0{,}1}{0{,}8} \cdot \frac{1}{\sqrt{0{,}7 \cdot 0{,}12}} = 0{,}43\,.$$

Mit dieser Einstellung erhält man aufgrund der Ausführungen zum Symmetrischen Optimum für die Führungsübertragungsfunktion $G_{W\omega}(s)$ des Drehzahlregelkreises die Beziehung

$$G_{W\omega} = \frac{1 + sT_{N\omega}}{\left(1 + \sqrt{T_{N\omega} T_A}\, s\right)\left(T_{N\omega} T_A s^2 + \sqrt{2 T_{N\omega} T_A}\, s + 1\right)} \tag{2.2.17}$$

und mit Werten

$$G_{W\omega} = \frac{1 + 0{,}7s}{(1 + 0{,}29s)\left(0{,}084s^2 + 0.41s + 1\right)}\,. \tag{2.2.18}$$

Die Regelung der Winkelgeschwindigkeit wurde mit dem Simulinkmodell in Abb. 2.2.5 und einem Sollwert von ω_{Msoll}=100 simuliert.

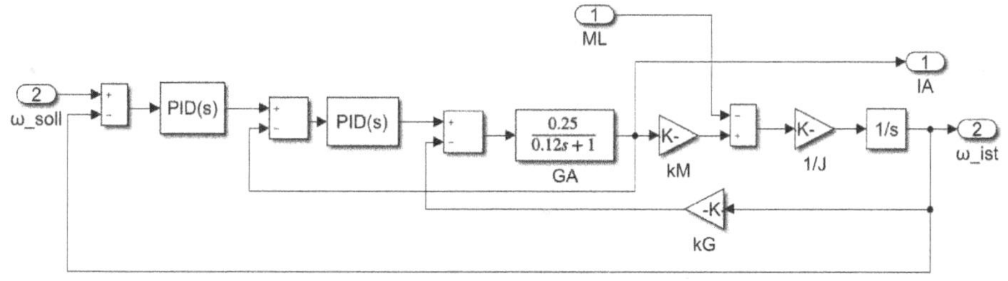

Abb. 2.2.5: Regelung der Winkelgeschwindigkeit

Die Aufzeichnung der simulierten Regelung der Winkelgeschwindigkeit zeigt Abb. 2.2.6. Im oberen Diagramm ist der Verlauf von ω_M und im unteren Diagramm $i_A(t)$ dargestellt.

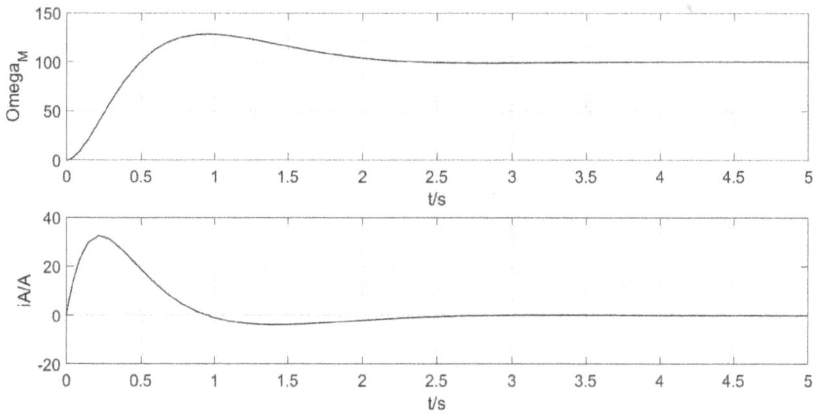

Abb. 2.2.6: Verlauf der Winkelgeschwindigkeit und des Stromes nach einem Spannungssprung

Nach dem dimensionierten Drehzahlregelkreis kommen wir nun zur überlagerten Regelung des Elevationswinkel Φ. Dazu wird das Modell von Abb. 2.2.5 zu einem Submodell zusammengefasst und mit Hinzufügen entsprechender Bausteine die Struktur von Abb. 2.2.3 als Simulinkmodell realisiert, siehe Abb. 2.2.7.

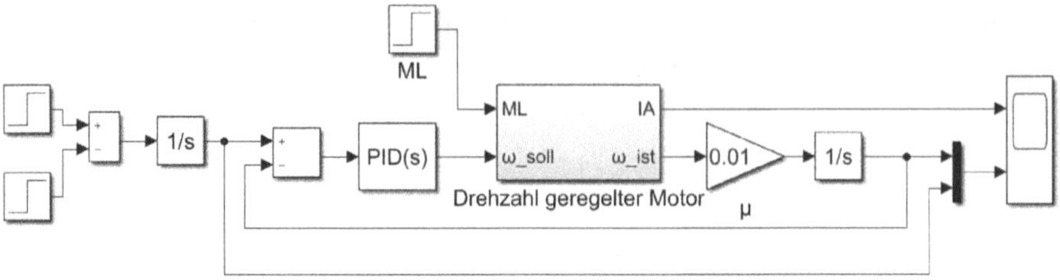

Abb. 2.2.7: Regelung des Elevationswinkels (teleskop.slx)

Der Elevationswinkel Φ(t) verändert sich i.A. stetig ansteigend, was im Modell durch eine zeitlich begrenzte Rampe simuliert wird, die mit den zwei Sprungfunktionen und dem nachgeschalteten Integrierer modelliert wird, links im Bild.

Wahl des Reglers

Aufgrund des integrierenden Anteils der Strecke wäre die Führungssprungantwort ohne bleibende Regelabweichung und die Störung wird ohnehin mit dem unterlagerten Drehzahlregelkreis ausgeregelt. Daher würde die Verwendung eines P-Reglers ausreichen. Die Führungsgröße Φ(t) verändert sich jedoch entsprechend einer Rampenfunktion. Damit sich hierbei kein Schleppfehler ergibt, muss zusätzlich zum Integralanteil der Strecke der Regler ebenfalls mit einem Integralanteil ausgestattet sein. Benötigt wird also ein PI-Regler

$$G_{R\Phi}(s) = K_{R\Phi}\frac{1+sT_{N\Phi}}{sT_{N\Phi}}. \tag{2.2.19}$$

Hiermit ergibt sich die Übertragungsfunktion $G_{O\Phi}$ des offenen Regelkreises zu

$$G_{O\Phi}(s) = K_{R\Phi}\frac{1+sT_{N\Phi}}{sT_{N\Phi}}G_{W\omega}(s)\cdot\mu\cdot\frac{1}{s}. \tag{2.2.20}$$

Für die Ermittlung der Reglerparameter wird das WOK-Verfahren verwendet. Zunächst wird aufgrund der Pol/Nulstellen-Verteilung der Strecke die Nullstelle des Reglers gleich der Nullstelle der Strecke gewählt: $T_{N\Phi}$=0,7. Anschließend wird anhand des WOK-Verlaufs die Verstärkung $K_{R\Phi}$ so gewählt, dass das etwas dominantere Polpaar eine Dämpfung von ca. D=0,7 hat. Hier ist $K_{R\Phi} \approx 100$, siehe Abb. 2.2.8.

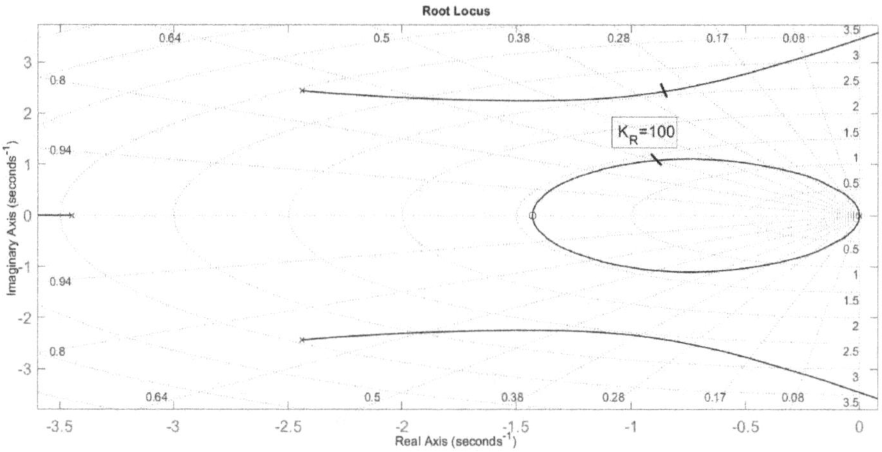

Abb. 2.2.8: Wok zu Bestimmung der Reglerverstärkung

Mit dieser Reglereinstellung wurde mit dem Simulinkmodell in Abb. 2.2.7 die Regelung des Elevationswinkels bei rampenförmigem Anstieg des Sollwertes bis $\Phi_{max} \approx 1{,}8 \hat{=} 100^0$ simuliert und in Abb. 2.2.9 dargestellt.

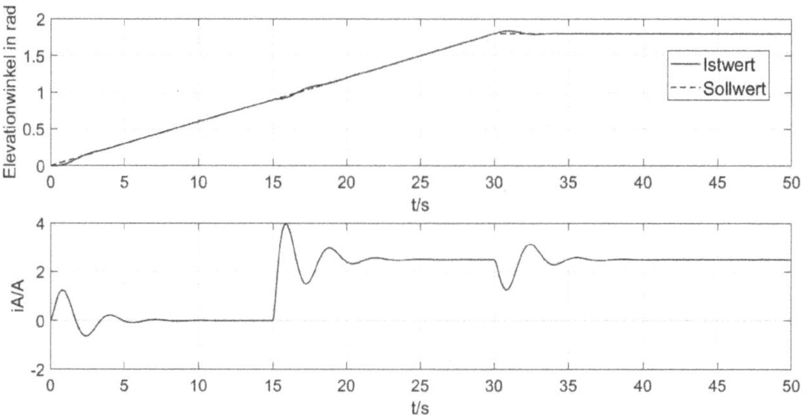

Abb. 2.2.9: Verlauf des Elevationswinkels

Der Istwert des Elevationswinkels folgt dem rampenförmigen Anstieg deckungsgleich bis auf geringe Abweichungen am Anfang und am Ende durch kurze Einschwingvorgänge. Außerdem ergibt sich eine kurze Abweichung bei dem sprungförmig auftretenden Lastsprung M_L zum Zeitpunkt t_1=15 s.

Der Ankerstrom zeigt deutliche Einschwingvorgänge und zum Zeitpunkt der Lastaufschaltung die zu erwartende Zunahme, jedoch ohne dabei zulässige Werte zu überschreiten.

Nun wird noch eine vom Lager und Getriebe verursachte Gleitreibung berücksichtigt. Dazu wird im Simulinkmodell beim Motor eine Rückführung von der Winkelgeschwindigkeit zum Lastmomenteingang mit einem Block *Relay* ohne Hysterese eingeführt, siehe Abb. 2.2.10.

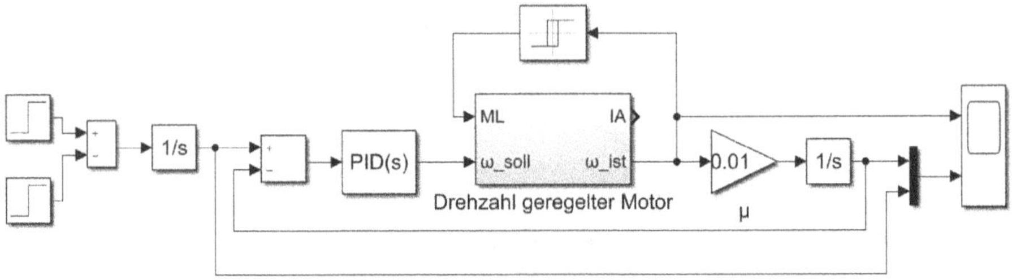

Abb. 2.2.10: Regelung des Elevarionswinkels mit Berücksichtigung der Gleitreibung (teleskop1.slx)

Mit dem Modell in Abb. 2.2.10 wird eine Simulation durchgeführt und neben dem Elevationswinkel noch die Winkelgeschwindigkeit des Motors aufgezeichnet, siehe Abb. 2.2.11.

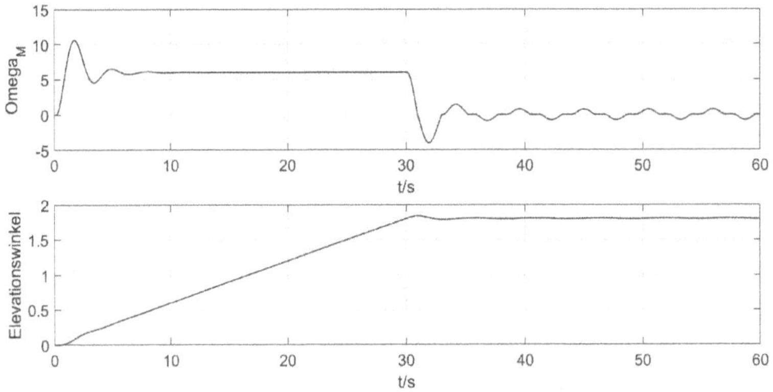

Abb. 2.2.11: Elevationswinkel und Winkelgeschwindigkeit des Motors

An Hand der Aufzeichnung erkennt man, dass sich die Gleitreibung lediglich bei konstantem Sollwert des Elevationswinkels auswirkt. Dann kommt der Motor nicht zur Ruhe und seine Drehzahl führt eine periodische Schwingung mit einer Amplitude aus, die sich jedoch ωvernachlässigbar gering auf den Elevationswinkel auswirkt.

2.2.1 Kontrollfragen

1. Geben Sie einen Formelausdruck für den stationären Zusammenhang zwischen der Ankerspannung u_A und der Drehzahl n bei nicht vorhandenem Lastmoment M_L an.
2. Geben Sie einen Formelausdruck für den stationären Zusammenhang zwischen dem Lastmoment M_L und der Drehzahl n bei konstanter Ankerspannung u_A an.
Hinweis: Die stationären Werte bieten eine gewisse Möglichkeit, die Korrektheit eines Modells zu überprüfen.

2.3 Untersuchung von vertikalen Kraftfahrzeug-Schwingungen

Zur Untersuchung der von Fahrbahnunebenheiten hervorgerufenen Kraftfahrzeugschwingungen wird ¼ des Fahrzeugs, ein sogenanntes Viertelauto betrachtet. Es wird beschrieben durch ein mit Feder und Dämpfung gekoppelte Zweimassensystem, siehe Abb. 2.3.1. Eine auf einem Radträger angebrachte Kombination aus Feder und Stoßdämpfer übernimmt ¼ des Kfz-Aufbaus. Während die Feder mit der Federkonstante c_A den Aufbau trägt, sorgt der Stoßdämpfer mit der Dämpfung d_A für eine hinreichend gedämpfte Aufbauschwingung. Der Reifen verhält sich wie eine pneumatische Feder und wird beschrieben mit der Federkonstante c_R. Hierüber und über die Radaufhängung wird die Bodenwelligkeit auf den Kfz-Aufbau übertragen. Der Kraftfahrzeugaufbau des ¼-Autos besitzt die Masse m_A und ein Rad die Masse m_R.

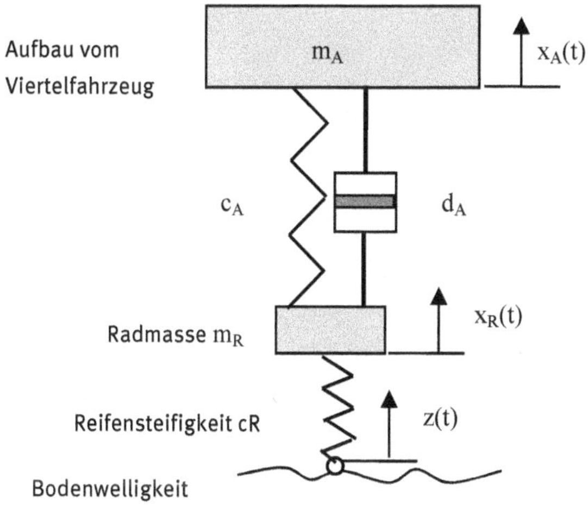

Abb. 2.3.1: Modell eines Viertelautos

Für eine Untersuchung der dynamischen Vorgänge, also ohne Berücksichtigung der statischen Federkomprimierung durch Rad- und Aufbaugewicht, erhält man über die Kräftebilanz von Radmasse m_R und Aufbaumasse m_A des Viertelautos folgende Bewegungsgleichungen:

$$m_R\ddot{x}_R = c_A(x_A - x_R) + d_A(\dot{x}_A - \dot{x}_R) + c_R(z - x_R) \tag{2.3.1}$$

und

$$m_A\ddot{x}_A = -c_A(x_A - x_R) - d_A(\dot{x}_A - \dot{x}_R). \tag{2.3.2}$$

Vor einer Fahrbahnanregung sind $x_R = 0$, $\dot{x}_R = 0$, $x_A = 0$ und $\dot{x}_A = 0$.
Mit einem Simulink-Modell soll das dynamische Verhalten des Viertelautos untersucht werden. Als Anregungen von der Fahrbahn sollen

- ein Rechteckimpuls als Bodenwelle und
- ein breitbandiges Zufallssignal

betrachtet werden.
Bei der Umsetzung der Bewegungsgleichungen in ein SIMULINK-Modell werden sie zunächst zweimal integriert und man erhält das in Abb. 2.3.2 dargestellte Modell *v_auto*, wobei für die Fahrbahnanregung z(t) zunächst ein Rechteckimpuls verwendet wird. Im Modell werden folgende Systemparameter verwendet:

- m_A=300 kg
- m_R=30 kg
- c_A=35 kN/m
- c_R=350 kN/m
- d_A=2 bzw. 12 kNs/m

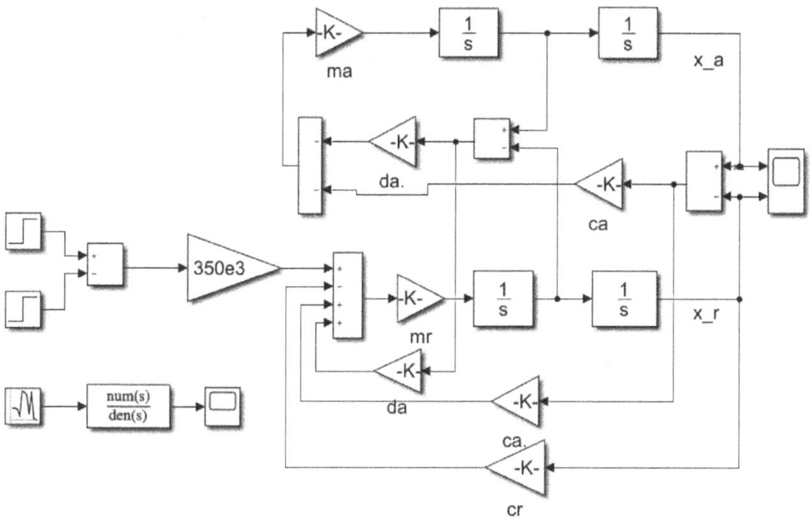

Abb. 2.3.2: Simulinkmodell der Bewegungsgleichungen (v_auto.slx)

Die Federkonstante c_A wird in erster Linie von statischen Gesichtspunkten bestimmt, während das dynamische Verhalten mit der Dämpfung d_A eingestellt wird. Mit dem Modell Abb. 2.3.2 werden nun zwei Fälle untersucht, erstens mit großer und zweitens mit kleiner Dämpfung. Als Anregung z(t) dient dabei eine rechteckförmige Bodenwelle. Zur Unterscheidung der beiden Fälle werden sie zeitversetzt in Abb. 2.3.3 dargestellt.

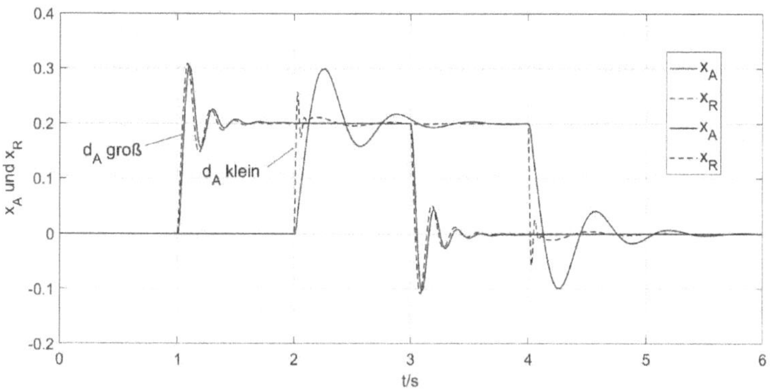

Abb. 2.3.3: Aufbau- und Radschwingung nach einer rechteckförmigen Bodenwelle der Höhe 0,2 und einer Zeitdauer von Δt=2s. Mit d_A groß beginnt die Bodenwelle bei t_1=1, mit d_A klein bei t_2=2.

Mit großer Dämpfung stimmen die Schwingungen des Aufbaus nahezu mit denen des Rades überein, es zeigt sich eine nahezu feste Kopplung. Mit kleiner Dämpfung ist die Schwingung des Aufbaus von der des Rades nahezu entkoppelt, sie hat jedoch bei niedrigerer Frequenz eine erhebliche Amplitude.

Mit Hilfe von Simulationen des Modells Abb. 2.3.2 mit verschiedenen Werten für d_A kann eine halbwegs optimale Aufbauschwingung erzielt werden. Mit dem Wert d_A=8 kNs/m wurde ein akzeptables Verhalten ermittelt. Die Aufbau- und Radschwingung nach einer rechteckförmigen Bodenwelle mit diesem Wert zeigt Abb. 2.3.4.

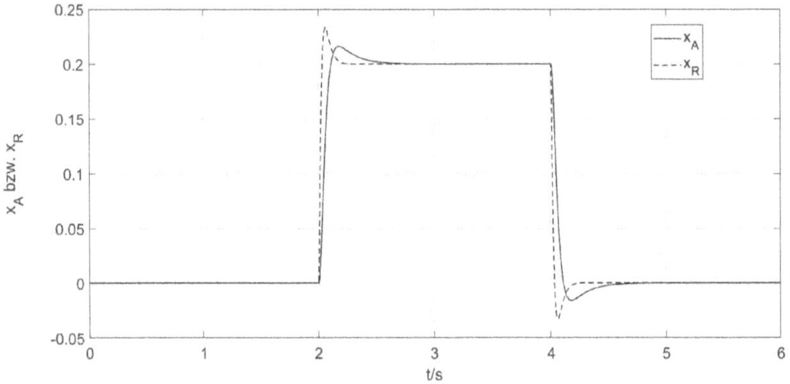

Abb. 2.3.4: Reaktion auf eine Bodenwelle

Mit dieser Einstellung ergibt sich eine maximale Überschwingweite von ca. 20% bei der rechteckförmigen Bodenwelle. Nun wird noch untersucht, welche Aufbau- und Radschwingungen sich mit diesem Wert bei rauer Fahrbahn, die mit einem gefilterten Zufallssignal modelliert wird, ergeben. Das Ergebnis ist in Abb. 2.3.5 dargestellt.

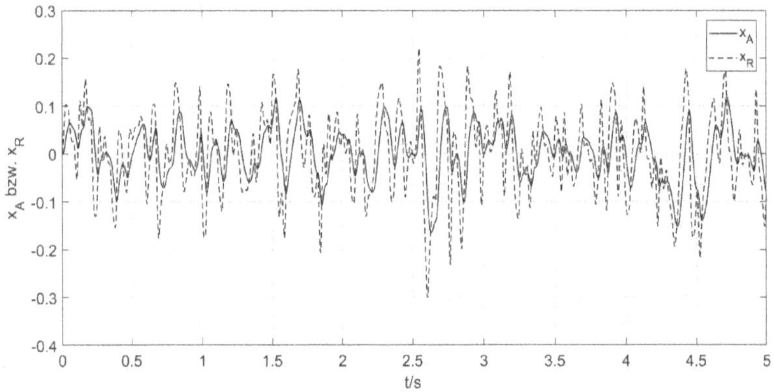

Abb. 2.3.5: Reaktion auf eine raue Fahrbahn

Die Abb. 2.3.5 zeigt, dass die Aufbauschwingung deutlich geringer als die Radschwingung ist, jedoch genügt dies nicht mehr heutigen Ansprüchen.

Um die Aufbauschwingungen zu reduzieren, sind inzwischen Stoßdämpfer mit verstellbarer Dämpfung unterschiedlicher Bauart im Einsatz. Für die Ansteuerung der Verstelldämpfer gibt es verschiedene Regelkonzepte, wobei diejenigen der Firmen i.A. geheim gehalten werden. Alle Konzepte haben zum Ziel, den Aufbau von der Fahrbahn zu entkoppeln. Die Idee ist, mit entsprechenden Dämpfungsmaßnahmen dafür zu sorgen, dass sich die Karosserie wie an einem Haken am Himmel hängend verhält, um so die Karosserie von Stößen zu isolieren: *Skyhook-Ansatz.*

Ohne auf die veröffentlichten Verfahren einzugehen, wird hier eine Lösung dargestellt, mit der die Dämpfung der Aufbauschwingung groß gewählt werden kann, ohne dabei die Kopplung mit dem Rad zu vergrößern.

Mit einem Beschleunigungssensor wird die senkrechte Radbeschleunigung gemessen, darüber integriert, um die senkrechte Radgeschwindigkeit zu erhalten. Sie wird dem Verstelleingang des Verstelldämpfers zugeführt und zwar in einer Weise, dass sich eine gegenläufige Dämpfungswirkung ergibt.

Nachweis: Es sei d_A die Grunddämpfung und Δd_A der Anteil über den Verstelleingang. Für die Gesamtdämpfung gilt dann:

$$d_A\left(\dot{x}_A-\dot{x}_R\right)+\Delta d_A\dot{x}_R=d_A\dot{x}_A-(d_A-\Delta d_A)\dot{x}_R \tag{2.3.3}$$

Hiermit ist gezeigt, dass mit dieser Maßnahme die Kopplung mit dem Rad verringert wird. Mit d_A=7.3 kNs/m und geeignet gewähltem Δd_A =1,9 kNs/m, eingefügt im Similinkmodell von Abb. 2.3.2 durch eine Verbindung von $\dot{x}_R$ zur oberen Additionsstelle (aufgeschaltet mit negativem Vorzeichen), ergeben sich die in Abb. 2.3.6 dargestellten Bewegungen von Aufbau und Rad bei einer rechteckförmigen Bodenwelle.

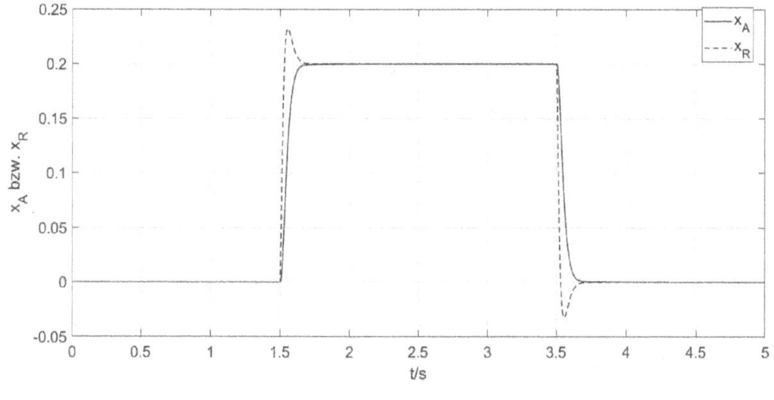

Abb. 2.3.6: Reaktion auf eine Bodenwelle mit gesteuerter Vergrößerung der Aufbaudämpfung

Die Aufzeichnung zeigt, dass mit dieser Maßnahme die Überschwingung des Aufbaus deutlich reduziert werden konnte. Ermittelt man die Varianz der Aufbaubewegung bei rauer Fahrbahn, d.h. mit dem bereits verwendeten gefilterten Zufallssignal, so zeigt sich, dass durch die Dämpfungsverstellung die Varianz der Aufbaubewegung etwa halbiert wird.

2.4 Antrieb eines Kraftfahrzeug-Fensterhebers

2.4.1 Beschreibung des Kfz-Fensterhebers

In Kraftfahrzeugen werden die Fenster per Tastendruck geöffnet und geschlossen mit einem Gleichstrommotor. Dabei muss der Schließvorgang laut Straßenverkehrszulassungsordnung mit einem Einklemmschutz versehen sein, der die Einklemmkraft begrenzt und mit dem anschließenden Rückwärtslauf des Motors die Öffnung der Scheibe bewirkt. Eine schematische Darstellung des Fensterhebers mit dem Einklemmfall zeigt Abb. 2.4.1.

Die Einklemmkraft wird häufig indirekt erfasst, indem die von ihr verursachte überhöhte Stromaufnahme des Motors detektiert wird.

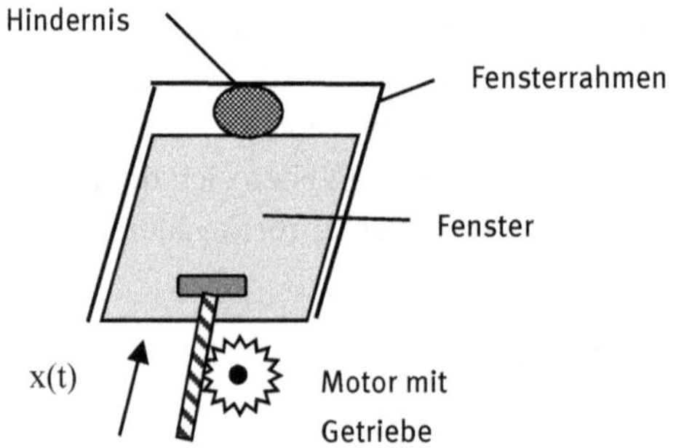

Abb. 2.4.1: Schematische Darstellung des Fensterhebers mit dem Einklemmfall

2.4.2 Modellierung

Die Positionierung des Fensters erfolgt mit einem Gleichstrommotor mit Getriebe, wobei die Rotation in eine Translation mit einer Anordung aus Zahnrad mit Spindel umgesetzt wird, siehe Abb. 2.4.1.

Für den Motor wird das in Kap. 2.1 entwickelte Motormodell verwendet. Hier kommt zum Trägheitsmoment J_M des Motors noch ein Trägheitsmoment J_F hinzu, dass sich aus der starren Ankopplung des Fensters über die Spindel/Zahnrad-Anordnung zu

$$J_F = m \cdot r^2 \tag{2.4.1}$$

ergibt, mit der Masse m des Fensters und dem Radius r des Zahnrads. Dieses Trägheitsmoment ist deutlich größer als das vom Motor, so dass bei der Modellierung nur J_F berücksichtigt wird. Außerdem wird bei diesem Motormodell die Ankerzeitkonstante T_A vernachlässigt, da die Motordynamik wesentlich größer ist als die Bewegung des Fensters. Damit wird von dem in Abb. 2.1.2 dargestellten Motormodell ausgegangen.

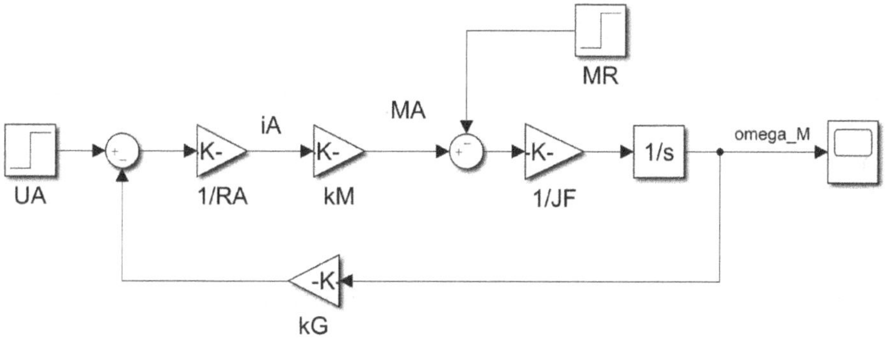

Abb. 2.4.2: Motormodell

Das Fenster wird von einer Federkonstruktion getragen, so dass der Motor nur für die Positionierung des Fensters ein Moment aufbringen muss. Sie wird beschrieben durch die Differentialgleichung

$$m \frac{d^2(x)}{dt^2} = F_A - F_R \tag{2.4.2}$$

mit dem Weg x des Fensters, der Antriebskraft F_A des Motors und der Reibkraft F_R vom Getriebe und von der Fensterdichtung. Die Geschwindigkeit v=dx/dt ergibt sich aus der Winkelgeschwindigkeit ω_Z des Zahnrags zu

$$v = r \cdot \omega_Z \tag{2.4.3}$$

Ferner gilt $M_A = r \cdot F_A$ und $M_R = r \cdot F_R$. Multipliziert man beide Seiten der Gl. (2.4.2) mit r und ersetzt v durch Gl. (2.4.3) so erhält man

$$r^2 m \frac{d(\omega_Z)}{dt} = J_F \frac{d(\omega_Z)}{dt} = M_A - M_R \,. \tag{2.4.4}$$

Zwischen dem Zahnrad und dem Motor befindet sich das Getriebe mit der Übersetzung

$$\omega_Z = \frac{\omega_M}{\ddot{u}_G} \,. \tag{2.4.5}$$

Damit folgt aus Gl. (2.4.4) wird

$$J_F \frac{d(\omega_M)}{dt} = \ddot{u}_G \left(M_A - M_R \right) . \tag{2.4.6}$$

Die Reibung setzt sich aus viskoser Reibung vom Getriebe und der Gleitreibung von der Fensterdichtung zusammen. Die viskose Reibung ist proportional zur Winkelgeschwindigkeit ω_G des Getriebes

$$M_V = k_V \omega_G \tag{2.4.7}$$

mit dem Reibkoeffizienten k_V. Die Gleitreibung ergibt sich zu

$$M_G = -k_{Gl} \cdot sgn(v) \tag{2.4.8}$$

gemäß Kap. 1.1. Die Reibkoeffizienten k_V und k_{Gl} werden experimenrell bestimmt. Zur Ermittlung von k_V wird nur der Motor mit Getriebe betrachtet. Bei konstanter Drehzahl ist M_V gleich dem Motormoment:

$$M_V = k_V \omega_G = i_A k_M = M_M \tag{2.4.9}$$

und es folgt

$$k_V = \frac{i_A k_M}{\omega_G} \,. \tag{2.4.10}$$

Mit gemessenen Werten für i_A und ω_G folgt

$$k_V = \frac{6{,}5A \cdot 0{,}14 Nm / A}{1{,}5 s^{-1}} \approx 0{,}6 Nms \,. \tag{2.4.11}$$

Mit einem wiederholten Experiment wird die Reibung des Fensters mit einbezogen und der Einfluss der gesamten Reibung ermittelt. Gemessen wurden i_A=7,5 und ω_G=0,7. Es ist

$$M_M = i_A k_M = k_V \omega_G + k_{Gl} \,. \tag{2.4.12}$$

Durch Umstellen folgt

$$k_{Gl} = i_A k_M - k_V \omega_G \tag{2.4.13}$$

und damit

$$k_{Gl} = 7{,}5A \cdot 0{,}14Nm/A - 0{,}6Nms \cdot 0{,}7s^{-1} = 0{,}63Nm \,. \tag{2.4.14}$$

In das Motormodell von Abb. 2.4.2 wird nun das Reibmoment mit einbezogen. Dazu wird noch die Bildung der Geschwindigkeit des Fensters nach Gl. (2.4.3) eingefügt, wobei $\omega_G = \omega_z$ ist. Da die Fensterbewegung simuliert werden soll, ist x(t) von Interesse. Hierfür wird der Geschwindigkeit v(t) ein Integrierer nachgeschaltet. Mit diesen Maßnahmen ergibt sich das in Abb. 2.4.3 gezeigte Modell für die Fensterpositionierung. Hierin wird ein Motor mit den Kenndaten:

- Ankerspannung u_A=12 V,
- Maschinenkonstanten: k_G=0,14Vs/rad und k_M=0,14 Nm/A,
- Ankerwiderstand R_A=1,5 Ω,

verwendet und es sind die mechanischen Parameter

- r=0,1m,
- $ü_G$=10,
- m=2,5kg und

gegeben.

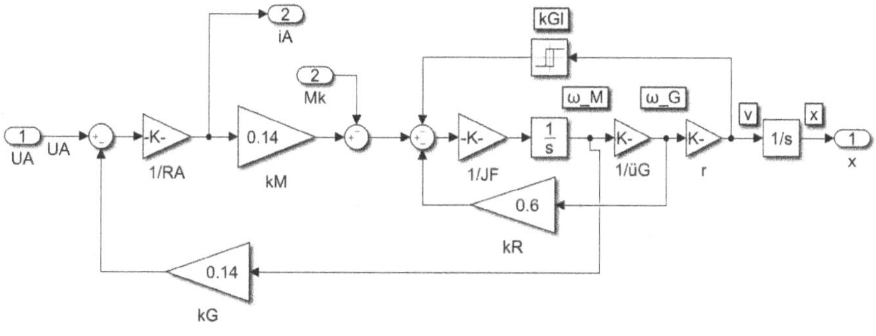

Abb. 2.4.3: Modell der Fensterpositionierung

Um die Funktion des Fensterhebers zu simulieren, ist noch eine geeignete Ansteuerung des Motors erforderlich. Sie ist im Simulinkmodell in Abb. 2.4.4 dargestellt, wobei das Modell der Fensterpositionierung von Abb. 2.4.3 als Subsystem *Fensterheber* eingefügt ist.

Mit der Ansteuerung wird zunächst $U_a = +12$ V aufgeschaltet und bei Erreichen des *Endschalter oben* (geschlossenes Fenster) wieder abgeschaltet. Nach 3 s wird $U_a = -12$ V aufgeschaltet und bei Erreichen des *Endschalter unten* (offenes Fenster) wieder abgeschaltet. Der Block *Step* generiert eine Sprungfunktion, die bei t_1=8 s von 0 nach 1 wechselt. Zunächst wird der Fall ohne Einklemmen betrachtet, weshalb der Eingang F_k des Blockes *Fensterheber* auf Null gesetzt wird.

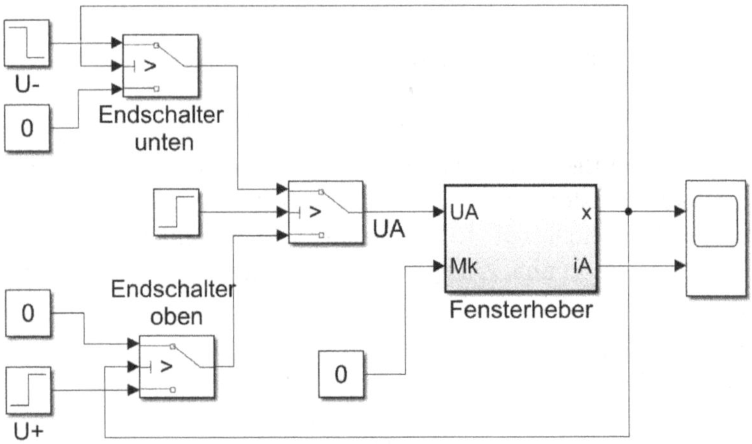

Abb. 2.4.4: Modell des Fensterhebers (fensterheber.slx)

Mit dem Modell der Abb. 2.4.4 wird ein Schließ- und Öffnungszyklus ohne Einklemmen simuliert und der Weg x(t) und die Stromaufnahme $i_A(t)$ aufgezeichnet, siehe Abb. 2.4.5.

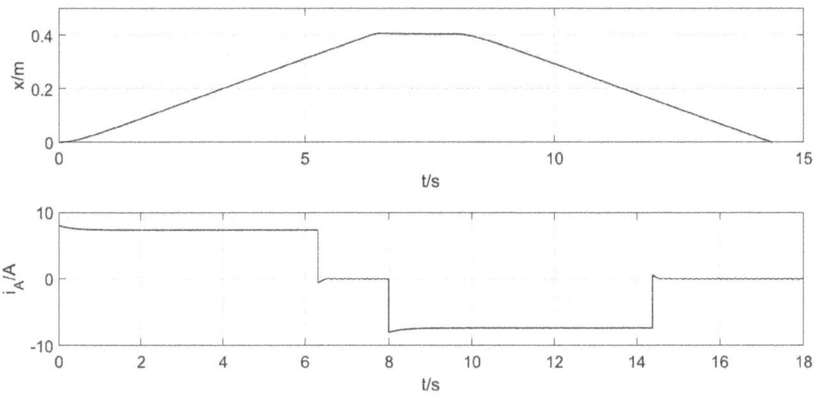

Abb. 2.4.5: Schließ- und Öffnungszyklus ohne Einklemmen

Nun wird das Modell des Fensterhebers um ein Hindernis und einer Klemmerkennung erweitert, siehe Abb. 2.4.6. Das Hindernis möge elastisch sein und wird mit einer Rampe modelliert. Der maximale Klemmstrom i_{A_max} =10 A wird mit einem Komparator detektiert. Bei Erreichen von i_{A_max} wird auf negative Motorspannung umgeschaltet und das Fenster zurückgefahren, bis es ganz offen ist. Gleichzeitig muss die Klemmkraft auf Null gesetzt werden, damit sie nicht mehr als Bremskraft wirkt.

Der mit dem Komparator gemeldete Klemmfall muss mit einem S-R-FlipFlop gespeichert werden, da sonst i_A zurück geht, das Komparator-Signal wieder Null wird und die positive Motorspannung wieder aufgeschaltet werden würde. Das FlipFlop wird mit einem *Rücksetzimpuls* bei Simulationsbeginn zurückgesetzt.

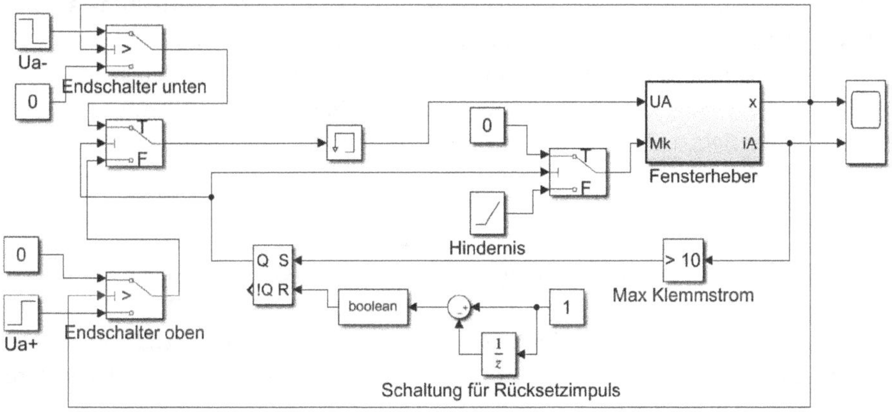

Abb. 2.4.6: Modell des Fensterhebers mit Klemmschutz (fensterheber1.slx)

Mit dem Modell der Abb. 2.4.6 wird ein Schließ- und Öffnungszyklus mit elastischem Einklemmen eines Hindernisses simuliert und der Weg x(t) und die Stromaufnahme $i_A(t)$ aufgezeichnet, siehe Abb. 2.4.7.

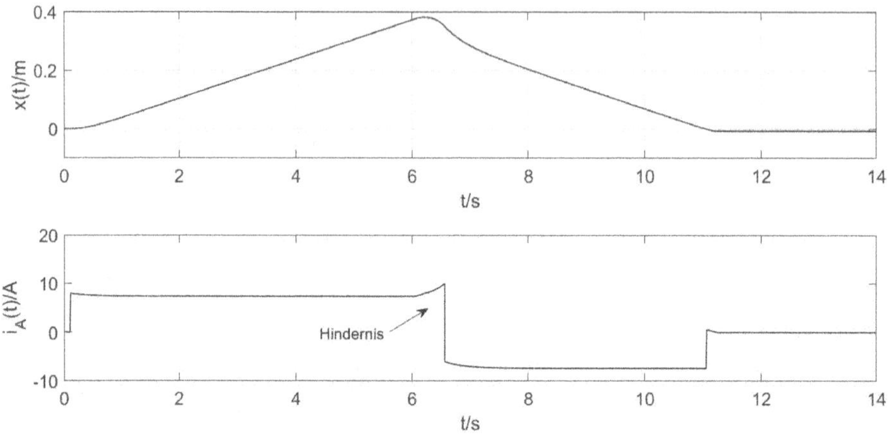

Abb. 2.4.7: Schließ- und Öffnungszyklus mit Einklemmen

Der Stromverlauf nimmt beim Auftreten des elastischen Hindernisses zu. Erreicht die Stromzunahme den max. Wert von i_{A_max}=10 A wird die Richtung des Motors umgeschaltet und das Fenster aufgefahren.

2.4.3 Kontrollfragen

1. Aufgrund von Alterung und ggf. Verschmutzung kann eine Haftreibung so groß werden, dass der hierbei auftretende Ankerstromimpuls die Einklemmüberwachung aktiviert. Geben Sie eine Maßnahme an, mit der dies verhindert werden kann.
2. Aufgrund von Alterung wird die von der Fensterdichtung hervorgerufene Gleitreibung größer. Geben Sie an, was das für den Schließ- und Öffnungsvorgang des Fensters bedeutet.

2.5 Modellierung und Regelung eines E-Bike-Antriebs

E-Bike, Elektrofahrrad oder Pedelec (Akronym für *Pedal Electric Cycle*) ist ein Fahrrad mit unterstützendem Elektromotor, siehe Abb. 2.5.1. Die Begriffe werden weitgehend synonym verwendet.

Abb. 2.5.1: E-Bike (Pedelec Lapierre mit Bosch-Mittelmotor (Quelle: https://de.wikipedia.org/wiki/E-Bike am 18.10.2021)

Der Motor soll den Radfahrer lediglich unterstützen und nicht das Fahrrad allein antreiben, wie bei dem vom Benzinmotor angetriebenen Fahrrad. Bei älteren E-Bikes wurde die Antriebsleistung des Motors abhängig von der Umdrehungszahl der Tretkurbel gewählt. Mit der Entwicklung von Drehmomentsensoren wurde es möglich, das Tretmoment des Radfahrers zu erfassen. Daher wird bei modernen E-Bikes das Antriebsmoment des Motors proportional zum Tretmoment des Radfahrers gewählt, wobei i.A. zwischen drei unterschiedlich leistungsstarken Unterstützungsstufen bzw. Proportionalitätsfaktoren gewählt werden kann. Aus Gründen der Sicherheit darf der Motor erst unterstützen, wenn die Tretkurbel eine minimale Drehzahl überschreitet. Außerdem muss der Motor bei Geschwindigkeiten, die größer als v_{max}=25 km/h sind, ausgeschaltet werden. Um diese beiden Forderungen zu erfüllen, sind weitere Sensoren erforderlich: Ein Drehimpulssensor an der Tretkurbelwelle und ein Drehimpulssensor am Hinterrad.

2.5.1 Drehmomentsensor

Technologisch die beste Lösung ist der Drehmomentsensor im Tretlager. Das Funktionsprinzip dieses Drehmomentsensors basiert auf der inversen Magnetostriktion. In die Welle werden zwei oder mehrere nebeneinanderliegende umlaufende Magnetfelder eingeprägt (magnetische Kodierung). Die durch ein Drehmoment ausgelöste Torsionsspannung in der Welle erzeugt eine Richtungsänderung der kodierten Magnetfelder. Diese Richtungsänderung ist absolut proportional zum anliegenden Drehmoment und wird von hochsensiblen Magnetfeldsensoren, sogenannten Flux

Gates, aufgenommen. Mittels einer Auswertelektronik wird das Drehmoment als digitales Signal an den „Board"-Computer ausgegeben. Das Sensorprinzip zeichnet sich durch eine sehr hohe Auflösung (0,01%) und Linearität (0,25%) aus.

2.5.2 Drehimpulssensor am Laufrad (Hinterrad)

An einer Speiche wird ein kleiner Magnet und am Rahmen ein Hall-Sensor angebracht, siehe Abb. 2.5.2. Überstreicht der Magnet den Hall-Sensor, generiert er einen Spannungsimpuls, der digital an den „Board"-Computer ausgegeben wird. Mit der Position der Sensoranordnung und der Impulsfolge kann die Fahrradgeschwindigkeit genau bestimmt werden.

Abb. 2.5.2: Drehimpulssensor am Hinterrad (Quelle: https://de.wikipedia.org/wiki/Elektroantrieb_(Fahrrad) vom 24.09.2021)

2.5.3 Drehimpulssensor an der Tretkurbelwelle

An der Tretkurbelwelle wird eine Scheibe mit magnetisierten Segmenten angebracht. Ein am Rahmen befestigter Hallsensor erzeugt beim Überstreichen der Zonen Spannungsimpulse, die verstärkt als digitales Signal an den „Board"-Computer ausgegeben werden, siehe Abb. 2.5.3.

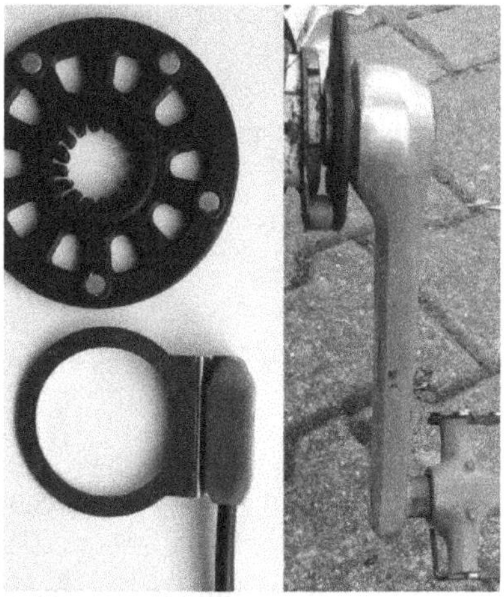

Abb. 2.5.3: Drehimpulssensor an der Tretkurbelwelle, links oben: Magnetisierte Scheinbe, links unten: Hallsensor. (Quelle: https://de.wikipedia.org/wiki/Elektroantrieb_(Fahrrad) vom 24.09.2021)

2.5.4 Modellierung des E-Bike-Antriebs

Beschreibung der Fortbewegung des Fahrrads

Zur Beschreibung der Fortbewegung des Fahrrads muss die vom Radler erzeugte Pedalkraft F_P in die das Fahrrad antreibende Kraft F umgewandelt werden. Der mechanische Zusammenhang wird an Hand der Abb. 2.5.4 hergeleitet.

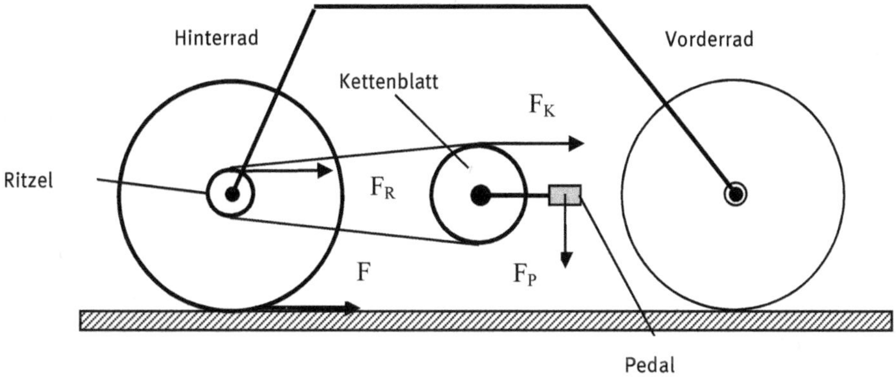

Abb. 2.5.4: Darstellung der Kräfte am Fahrrad

Der Radler erzeugt mit der Pedalkraft das Drehmoment

$$M_P = r_P F_P \tag{2.5.1}$$

Dieses Moment wirkt auch am Kettenblatt, da dies zusammen mit dem Pedal ein starres System bildet:

$$M_K = r_K F_K = M_P \tag{2.5.2}$$

(mit dem Radius r_K des Kettenblatts). Die Kettenblattkraft F_K wird auf das Ritzel übertragen. Hier bildet sie das Drehmoment M_R am Ritzel

$$M_R = r_R F_K \tag{2.5.3}$$

(mit dem Radius r_R des Ritzels). Das Ritzelmoment und das Radumfangsmoment M_{Rad} sind gleichgroß, weil Ritzel und Rad beim Antrieb ein starres System bilden.

$$M_{Rad} = r_{Rad} F = M_R \tag{2.5.4}$$

Aus den vier Gleichungen (2.5.1) bis (2.5.4) folgt

$$F = \frac{r_R r_P}{r_K r_{Rad}} F_P \tag{2.5.5}$$

bzw.

$$F = \frac{r_R}{r_K r_{Rad}} M_P . \tag{2.5.6}$$

Das Verhältnis

$$\ddot{u} = \frac{r_R}{r_K} \tag{2.5.7}$$

wird vom gewählten Gang der Gangschaltung bestimmt. Vom Fahrrad sind folgende Werte gegeben:

- r_{Rad}=0,325 m,
- r_P=0,165 m,
- r_K=0,093 m,
- r_R=0,038 m.

Damit folgt

$$\ddot{u} = \frac{r_R}{r_K} = \frac{0{,}038}{0{,}093} \approx 0{,}4 .$$

Die Fahrradgeschwindigkeit v(t) ergibt sich zu

$$v(t) = \frac{1}{m} \int_0^t F(\tau) d\tau \,. \tag{2.5.8}$$

Darin ist F(t) die das Fahrrad antreibende Kraft und m die Masse vom Fahrrad mit Radler. Die Kraft F setzt sich zusammen aus

$$F = \frac{\ddot{u}\left(M_P + M_M\right)}{r_{Rad}} - F_L - F_G \,. \tag{2.5.9}$$

Darin sind

- M_P das vom Radler erzeugte Drehmoment,
- M_M das vom Motor erzeugte Drehmoment an der Kurbelwelle,
- F_L Luftwiderstandskraft und
- F_G Krafteinfluss durchs Gelände (F_G>0 bei Steigung, F_G<0 bei Gefälle).

Das vom Radler erzeugte Drehmoment Gl. (2.5.1) ist abhängig vom Pedalwinkel

$$\varphi_P = \cos(\omega_P t) \,. \tag{2.5.10}$$

Das Drehmoment ist Null in senkrechter und maximal in horizontaler Pedalstellung. Modelliert wird das Drehmoment mit der Funktion

$$M_P = r_P F_{P\,max} \left[\cos(\omega_P t)\right]^2 \,. \tag{2.5.11}$$

Das vom Gleichstrommotor erzeugte Drehmoment ist nach Gl. (2.1.4) proportional zum Ankerstrom

$$M_M(t) = k_M \cdot i_A(t) \,.$$

Dabei erhält man den Ankerstrom nach Gl. (2.1.1) aus der Differenzialgleichung

$$L_A \frac{di_A(t)}{dt} + R_A i_A(t) = u_A(t) - e(t) \,.$$

Ferner gilt:

$$T_A \frac{di_A(t)}{dt} + i_A(t) = \frac{1}{R_A}\left[u_A(t) - e(t)\right] \tag{2.5.12}$$

mit der Ankerzeitkonstante $T_A=L_A/R_A$. Die elektromotorische Gegenspannung $u_G(t)$ ist nach Gl. (2.1.2) proportional zur Winkelgeschwindigkeit ω_M:

$$u_G(t)=k_G\cdot\omega_M(t).$$

Im antreibenden Zustand besteht eine feste Kopplung zwischen der Motordrehzahl n_M und der Kurbelwellendrehzahl n_K:

$$\mu=\frac{n_M}{n_K}. \tag{2.5.13}$$

Mit $n_M=\mu\cdot n_K$ und $\omega_M=2\pi\cdot n_M$ (mit n_M in U/s) folgt für die Gegenspannung

$$u_G(t)=k_G\cdot 2\pi\mu\cdot n_K(t). \tag{2.5.14}$$

und mit $n_R=\frac{n_K}{ü}$ und $n_R=\frac{v}{2\pi r_{Rad}}$ (mit v in m/s) ist schließlich

$$u_G(t)=k_G\frac{\mu\cdot ü}{r_{Rad}}v(t). \tag{2.5.15}$$

Die Daten des Motors sind gegeben mit $R_A=1\ \Omega$, $L_A=1{,}6$ mH (vernachlässigbar gering), $k_M=0{,}05$ N/A und $k_G=0{,}05$ Vs. Das Getriebe hat die Übersetzung $\mu=40$. Setzt man die entsprechenden Werte für die induzierte Spannung $u_G(t)$ in Gl.(2.3.15) ein, erhält man

$$u_G(t)=0{,}05\frac{40\cdot 0{,}4}{0{,}325}v(t)=k_1\cdot v(t) \tag{2.5.16}$$

mit $k_1=2{,}46$ Vs/m. Das vom Motor an die Kurbelwelle abgegebene Moment folgt mit Gl. (2.1.4) und der Getriebeübersetzung μ zu

$$M_M(t)=\mu\cdot k_M\cdot i_A(t)=k_2\cdot i_A(t) \tag{2.5.17}$$

mit $k_2=40\cdot 0{,}05=2Nm/A$. Für den Luftwiderstand gilt der Zusammenhang

$$F_L=\frac{1}{2}c_w\cdot\rho\cdot A\cdot v^2 \tag{2.5.18}$$

mit dem Strömungswiderstands-Koeffizienten c_w, der Luftdichte ρ und der angeströmten Fläche A des Radlers. Zugrunde gelegt werden die Werte $c_w=1{,}4$; $\rho=1{,}3$ und $A=0{,}8\ m^2$. Hiermit ist

$$F_L = \frac{1}{2} 1,4 \cdot 1,3 \cdot 0,8 \cdot v^2 = 0,73 v^2 \quad \frac{N}{m^2 / s^2} . \qquad (2.5.19)$$

Damit ist die Modellierung eines Fahrrads mit Elektroantrieb abgeschlossen.

Die Umsetzung der Gleichungen vom Fahrrad und vom Drehmoment erzeugenden Teil des Motors in ein Simulink-Modell zeigt Abb. 2.5.5. Beim Motor wurde die Verzögerung des Ankerkreises wegen der sehr kleinen Zeitkonstante T_A vernachlässigt.

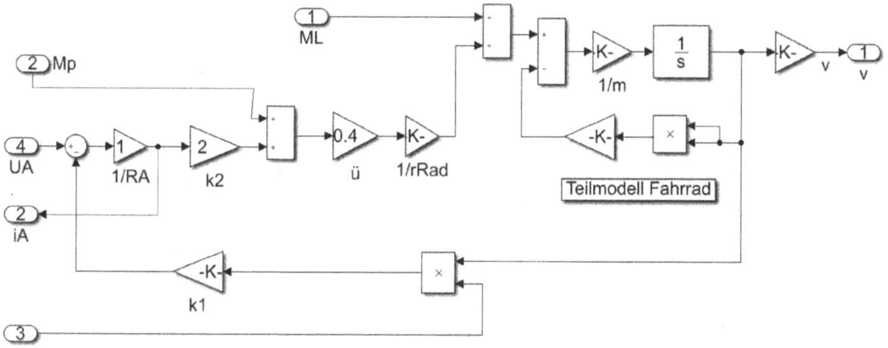

Abb. 2.5.5: Modell des Fahrrads mit Elektroantrieb

Die aus der Geschwindigkeit v(t) rekonstruierte induzierte Spanung $u_G(t)$ muss mit dem periodischen Pedalumlauf multipliziert werden. Das Signal hierfür wird über den Eingang *In3* zugeführt. Das Modell des Fahrrads mit Motor wird als Subsystem dargestellt und um ein Modell zur Bildung des Radlermoments M_P erweitert, siehe Abb. 2.5.6.

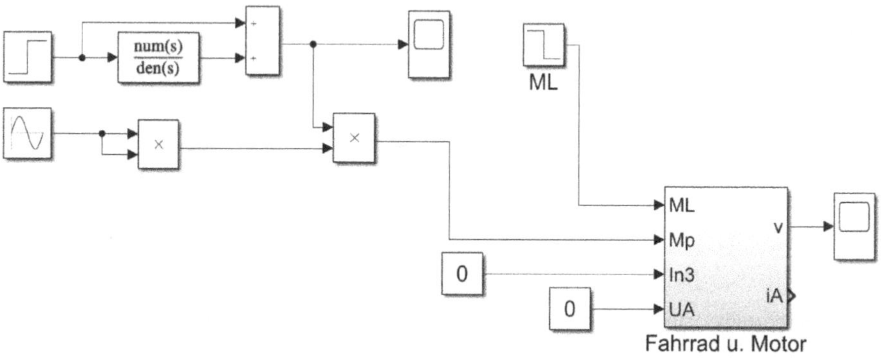

Abb. 2.5.6: Modell der Radlermoment-Bildung mit Submodell *Fahrrad u. Motor (ebike_oM.slx)*

Mit dem Modell Radlermoment wird zunächst mit den Blöcken *Step* und *Transfer Fcn* ein Moment gemäß Abb. 2.5.7 erzeugt, das anfangs groß ist und anschließend auf einen geringeren konstanten Wert abklingt, wie man es sich vom Radler vorstellen kann.

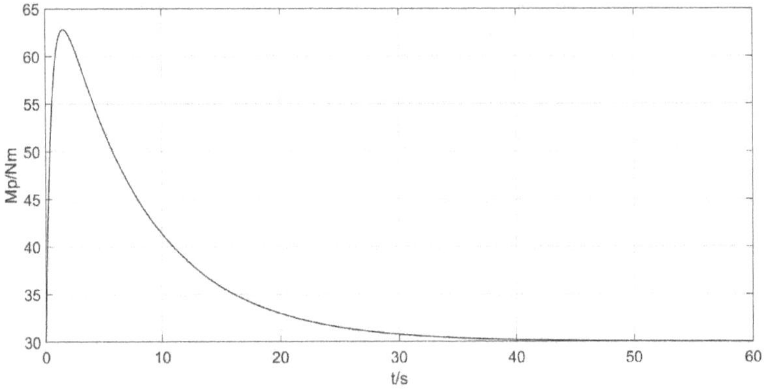

Abb. 2.5.7: Radler-Drehmoment

Mit dem unteren Zweig des Modells *Radlermoment* wird die periodische Modellierung mit einer Trittfrequenz von 75 U/min gemäß Gl. (2.5.11) realisiert.
Der mit dem dargestellten Radlermoment bei einem Fahrradgewicht von 100 kg sich ergebende Geschwindigkeitsverlauf v(t) zeigt Abb. 2.5.8.

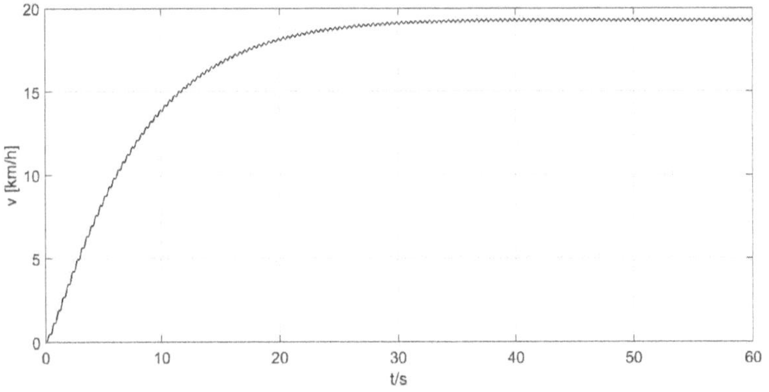

Abb. 2.5.8: Fahrradgeschwindigkeit ohne Motorunterstützung auf ebener Fahrbahn.

Bei genauer Betrachtung erkennt man eine kleine Welligkeit auf dem Kurvenzug v(t). Die Welligkeit kommt von dem periodischen Verlauf des Pedalmomentes mit der Trittfrequenz.

Betrachten wir nun den Fall mit Motorunterstützung. Vom Motorantrieb wird verlangt, dass er je nach Enstellung 50%, 100% oder 200% des mit dem Drehmomentsensors gemessenen Pedalmoments zum Fahrradantrieb beiträgt. Um dies mit der gewünschten Genauigkeit zu erreichen, ist eine Folgeregelung mit einem PI-Regler erforderlich. Gemessen wird hierfür der Ankerstrom i_A, der multipliziert mit k_2 die Regelgröße M_M ergibt, siehe Gl. (2.5.17). Dabei werden hochfrequente Störungen auf dem Ankerstrom mit einem TP-Filter gedämpft. Die Struktur des Folgeregelkreises zur Regelung des Motordrehmoments ist in Abb. 2.5.9 dargestellt.

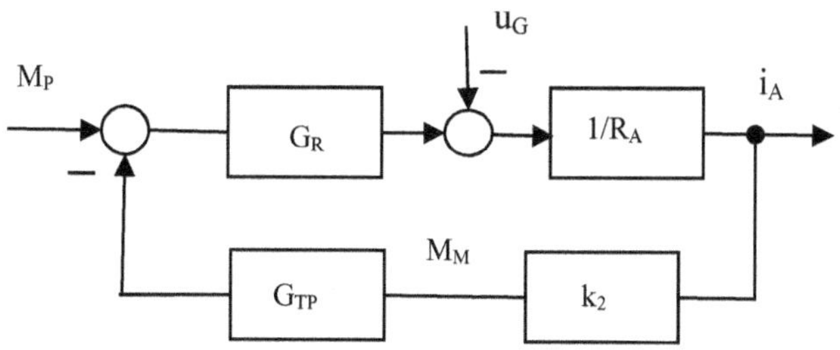

Abb. 2.5.9: Folgeregelung des Motordrehmoments M_M

Die Führungsübertragungsfunktion $G_W(s)$ ergibt sich zu

$$G_W(s) = \frac{M_M(s)}{M_P(s)} = \frac{G_R(s)\frac{1}{R_A}k_2}{1 + G_{TP}(s)G_R(s)\frac{1}{R_A}k_2}, \tag{2.5.20}$$

$$G_W(s) = \frac{K_R\frac{1+sT_N}{sT_N}\frac{1}{R_A}k_2}{1 + \frac{1}{1+0{,}01s}K_R\frac{1+sT_N}{sT_N}\frac{1}{R_A}k_2}. \tag{2.5.21}$$

Es sei T_N=0,01s (Kompensationsmethode). Damit folgt

$$G_W(s) = \frac{K_R(1+0{,}01s)\frac{1}{R_A}k_2}{0{,}01s + K_R\frac{1}{R_A}k_2} = \frac{K_R}{R_A}k_2 \frac{1+0{,}01s}{0{,}01s + \frac{K_R}{R_A}k_2} \tag{2.5.22}$$

Mit $\frac{K_R}{R_A}k_2 = 1$ wird $G_W(s) \equiv 1$ und damit $M_M(t) = M_P(t)$, d.h. das Motormoment stimmt vollständig mit dem Pedalmoment überein. Die Reglerverstärkung muss hierbei mit dem Wert

$$K_R = \frac{R_A}{k_2} = \frac{1\,V/A}{2\text{ Nm/A}} = 0{,}5\text{ V/Nm} \tag{2.5.23}$$

eingestellt werden. Die nachfolgende Abb. 2.5.10 zeigt die Erweiterung mit dem geregelten Motorantrieb.

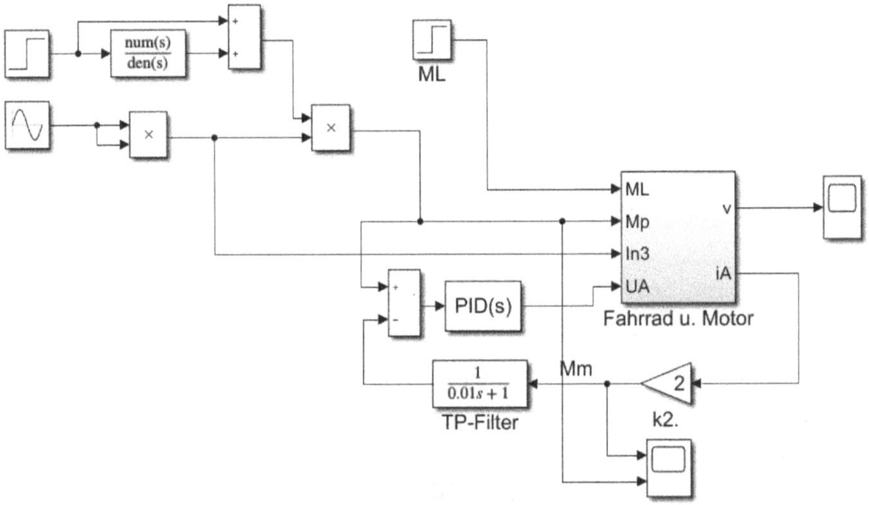

Abb. 2.5.10: Erweiterung mit geregeltem Motorantrieb (ebike_mM_oR

Zum Nachweis der exakten Folgeregelung sind mit dem *Skope* (unten im Bild) für eine 100%-Motorunterstützung das Pedalmoment M_P und das Motormoment M_M in Abb. 2.5.11 für die ersten 6 s aufgezeichnet. Beide Verläufe sind erkennbar deckungsgleich.

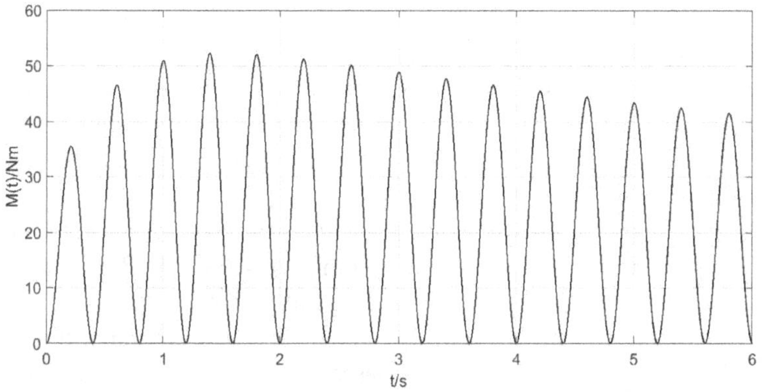

Abb. 2.5.11: Pedalmoment $M_P(t)$ und Motormoment $M_M(t)$

Nunmehr wird, nachdem das Modell des Fahrrads mit dem geregelten Motorantrieb zu einem Subsystem zusammengefasst worden ist, noch die Ansteuerung des geregelten Motors mit den einstellbaren Moment-Unterstützungsstufen von 50%, 100% bzw. 200% des Pedalmoments eingefügt, siehe Abb. 2.5.12.

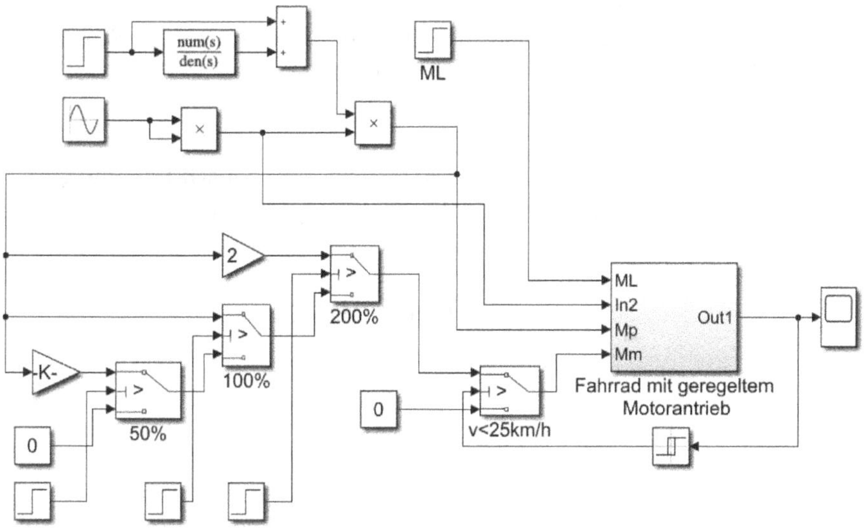

Abb. 2.5.12: Geregelter Motorantrieb mit den Unterstützungsstufen 50%, 100% und 200% (ebike_mM_R.slx)

Mit dem Modell in Abb. 2.5.12. werden verschiedene Fahrsituationen simuliert und aufgezeichnet. Dabei werden die verschiedenen Situationen mit *Step*-Bausteinen ausgelöst. Zur Aktivierung einer Unterstützungsstufe wird das Step-Signal mit dem Steuereingang des zugehörigen *Umschalters* verbunden.

Sind die *Step*-Signale null, werden die Ausgänge der *Umschalter* mit den unteren Eingängen verbunden und es liegt keine Motorunterstützung vor. Geht das *Step*-Signal auf eins, wird der Ausgang mit dem oberen Eingang verbunden und die angegebene Unterstützungsstufe eingeschaltet.

Neben den Umschaltern für die Unterstützungsstufen gibt es noch einen (siehe Beschriftung), mit dem der Motor bei Überschreitung von 25 km/h abgeschaltet wird. Sein Steuersignal wird mit dem *Relay* gebildet, an dessen Eingang die Geschwindigkeit v angeschlossen wird. Die Geschwindigkeit v wird bestimmt, indem die mit dem Drehimpulssensor am Hinterrad gemessenen Impulse (siehe Abb. 2.5.2) mit dem „Boardcomputer" in Zeitintervallen Δt gezählt und anschließend durch Δt geteilt werden:

$$v = \frac{\sum_{\Delta t} impulse}{\Delta t}\,. \tag{2.5.24}$$

Es werden folgende Fahrsituationen simuliert und in Abb. 2.5.13 aufgezeichnet:

- Fahrprofil 1: M_P=25 Nm im Zeitintervall t=0 bis 60 s, danach schaltet der Radler auf 50% Motorunterstützung,
- Fahrprofil 2: M_P=30 Nm im Zeitintervall t=0 bis 60 s, danach tritt eine Steigung auf und der Radler schaltet ab t= 80 s auf 50% Motorunterstützung,
- Fahrprofil 3: Wiederholung des Fahrprofils 2, jedoch mit 100 % Motorunterstützung,
- Fahrprofil 4: M_P=30 Nm im Zeitintervall t=0 bis 60 s, danach tritt eine größere Steigung auf und der Radler schaltet ab t= 80 s auf 200% Motorunterstützung und
- Fahrprofil 5: M_P=30 Nm im Zeitintervall t=0 bis 60 s, danach schaltet der Radler auf 200% Motorunterstützung. Bei ca. 85 s würde das Fahrrad v=25 km/h überschreiten, so dass die Begrenzung aktiv wird.

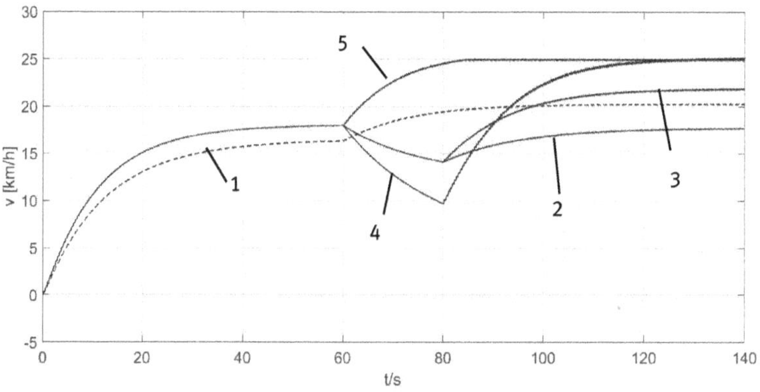

Abb. 2.5.13: Geschwindigkeitsverläufe bei unterschiedlichen Fahrsituationen

2.5.5 Kontrollfragen

1. Welches Übertragungsverhalten besitzt das gefahrene Fahrrad vom Antriebsmoment zur Geschwindigkeit und wie wird es vom Gewicht des Fahrers beeinflusst?
2. Welche physikalische Größe wird beim E-Bike geregelt?
3. Mit welchen Sensoren werden Soll-und Istwert der Regelung gemessen?
4. Welches zeitliche Verhalten hat das Pedalmoment?
5. Muss das Motormoment dem zeitlichen Mittel oder direkt dem Pedalmoment folgen?

2.6 Weglose Waage

Es gibt viele Meßgeräte, die nach dem Kompensationsprinzip arbeiten. Statt die Meßgröße für eine Anzeige oder für eine weitere Verwendung direkt zu bestimmen, wird sie indirekt durch Kompensation ermittelt. Dabei wird diejenige physikalische Größe gemessen, mit der die Kompensation vorgenommen wird. Als Beispiel für die Anwendung des Kompensationsprinzips soll eine *weglose Waage* betrachtet werden, die in Abb. 2.6.1 schematisch dargestellt ist. Dabei wird mit elektromagnetischer Kraft verhindert, dass ein auf die Waage gelegtes Gewicht statisch eine Wegänderung zur Folge hat.

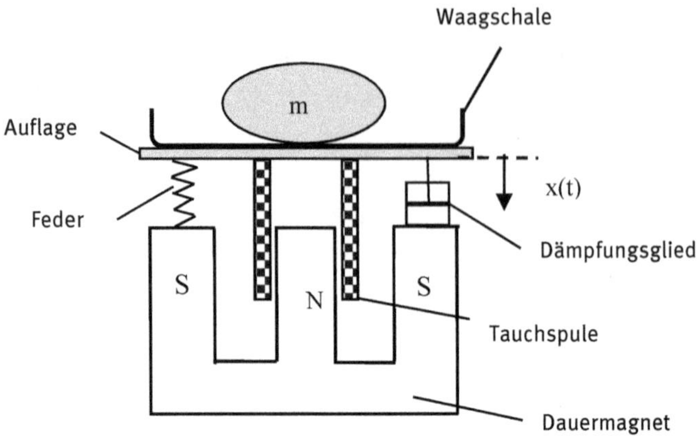

Abb. 2.6.1: Weglose Waage

Die Auflage ist mechanisch mit einem Feder-Dämpfungsglied verbunden, das auf dem Dauermagneten befestigt ist. Das Feder-Dämpfungsglied ist abweichend von der Darstellung symmetrisch auf dem Magneten angeordnet. Ohne aufgelegte Masse m wird das Eigengewicht der Schale durch Federauslenkung kompensiert. In dieser Lage wird die Auslenkung x(t) = 0 (Nullposition) festgelegt.

2.6.1 Funktion der weglosen Waage

Mit einem Positionssensor wird die von einer in die Waagschale gelegten Masse m verursachte Auslenkung x(t) gemessen und in eine Spannung u(t) gewandelt. Diese Spannung wird über einen Leistungsverstärker an der Tauchspule angeschlossen. Damit wird ein Strom i(t) durch die Tauchspule geschickt, der ein Magnetfeld aufbaut. Dieses Magnetfeld bildet zusammen mit dem Feld des Dauermagneten eine magnetische Kraft F_M, die dem Eintauchen der Tauchspule in den Dauermagneten entgegen wirkt. Im Idealfall kompensiert die Magnetkraft das Lastgewicht und es stellt sich stationär wieder die Nullposition ein. Hierfür ist eine Regelung erforderlich, die im weiteren Verlauf entworfen wird. Bei der wieder hergestellten Nullposition nimmt der Strom durch die Tauchspule i(t) dann einen Wert an, der proportional zum Lastgewicht ist und deshalb als Meßgröße verwendet wird.

2.6.2 Modellierung der weglosen Waage

Für den Entwurf eines Reglers wird ein Modell der Waage benötigt, das in guter Näherung als linear betrachtet werden kann. Für den mechanischen Teil der Waage gilt mit dem Grundgesetz der Dynamik die Beziehung

$$m\ddot{x}(t)+d\dot{x}(t)+f_d\left[\dot{x}(t)\right]+cx(t)=mg-F_M \tag{2.6.1}$$

bzw.

$$\ddot{x}(t)+\frac{d}{m}\dot{x}(t)+\frac{1}{m}f_d\left[\dot{x}(t)\right]+\frac{c}{m}x(t)=g-\frac{1}{m}F_M\,. \tag{2.6.2}$$

Darin sind

- m die aufgelegte Masse,
- d die Dämpfung des Dämpfungsglieds,
- c die Federkonstante,
- g die Erdbeschleunigung,
- F_M die Magnetkraft und
- $f_d\left[\dot{x}(t)\right]$ der elektrische Dämpfungsanteil,

Der elektrische Dämpfungsanteil wird dadurch verursacht, dass durch die Bewegung der Tauchspule im Magnetfeld eine Spanung in der Spule induziert wird, die einen Strom erzeugt, dessen Magnetfeld so gerichtet ist, dass es gegen die Bewegung wirkt. Im zu erstellenden Modell wird der Dämpfungsanteil aus Gl. (2.6.2) ersetzt mit der Näherung

$$\frac{d}{m}\dot{x}(t)+\frac{1}{m}f_d\left[\dot{x}(t)\right]\approx\frac{\tilde{d}}{m}\dot{x}(t)\,. \tag{2.6.3}$$

Damit gilt

$$\ddot{x}(t)+\frac{\tilde{d}}{m}\dot{x}(t)+\frac{c}{m}x(t)=g-\frac{1}{m}F_M\,. \tag{2.6.4}$$

Die Magnetkraft F_M wird von dem in die Tauchspule eingespeisten Strom erzeugt

$$F_M=f_m\left[i(t)\right]. \tag{2.6.5}$$

In guter Näherung kann hier ein proportionaler Zusammenhang hergestellt werden

$$F_M\approx k_m i(t)\,. \tag{2.6.6}$$

Aus dem Ersatzschaltbild der Tauchspule, siehe Abb. 2.6.2, folgt die Maschengleichung

$$T\frac{di(t)}{dt}+i(t)=\frac{1}{R}\left\{u_{Sp}(t)+f_e\left[\dot{x}(t)\right]\right\} \quad \text{mit } T=\frac{L}{R}. \tag{2.6.7}$$

Darin ist $f_e\left[\dot{x}(t)\right]$ die durch die Bewegung der Spule induzierte Spannung. Näherungsweise gilt

$$f_e\left[\dot{x}(t)\right]\approx k_e\dot{x}(t) \tag{2.6.8}$$

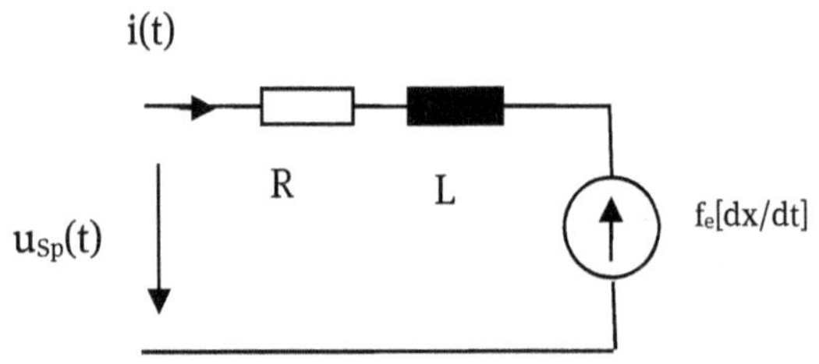

Abb. 2.6.2: Ersatzschaltbild der Tauchspule

Der optoelektronische Positionssensor bildet aus dem Weg x die Ausgangsspannung

$$u_P = f_P(x) = sign(\frac{x}{mm})ln(5\left|\frac{x}{mm}\right|+1)V\ . \tag{2.6.9}$$

Den Funktionsverlauf zeigt Abb. 2.6.3.

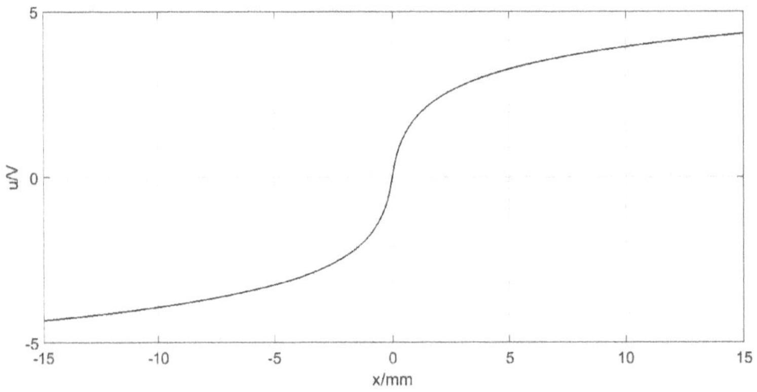

Abb. 2.6.3: Kennlinie des Positionssensors

Von der weglosen Waage sind folgende Parameter gegeben:
- Lastmasse m = 0,5...4 kg,
- Federkonstante c = 800 N/m,
- Proportionalitätsbeiwert vom Strom zur Magnetkraft k_m = 5 N/A,
- Erdbeschleunigung g = 9.81 m/s²,
- Spulenwerte: R = 10Ω, L = 20mH,
- Proportionalitätsbeiwert für induzierte Spannung k_e=5 Vs/m.

Da die Dämpfung $\tilde{d}$ vom Dämpfungsglied und der elektrischen Dämpfung unbekannt ist, muss sie für die Modellierung des mechanischen Teils der Waage experimentell ermittelt werden. Es werden nacheinander m = 0,5; 1,0; 1,5 und 2,0 kg auf die Waage gelegt und die Wegänderung x(t) aufgezeichnet. Das Ergebnis zeigt Abb. 2.6.4.

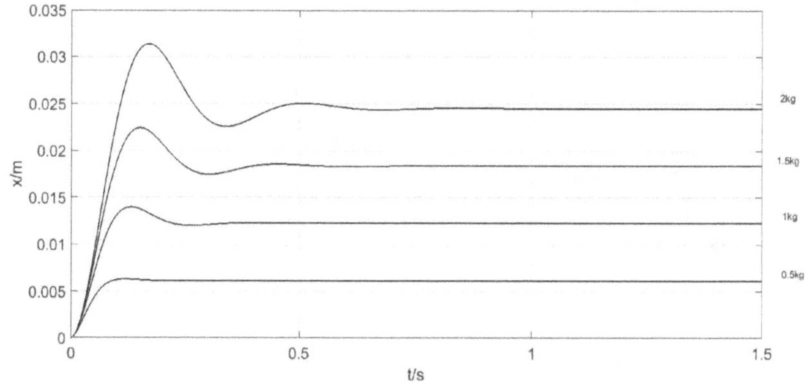

Abb. 2.6.4: Auslenkung der Waage bei unterschiedlichen Gewichten

Ausgewertet wird der Einschwingvorgang mit m=2kg. Zunächst wird die Uberschwingweite

$$\ddot{u} = \frac{x_{max} - x(t \to \infty)}{x(t \to \infty)} \tag{2.6.10}$$

bestimmt. Es ist

$$\ddot{u} = \frac{0{,}0314 - 0{,}0245}{0{,}0245} = 0{,}28 \,. \tag{2.6.11}$$

Zwischen der Überschwingweite ü und der Dämpfung D besteht bekanntlich der Zusammenhang

$$\ddot{u} = e^{\frac{-D\pi}{\sqrt{1-D^2}}} . \tag{2.6.12}$$

Löst man diese Beziehung nach D auf, erhält man

$$D = \frac{1}{\sqrt{1 + \frac{\pi^2}{ln^2(\ddot{u})}}} . \tag{2.6.13}$$

Mit Werten

$$D = \frac{1}{\sqrt{1 + \frac{\pi^2}{ln^2\, 0,28}}} = 0,376 \quad \text{(2.6.14}$$

Die Dämpfung D und die Eigenkreisfrequenz ω_0 des Einschwingverhaltens stehen mit den mechanischen Parametrn $\tilde{d}$ und c in einem Zusammenhang, der in Kap. 1 mit den Gleichungen (1.5.10) und (1.5.11) bereits hergeleitet worden ist:

$$\omega_0 = \sqrt{\frac{c}{m}} \tag{2.6.15}$$

und

$$D = \frac{\tilde{d}}{2\sqrt{mc}} . \tag{2.6.16}$$

Aufgelöst nach $\tilde{d}$ ergibt:

$$\tilde{d} = 2D\sqrt{mc} \tag{2.6.17}$$

Mit Werten

$$\tilde{d} = 2 \cdot 0,376\sqrt{2 \cdot 800} = 30,08 \approx 30 . \tag{2.6.18}$$

Die aufgestellten Gleichungen werden mit den gegebenen Werten und der ermittelten Dämpfung in ein *Simulink*-Modell umgesetzt, siehe Abb. 2.6.5. Dabei wird von der Spule anstelle einer Integralgleichung die zugehörige Übertragungsfunktion angegeben. Die Dämpfung d des Dämpfungsglieds wurde mit d=28<30 gewählt, so dass sich zusammen mit der elektrischen Dämpfung die gleiche Überschwingweite wie bei der realen Waage ergibt. Das geringe Eigengewicht der Waagschale wird im Modell vernachlässigt.

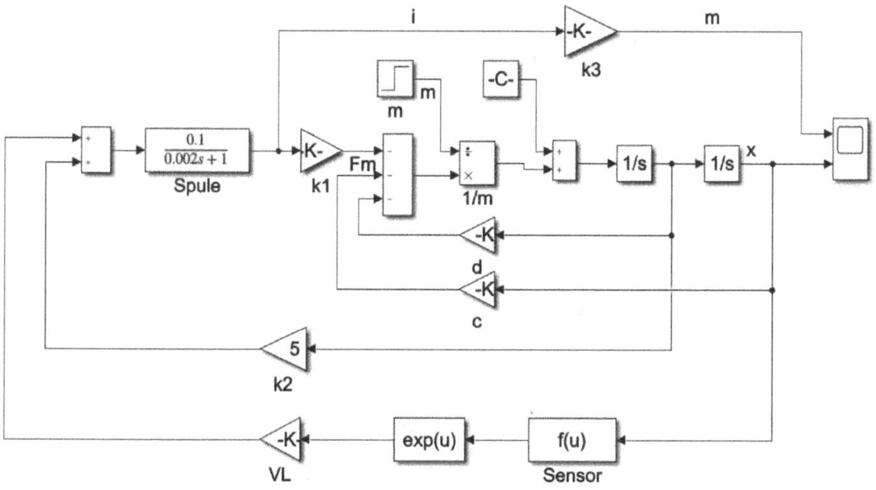

Abb. 2.6.5: Modell der Waage mit Spule (waage.slx)

2.6.3 Regelung der weglosen Waage

Für den Entwurf des Reglers muss zunächst die Übertragungsfunktion der Waage mit Spule

$$G_S(s) = \frac{x(s)}{u_{Sp}(s)} \tag{2.6.19}$$

ermittelt werden. Um eine einfache Schleifenstruktur zu bekommen, wird die Rückführung mit k_e am Ausgang abgegriffen. Damit erhalten wir folgende Blockstruktur.

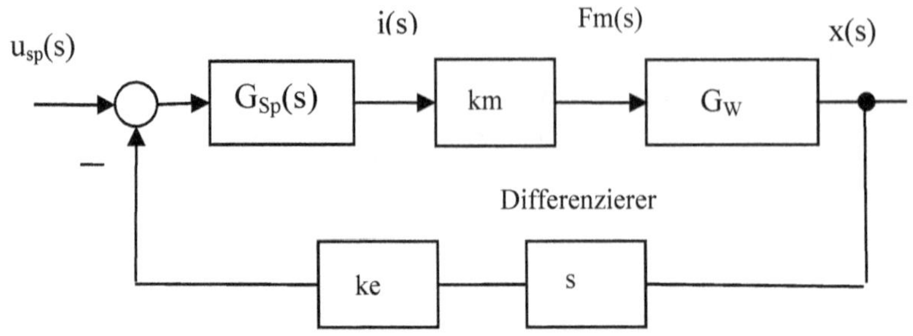

Abb. 2.6.6: Blockstruktur der Waage mit Spule

Darin ist die Übertragungsfunktion des Verzögerungsteils der Spule

$$G_{Sp}(s) = \frac{i(s)}{u_{Sp}(s)} = \frac{0,1}{1+0,002s} \tag{2.6.20}$$

und die Übertragungsfunktion der Waage (ohne Spule)

$$G_W(s) = \frac{x(s)}{Fm(s)} = \frac{1}{800} \cdot \frac{1}{\frac{s^2}{\omega_0^2} + \frac{2D}{\omega_0}s + 1} \tag{2.6.21}$$

Betrachtet wird der Fall mit der geringsten Dämpfung, also mit m=2 kg. Hierfür ist

$$D = 0,376\,,$$

abzgl. ca. 8% für die elektrische Dämpfung (sie wird mit dem Rückführzweig über k_e berücksichtigt) ergibt

$$D = 0,35\,.$$

Ferner ist

$$\omega_0 = \sqrt{\frac{c}{m}} = \sqrt{\frac{800}{2}} = 20s^{-1}. \tag{2.6.22}$$

Die Übertragungsfunktion $G_S(s)$ ergibt sich zu

$$G_S(s) = \frac{\frac{0,1}{0,002s+1} k_m \frac{0,5}{s^2+14s+400}}{1 + k_e s \frac{0,1}{0,002s+1} k_m \frac{0,5}{s^2+14s+400}}, \tag{2.6.23}$$

$$G_S(s) = \frac{0,05k_m}{(0,002s+1)\left(s^2+14s+400\right)+0,05k_m k_e s} \tag{2.6.24}$$

und schließlich

$$G_S(s) = \frac{0,25}{0,002s^3+1,028s^2+16,05s+400}. \tag{2.6.25}$$

Als Regler wird ein I-Regler mit

$$G_R(s) = K_I \frac{1}{s} \tag{2.6.26}$$

gewählt, damit nach einer Gewichtsauflage die Waage wieder in die Nulllage zurückkehrt, d.h. keine Regelabweichung bleibt. Damit ist die Übertragungsfunktion des offenen Regelkreises

$$G_O(s) = K_I \frac{1}{s} \cdot \frac{0,25}{0,002s^3+1,028s^2+16,05s+400}. \tag{2.6.27}$$

Der Integrationsbeiwert K_I des Reglers wird für eine gewünschte Phasenreserve von $\Phi_R=60^0$ festgelegt. Mit Hilfe der Matlab-Funktion *bode(Go)* wurde das Bodediagramm ermittelt und in Abb. 2.6.7 dargestellt.

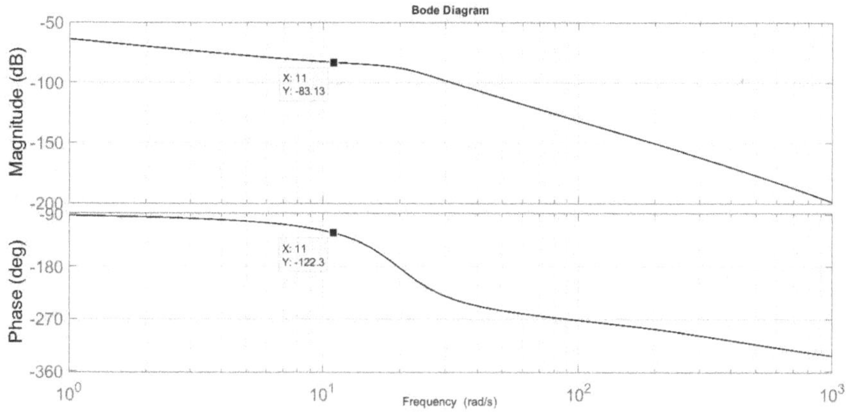

Abb. 2.6.7: Bodediagramm

Bei einer Phasendrehung von $\Phi_0 \approx -120^0$ ist $A_0 = -83{,}1dB$. Um diesen Betrag muss mit K_I der Amplitudengang angehoben werden:

$$K_I = 10^{\frac{83{,}1dB}{20dB}} = 14289\,. \tag{2.6.28}$$

Bevor der Regler mit diesem Wert eingestellt werden kann, ist noch der zu berücksichtigende Übertragungsbeiwert des Messzweiges zu ermitteln. Aus Gl. (2.6.9) folgt, dass das Eingangssignal des *Positionssensors* in mm gegeben sein muss, folglich ist ein Vorfaktor mit k_D=1000mm/m (Dimensionsanpassung) erforderlich. Die nichtlineare Kennlinie des Positionssensors ist nur schlecht linear anzunähern. Für eine Regelung entsprechend der eingestellten Phasenreserve ist jedoch lineares Übertragungsverhalten Voraussetzung. Folglich muss der Messpfad linearisiert werden. Das ist hier möglich, indem dem Positionssensor mit der Funktion $f_P(x)$ eine inverse Funktion nachgeschaltet wird. Sie lautet

$$f_P^{-1}\left[f_P(x)\right] = sign(x)\cdot[e^{sign(x)f_P(x)} - 1]\,. \tag{2.6.29}$$

Nachweis der Linearisierung: Mit Gl. 2.6.9 für $f_P(x)$ folgt

$$f_P^{-1}\left[f_P(x)\right] = sign(x)\cdot[e^{sign(x)sign(x)ln\left(5|x|+1\right)} - 1]\,, \tag{2.6.30}$$

$$f_P^{-1}\left[f_P(x)\right] = sign(x)\cdot[e^{ln\left(5|x|+1\right)} - 1] = sign(x)\cdot\left[5|x| + 1 - 1\right]$$

und schließlich

$$f_P^{-1}\left[f_P(x)\right] = sign(x)\cdot 5|x| = 5x\,. \tag{2.6.31}$$

Für den linearisierten Positionssensor ergibt sich damit die Verstärkung 5.

Das Simulink-Modell der Waage mit Spule nach Abb. 2.6.5 wird zu einem Submodell zusammengefasst und mit dem Messpfad, dem Regler und einem Leistungsverstärker V_L ergänzt, siehe Abb. 2.6.8.

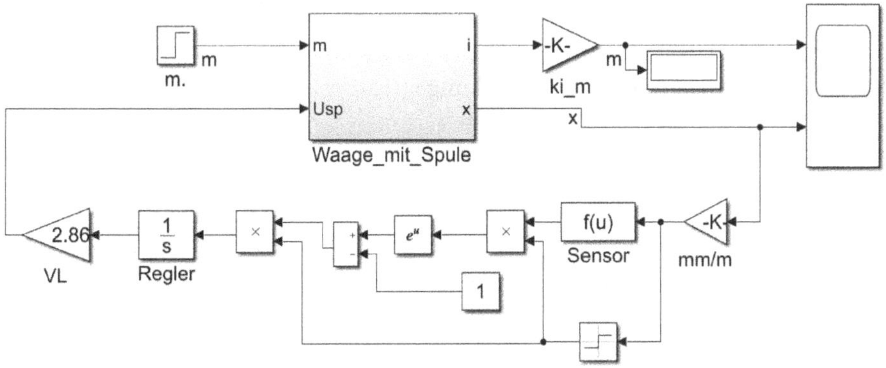

Abb. 2.6.8: Modell der geregelten weglosen Waage (waage_geregelt.slx)

Die Verstärkung des Leistungsverstärkers ist

$$V_L = \frac{K_I}{5\frac{V}{mm}\cdot 1000\frac{mm}{m}} = \frac{14289\frac{V}{m}}{5\frac{V}{mm}\cdot 1000\frac{mm}{m}} = 2{,}86\,. \tag{2.6.32}$$

Die Masse wird indirekt durch eine Messung des Spulenstroms i bestimmt. Damit die Masse am Display angezeigt wird, muss der Strom noch mit dem Faktor k_{i_m} multipliziert werden. Er berechnet sich folgendermaßen: Mit Gl. (2.6.4) gilt stationär mit x=0 die Beziehung

$$0 = g - \frac{F_m}{m}$$

und mit Gl. (2.6.6)

$$F_m = k_m i$$

folgt der Zusammenhang

$$m = \frac{F_m}{g} = \frac{k_m}{g} i$$

und damit

$$k_{i\_m} = \frac{k_m}{g}\,.$$

Mit Werten

$$k_{i\_m} = \frac{5N/A}{9{,}81 m/s^2} = \frac{5}{9{,}81} kg/A\,.$$

Mit dem Simulinkmodell der geregelten weglosen Waage von Abb. 2.6.8 wird die Messung der Gewichte 0,5kg, 1kg, 1,5kg und 2kg simuliert und die zeitlichen Verläufe des Messwertes m(t) und der Auslenkung x(t) aufgezeichnet, siehe Abb. 2.6.9.

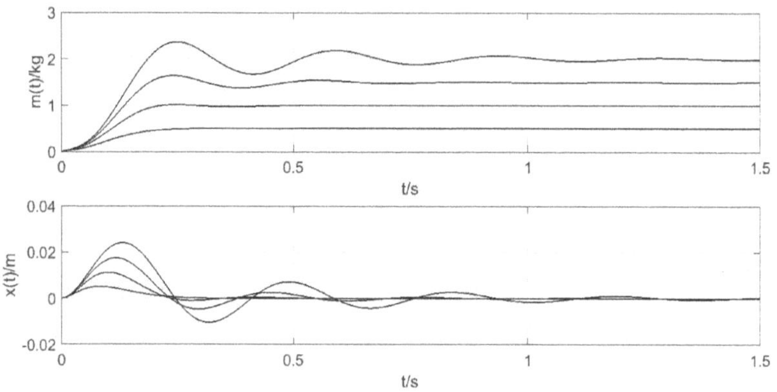

Abb. 2.6.9: Verlauf des Messwertes m(t) und der Auslenkung x(t) bei verschiedenen Gewichten

Die Aufzeichnung zeigt, dass die Gewichte exakt gemessen werden. Bei allen Gewichtsauflagen kehrt nach einem Einschwinvorgang bis maximal 1,5 s die Waagschale in die Nullposition zurück. Die Auslenkung ist maximal 2,5 cm beim größten Gewicht.

Die Signalverarbeitung vom Positionssensor zum Leistungsverstärker V_L sowie vom Stromsensor zum Display wird in der Praxis mit einem Mikrocomputer vorgenommen. Dabei wird der Leistungsverstärker i.A. mit einem pulsweiten modulierten Signal (PWM-Signal) angesteuert. Dann ist kein DA-Wandler erforderlich und es kann ein schaltender Leistungsverstärker eingesetzt werden, der kostengünstiger ist.

Um das Verhalten mit Verwendung eines Mikrocomputers (MC) zu betrachten, wird das bisherige Simulinkmodell mit einem Pulsweiten-Modulator (PWM) vor dem Leistungsverstärker V_L und einem AD-Wandler für die Anzeige des Messwertes ergänzt, siehe Abb. 2.6.10. Vor dem AD-Wandler ist noch ein Tiefpassfilter 2. Ordnung, bestehend aus zwei RC-Gliedern, zur Unterdrückung der vom PWM-Signal verursachten Welligkeit erforderlich. Dabei wurde die Eckfrequenz des TP-Filters experimentell bestimmt.

Das Simulinkmodell von Abb. 2.6.8 wird um den PWM-Modulator erweitert, siehe Abb. 2.6.10. Sein Eingangssignal wird mit dem Signal eines Sägezahngenerators verglichen, das mit der Periode T=0,01s Werte von 0 bis 20 annimmt. Ist das Eingangssignal größer als das Sägezahnsignal, wird der Ausgang des PWM auf PWM_max=20, andenfalls auf PWM_min=0 gesetzt. Mit dem Wert 20 wird sichergestellt, dass das maximale Eingangssignal erfasst wird. Der AD-Wandler ist mit einer Wortlänge von 8 Bit gewählt worden. Die nachgeschaltete Division durch k=50 berechnet sich wie folgt:

Der AD-Wandler ist so eingestellt, dass 10V auf $2^8 - 1$ abgebildet werden. Der Eingangswert des AD-Wandlers ist 3,9V bei m=2kg, was an seinem Ausgang

$$\left(2^8 - 1\right)\frac{3,9}{10} = 99,45 \approx 100$$

zur Folge hat. Hierfür muss der Wert 2 kg am Display angezeigt werden. Daraus folgt k=50.

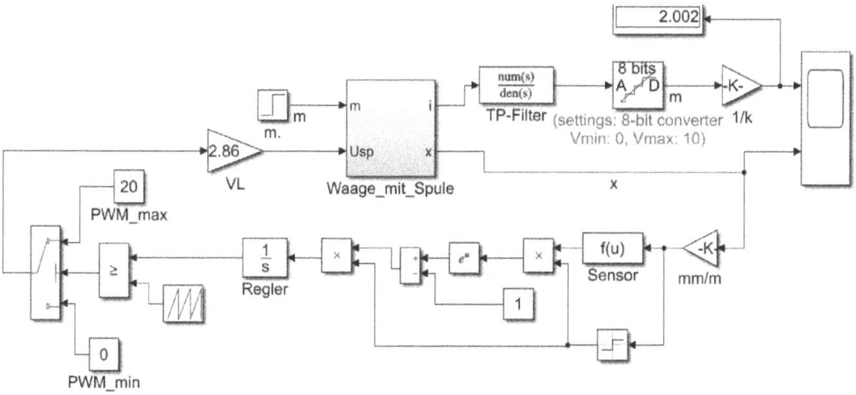

Abb. 2.6.10: Modell der geregelten weglosen Waage mit MC-Anwendung (waage_geregelt_pwm.slx)

Die Aufzeichnung der Simulation des Modells mit einer Gewichtsauflage von 2 kg zeigt Abb.2.6.11.

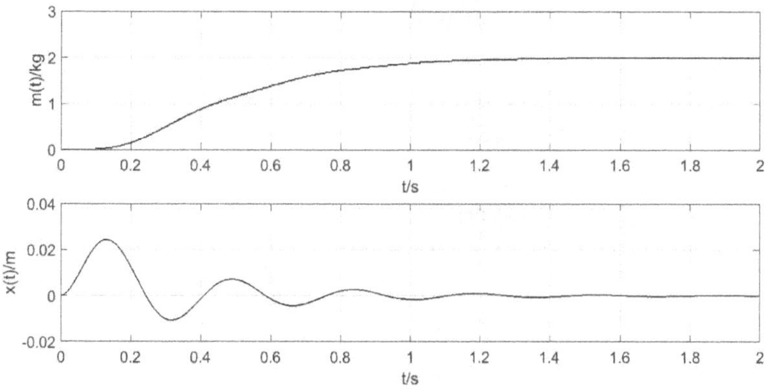

Abb. 2.6.11: Verlauf des Messwertes m(t) und der Auslenkung x(t) bei m=2 kg mit MC

Der Messwert m(t) schwingt langsamer und aperiodisch ein, was durch den Tiefpass verursacht wird.

2.6.4 Kontrollfragen

1. Die Bestimmung des Gewichts wird nach dem Kompensationsprinzip vorgenommen. Welche gemessene physikalische Größe kompensiert die Wegänderung?
2. Der in der Tauchspule induzierte Strom $i_d(t)$ trägt einen gewissen Teil zur Dämpfung des Einschwingvorganges bei. Zu welcher physikalischen Größe ist $i_d(t)$ proportional? Geben Sie einen Formelausdruck an.
3. Mit welcher Maßnahme wird die nichtlineare Wegmessung linearisiert?
4. Welchen Vorteil bietet ein PWM-Signal zur Ansteuerung des Leistungsverstärkers?

2.7 Höhen- und Stabilitätsregelung eines Quadrocopters

2.7.1 Beschreibung des Quadrocopters

Der Quadrocopter (auch Quadrotor) gehört zu der Familie der Hubschrauber, er kann also senkrecht starten, horizontal schweben und wieder landen. Der für den Schwebeflug benötigte Auftrieb wird durch vier Propeller erzeugt. Mit ihnen wird außerdem durch Neigung des kompletten Chassis der für einen horizontalen Flug erforderliche Vortrieb erzeugt. In Abb. 2.7.1 ist beispielhaft ein Quadrocopter der Fa. *microdrones* mit einer Kamera für Aufnahmen aus der Luft dargestellt.

Abb. 2.7.1: Quadrocopter (Quelle: *microdrones GmbH)*

Die vier Propeller A, B, C, und D werden von einzelnen Motoren angetrieben, siehe Abb.2.7.2. Ihre Schubkräfte F_A, F_B, F_C und F_D werden über die Drehzahlen der Motoren gebildet. Im Schwebezustand ist die Summe der senkrecht nachobengerichteten Kräfte gleich der Schwerkraft F_S. Für weitere Erklärungen ist in Abb. 2.7.2 ein kartesisches Koordinatensystem eingetragen. Dabei befindet sich die Verbindungsachse der Propeller A und C in y-Richtung und der Propeller B und D in x-Richtung. Die Schwerkraft F_S wirkt senkrecht dazu in z-Richtung.

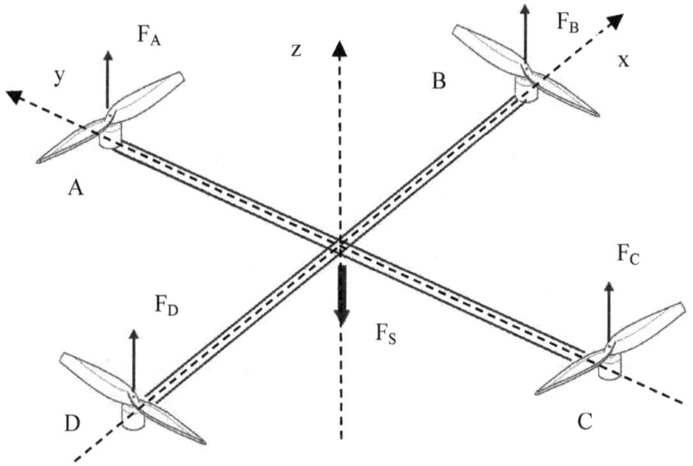

Abb. 2.7.2: Bezeichnung der Rotoren und der Auftriebskräfte (Bild aus Bachelorarbeit des Lehrstuhls für Informatik 8 der Julius-Maximilians-Universität Würzburg, 2012)

Gegenüberliegende Propeller haben die gleiche Drehrichtung und die um 90° versetzten Propeller die entgegengesetzte Richtung. Dadurch hebt sich bei gleicher Drehzahl aller Propeller das Drehmoment des gesamten Systems auf, siehe Abb. 2.7.3.

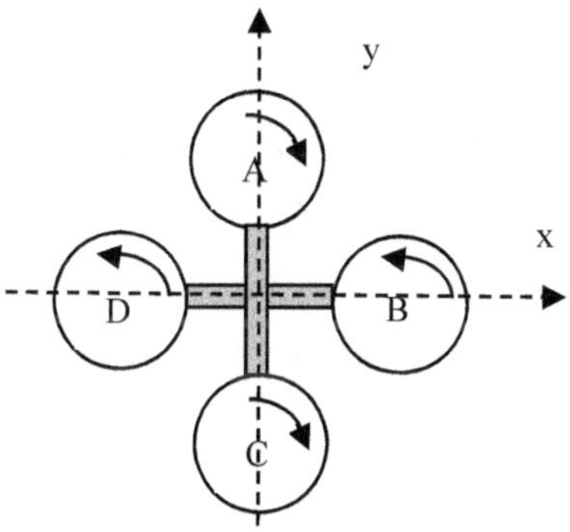

Abb. 2.7.3: Propellerdrehrichtungen des Quadrocopters

Durch Verändern des Drehzahlverhältnisses zweier gegenüberliegenden Motoren wird das Schubgleichgewicht auf dieser Achse verändert und das gesamte System "kippt" in Richtung des langsameren Propellers. Dabei bezeichnet man eine Rotation um die x-Achse als *Rollen*, um die y-Achse als *Nicken* und um die z-Achse (senkrecht zur Papierebene) als *Gieren*. Ändert sich das Drehzahlverhältnis der Propeller A und C, *rollt* das System, der Propeller B und D, *nickt* das System. Wenn die Schubleistung der rechtsdrehenden Propeller A und C gegenüber den linksdrehenden B und D verändert wird, herrscht kein Drehmomentausgleich mehr und das System *giert* um seine z-Achse.

Zur Stabilisierung eines Quadrocopters müssen die aktuellen Nick-, Roll- und Gierwinkel mit Sensoren erfasst werden. Hierfür werden Gyroskope verwendet. Ein Gyroskop misst bei einer Drehung um eine Achse die Drehwinkelgeschwindigkeit bzgl. dieser Achse. Über drei senkrecht zueinander angeordnete Gyroskope werden alle Rotationen um die jeweilige Achse serfasst. Die bei gleichzeitiger Drehung um mehrere Achsen auftretende Wirkung auf alle Gyroskope wird nicht berücksichtigt, da hier nur Drehungen um jeweils eine Achse betrachtet werden, um den Aufwand in Grenzen zu halten. Den Drehwinkel um jeweils eine Achse erhält man durch Integration über das Gyroskopsignal dieser Achse.

Für eine Höhenregelung benötigt man einen Höhensensor. Als Höhensensor werden neben einem Barometer, das den Luftdruck misst, woraus sich die Höhe berechnen lässt, noch optische oder akustische Sensoren eingesetzt.
Für die Regelung des Quadrocopters setzen wir die genaue Erfassung der Nick-, Roll- und Gierwinkel sowie der Höhe voraus, wohl wissend, dass dies keine leichte Aufgabe ist.

Für den Antrieb der Propeller kommen i.A. bürstenlose Gleichstrommotoren zum Einsatz. Zur Stromversorgung der Motoren werden Lithium-Polymer Zellen verwendet.

2.7.2 Modell des Quadrocopters für senkrechten Flug

Der senkrechte Flug wird wird für den Idealfall der horizontalen Lage des Quadrokopters und ohne Einwirken von Kräften, die zum Gieren, Nicken und Rollen führen könnten, betrachtet.

Antrieb eines Propellers

Der Antrieb eines Propellers ist ein bürstenloser Gleichstrommotor, der mit seinem elektrischen Schaltbild in Abb. 2.7.4 dargestellt ist.

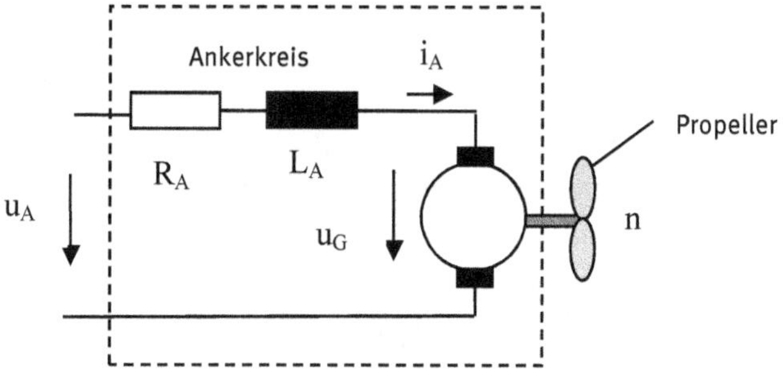

Abb. 2.7.4: Elektrischen Schaltbild des Gleichstrommotors

Für den Motor wird das Motormodell von Kap. 2.1 mit vernachlässigbarer Ankerzeitkonstante verwendet, siehe Abb. 2.7.5.

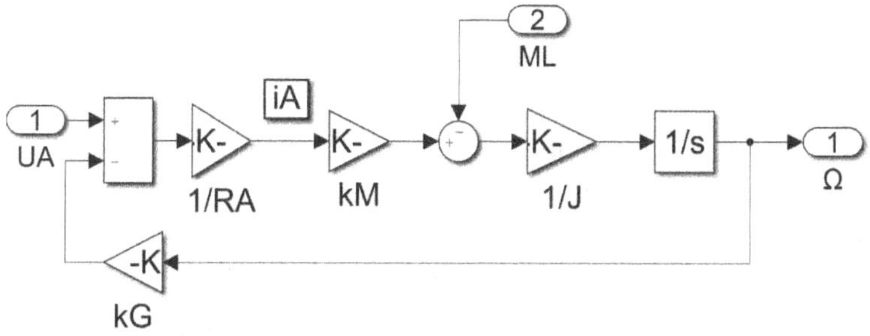

Abb. 2.7.5: Strukturbild des Gleichstrommotors

Vom Motor sind fogende Parameter gegeben:

- u_A=12V
- k_M=k_G=0,062
- R_A=0,165
- J=4,25*10^{-5}

Modellierung der senkrechten Bewegung des Quadrocopters

Für die senkrechte Bewegung gilt unter Vernachlässigung des Luftwiderstandes der physikalische Zusammenhang:

$$m\frac{d^2z(t)}{dt^2} = 4F(t)\text{-}m \cdot g \tag{2.7.1}$$

Darin sind

- z der senkrechte Weg,
- m die Masse des Quadrocopters,
- g die Erdbeschleunigung und
- F(t) die Schubkraft eines Propellers.

Für eine Darstellung im Blockschaltbild benötigen wir wieder die integrale Form dieser Gleichung:

$$z(t)=\int_0^t\int_0^t\left[\frac{4}{m}F(\tau)-g\right]\mathrm{d}\tau \tag{2.7.2}$$

Für die Schubkraft gilt der Zusammenhang

$$F(\omega)=k_P\cdot\Omega^2. \tag{2.7.3}$$

Die Schubkraft muss vom Motor aufgebracht werden, was mit dem Lastmoment

$$M_L(\Omega)=k_L\cdot\Omega^2 \tag{2.7.4}$$

berücksichtigt wird. Der Parameter k_L unterscheider sich von k_P, da bei M_L gegenüber F noch ein effektiver Radius zu berücksichtigen ist.

Die Modellieung der Gleichungen (2.7.2) bis (2.7.4) mit Verwendung des Motors für die Schubkraft ergibt das Modell für die senkrechte Bewegung des Quadrocopters in Abb. 2.7.6.

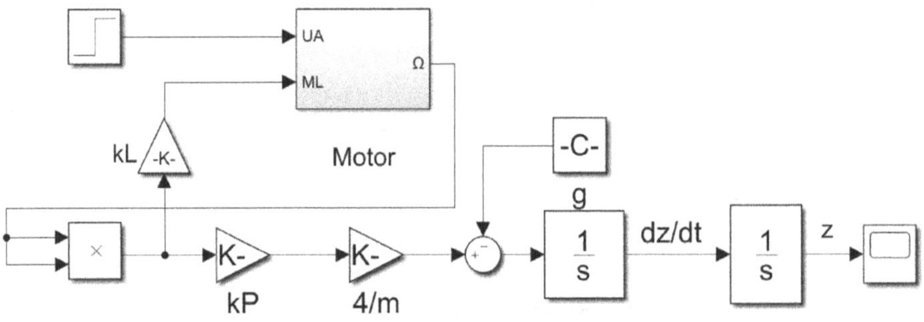

Abb. 2.7.6: Modell der senkrechten Bewegung des Quadrocopters mit Motor

Für eine Simulation werden die Parameter des Quadrocopters benötigt. Die Masse des Quadrocopters ist m=0,46 kg. Die unbekannten Parameter k_L und k_P werden experimentell am realem Quadrocopter fogendermaßen ermittelt. Es wird die Motorspannung u_A langsam erhöht, bis der Quadrocopter gerade von seiner Unterlage abhebt. Das ist der Fall mit u_A=12V und einer Winkelgeschwindigkeit von $\Omega_0 = 320s^{-1}$. Um den Quadrocopter in diesem Schwebezustand zu halten, ist eine Winkelgeschwindigkeit Ω_0 des Motors erforderlich. Damit folgt aus Gl. (2.7.1)

$$0 = 4F(t)\text{-}m \cdot g \tag{2.7.5}$$

da im Schwebezustand dz/dt = 0 ist und mit Gl. (2.7.3)

$$k_P \Omega_0^2 \cdot \frac{4}{m} = g\ . \tag{2.7.6}$$

Durch Umstellung folgt die Bestimmungsgleichung für

$$k_P = \frac{gm}{4\Omega_0^2}\ . \tag{2.7.7}$$

Im Schwebezustand mit Ω=Ω_0=const. Wird das Lastmoment Gl. (2.7.4) vollständig vom Motor aufgebracht und es gilt

$$k_L \cdot \Omega_0^2 = \left(u_A - k_G \Omega_0\right) \frac{k_M}{R_A}\ . \tag{2.7.8}$$

Die rechte Seite der Gl. (2.7.8) folgt aus dem Strukturbild von Abb. 2.7.5. Durch Umstellung folgt

$$k_L = \left(\frac{u_A}{\Omega_0^2} - \frac{k_G}{\Omega_0}\right) \frac{k_M}{R_A}\ . \tag{2.7.9}$$

Mit Gl. (2.7.7) und $\Omega_0 = 320s^{-1}$ folgt $k_P = 1{,}1 \cdot 10^{-5}$ und mit Gl. (2.7.9) und $u_A = 12V$ sowie $\Omega_0 = 320s^{-1}$ folgt $k_L = 3{,}67 \cdot 10^{-6}$.

Modellierung der Rotationen um die x, y und z-Achse des Quadrocopters

Auch hier wird ein Idealfall, nämlich der der alleinigen Rotation um jeweils eine Achse betrachtet. Darüber hinaus werden nur kleine Winkeländerungen zugrunde gelegt. Im Allgemeinen Fall müsste mit Vektoren im dreidimensionalen Raum und bei größeren Drehungen mit Winkeln als Argumente von Sinus- bzw. Cosinusfunktionen gerechnet werden, was den Rahmen dieses Buches sprengen würde.

Für die Rotation um die x-Achse gilt der physikalische Zusammenhang:

$$J_x \frac{d^2\Phi(t)}{dt^2} = M_x(t)\text{-}S_x(t)\ , \tag{2.7.10}$$

um die y-Achse

$$J_y \frac{d^2\Theta(t)}{dt^2} = M_y(t)\text{-}S_y(t) \tag{2.7.11}$$

und um die z-Achse

$$J_z \frac{d^2\Upsilon(t)}{dt^2} = M_z(t)\text{-}S_z(t)\,. \tag{2.7.12}$$

Darin sind
- Φ der Rollwinkel, Θ der Nickwinkel und γ der Gierwinkel,
- J_x=4,9*10^{-3} kgm², J_y=4,9*10^{-3} kgm² und J_z=8,8*10^{-3} kgm² die Trägheitsmomente um die jeweiligen Achsen,
- $M_x(t)$, $M_y(t)$ und $M_z(t)$ die von den Propellern erzeugten Drehmomente um die jeweiligen Achsen,
- $S_x(t)$, $S_y(t)$ und $S_z(t)$ sind Störmomente durch Luftströmungen um die jeweiligen Achsen.

Die Drehmomente $M_x(t)$ und $M_y(t)$ ergeben sich zu

$$M_x(t) = \mu l(\Omega_C^2 - \Omega_A^2)\,, \tag{2.7.13}$$

und

$$M_y(t) = \mu l(\Omega_B^2 - \Omega_D^2)\,, \tag{2.7.14}$$

wobei l=0,3 m der Abstand eines Propellers zum Massenschwerpunkt des Quadrocopter ist und Ω_A, Ω_B, Ω_C und Ω_D die Winkelgeschwindigkeiten der Propeller A, B, C und D sind.

Befindet sich der Quadrocopter auf einer bestimmten Höhe im Schwebezustand ohne Störungen, so haben alle vier Rotoren A, B, C und D dieselbe Winkelgeschwindigkeit Ω_0. Damit das Giermoment $M_z(t)$=0 ist und kein Gieren entsteht, muss

$$\Omega_A^2 + \Omega_C^2 - \Omega_B^2 - \Omega_D^2 = 0 \tag{2.7.15}$$

sein. Das wird erreicht, indem bei Erhöhung der Winkelgeschwindigkeit Ω eines Rotors beim gegenüberliegenden Rotor die Winkelgeschwindigkeit um denselben Betrag vermindert wird:

$$\Omega_C = \Omega_0 + \omega \text{ und } \Omega_A = \Omega_0 - \omega \tag{2.7.16}$$

bzw.

$$\Omega_B = \Omega_0 - \omega \text{ und } \Omega_D = \Omega_0 + \omega\,. \tag{2.7.17}$$

Darin ist ω die für ein gewünschtes Drehmoment erforderliche Änderung der Winkelgeschwindigkeit. Damit ergeben sich die Momente zu

$$M_x(t) = \mu l[(\Omega_0 + \omega)^2 - (\Omega_0 - \omega)^2] = 4\mu l \Omega_0 \omega \tag{2.7.18}$$

und

$$M_y(t) = \mu l[(\Omega_0 + \omega)^2 - (\Omega_0 - \omega)^2] = 4\mu l \Omega_0 \omega\;. \tag{2.7.19}$$

Mit diesem Ergebnis lauten die Differenzialgleichungen (2.7.18) und (2.7.19):

$$J_x \frac{\mathrm{d}^2\Phi(t)}{\mathrm{d}t^2} = 4\mu l \Omega_0 \omega\text{-}\mathrm{S}_x(t) \tag{2.7.20}$$

und

$$J_y \frac{\mathrm{d}^2\Theta(t)}{\mathrm{d}t^2} = 4\mu l \Omega_0 \omega\text{-}\mathrm{S}_y(t)\,. \tag{2.7.21}$$

Wir befassen uns nur mit dem Rollen um die x-Achse, da die Nickbewegung in gleicher Weise zu behandeln wäre. Für eine Darstellung im Blockschaltbild benötigen wir wieder die integrale Form dieser Gleichung:

$$\Phi(t) = \frac{1}{J_x} \int_0^t \int_0^t \left[4\mu l \Omega_0 \omega\text{-}\mathrm{S}_x(\tau)\right] d\tau\,. \tag{2.7.22}$$

Mit den Sinnbildern des Blockschaltbildes ergibt sich aus Gl. (2.7.22) das Strukturbild des Quadrocopters für eine Rotation um die x-Achse in Abb. 2.7.7.

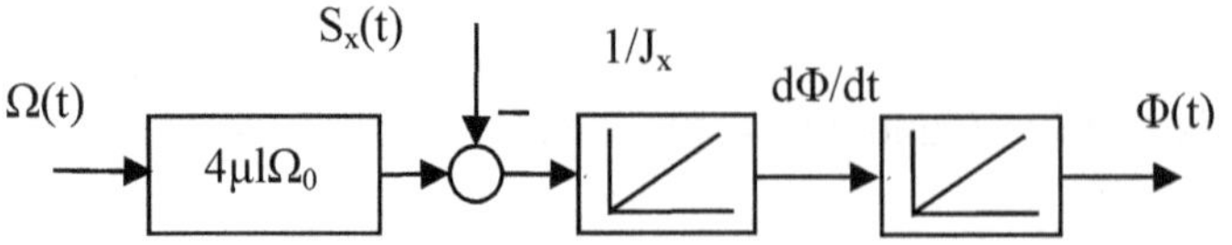

Abb. 2.7.7: Strukturbild des Quadrocopters für eine Rotation um die x-Achse

Regelung der senkrechten Bewegung des Quadrocopters

Der senkrechte Flug kann nicht einfach mit der Motorspannung gesteuert werden, da z(t) wegen der beiden Integrierer manuell nicht stabil eingestellt werden kann. Es ist eine Regelung erforderlich. Für den Entwurf des Reglers wird ein linearisiertes Modell des Quadrocopters mit Antrieb benötigt. Daher ist bzgl. einer bestmmten Winkelgeschwindigkeit Ω_0 eine Linearisierung des Lastmomentes mit

$$\frac{\Delta M_L(\Omega)}{\Delta\Omega} = \left.\frac{dM_L}{d\Omega}\right|_{\Omega_0} = 2k_L\Omega_0 \tag{2.7.23}$$

und der Schubkraft

$$\frac{\Delta F(\Omega)}{\Delta\Omega} = \left.\frac{dF}{d\Omega}\right|_{\Omega_0} = 2k_P\Omega_0 \tag{2.7.24}$$

erforderlich.

Ermittlung der Motor-Übertragungsfunktion

Berücksichtigt man im Strukturbild des Motors Abb. (2.7.5) noch das Lastmoment in der linearisierten Form gemäß Gl. (2.7.23), so erhält man das Strukturbild in Abb. (2.7.8).

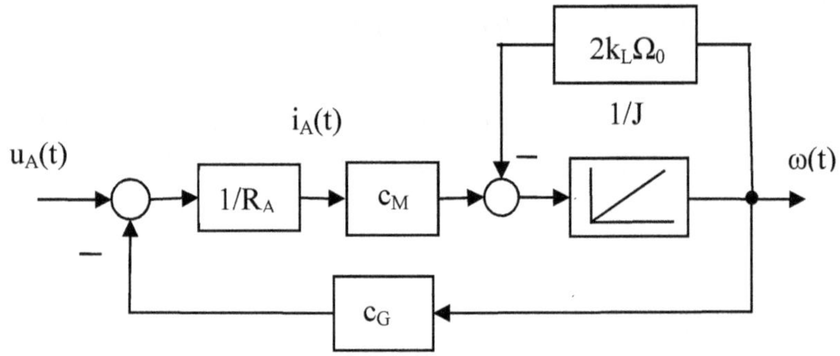

Abb. 2.7.8: Strukturbild des Gleichstrommotors mit linearisiertem Lastmoment

Zunächst wird eine Blockschaltbildumwandlung vorgenommen:

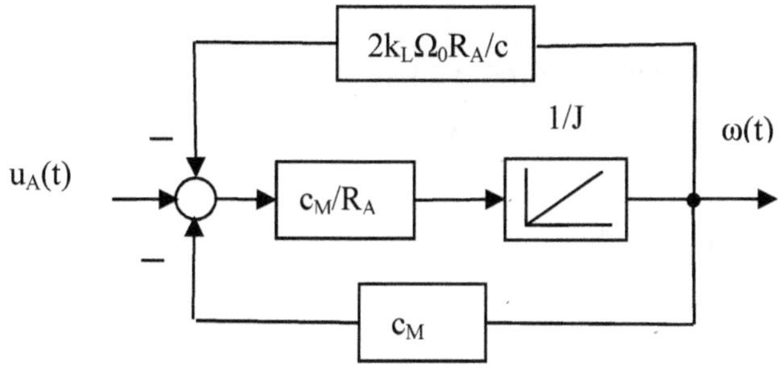

Abb. 2.7.9: Umgewandeltes Strukturbild von Abb. 2.7.10

Die Addition beider Rückführzweige ergibt

$$\kappa = \frac{2k_L\Omega_0 R_A}{c_M} + c_M = \frac{2\cdot 3{,}67\cdot 10^{-6}\cdot 320\cdot 0{,}165}{0{,}062} + 0{,}062 = 0{,}00625 + 0{,}062 = 0{,}068.$$

Damit folgt

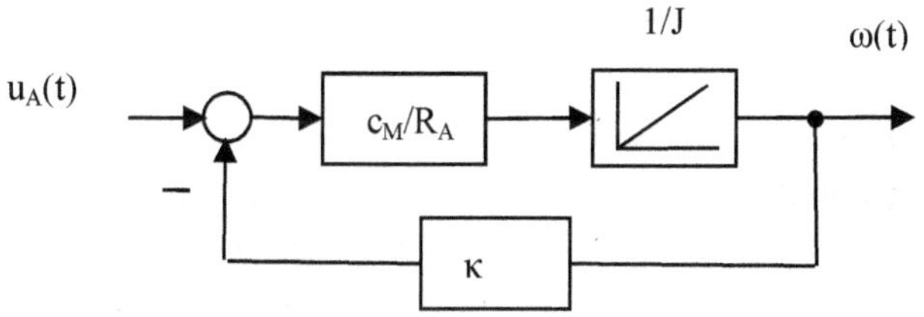

Abb. 2.7.10: Reduziertes Strukturbild von Abb. 2.7.9

Die Übertragungsfunktion des Motors ergibt sich zu

$$G_M(s) = \frac{\omega(s)}{u_A(s)} = \frac{\dfrac{c_M}{R_A J\cdot s}}{1+\dfrac{\kappa c_M}{R_A J\cdot s}} \tag{2.7.25}$$

$$G_M(s) = \frac{1}{\kappa}\cdot\frac{1}{1+\dfrac{R_A J}{\kappa c_M}\cdot s}$$

$$G_M(s) = \frac{1}{0.068} \cdot \frac{1}{1 + \frac{0,165 \cdot 4,25 \cdot 10^{-5}}{0.062} \cdot s}$$

$$G_M(s) = K_M \cdot \frac{1}{1 + sT_M} \qquad (2.7.26)$$

mit K_M=14.7 und T_M=1,7*10^{-3}.

Das Strukturbild für die Bildung der senkrechten Bewegung z, ausgehend von der Motorspannung u_A, zeigt Abb. 2.7.11. Darin ist die Schubkraft in linearisierter Form angegeben.

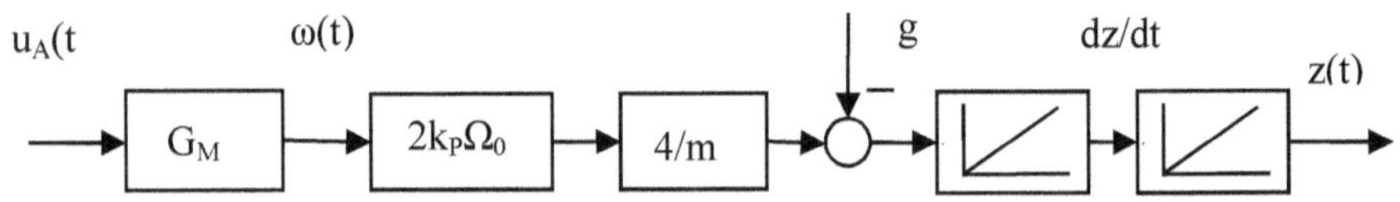

Abb. 2.7.11: Linearisiertes Strukturbild des Quadrocopters mit Antrieb

Für die Regelung des senkrechten Flugs wird eine Zustandsregelung (siehe Kap. 1.6.3) verwendet, mit der die Höhe z und die Geschwindigkeit dz/dt mit Faktoren gewichtet zurückgeführt werden. Für die Höhenmessung wird ein kalibrierter und temperaturkompensierter barometrischer Drucksensor in Form eines integrierten Bausteins verwendet. Seine Genauigkeit liegt unter 1 m (bei Meereshöhe). Zur Bestimmung der Geschwindigkeit wird ein Beschleunigungssensor, ebenfalls ein integrierter Baustein, verwendet. Über seine Ausgangsgröße muss integriert werden, um die Geschwindigkeit zu erhalten. Durch ungenaue Beschleunigungsmessung driftet der Messintegrierer von der tatsächlichen Geschwindigkeit mit der Zeit weg, so dass der Messintegrierer in gewissen Zeitabständen bei konstanter Höhe auf null gesetzt werden muss. Mit der Zustandsregelung ergibt sich die Regelkreisstruktur in Abb. 2.7.12

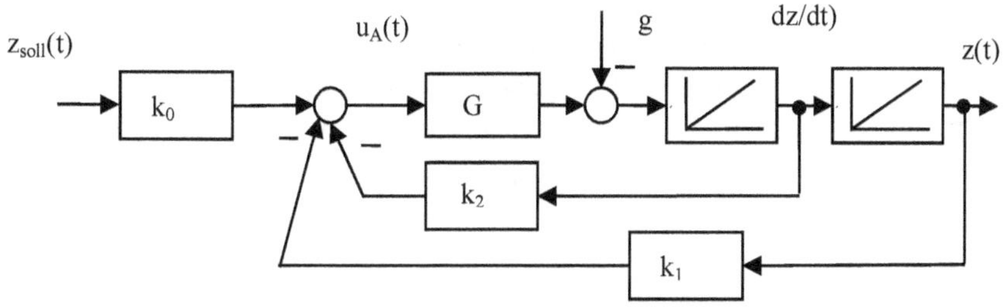

Abb. 2.7.12: Strukturbild der Zustands-Höhenregelung

Darin ist

$$G(s) = \frac{8k_P \Omega_0}{m} G_M(s), \tag{2.7.27}$$

$$G(s) = \frac{8k_P \Omega_0}{m} \cdot \frac{K_M}{1 + sT_M} \tag{2.7.28}$$

und mit Werten

$$G(s) = \frac{8 \cdot 1{,}1 \cdot 10^{-5} \cdot 320 \cdot 14{,}7}{0{,}46} \cdot \frac{1}{1 + 1{,}7 \cdot 10^{-3} s} = \frac{0{,}9}{1 + 1{,}7 \cdot 10^{-3} s}. \tag{2.7.29}$$

Bei der Festlegung der Rückführglieder k_1 und k_2 wird zunächst die Zeitkonstante vom Motor vernachlässigt, da sie sehr klein ist. Damit gilt $G(s) \approx K = 0{,}9$. Ferner wird zum Vergleich der Struktur von Abb. 2.7.12 die Standardstruktur eines Verzögerungssystems 2.Ordnung mit der Kreisfrequenz ω_0 und der Dämpfung D betrachtet.

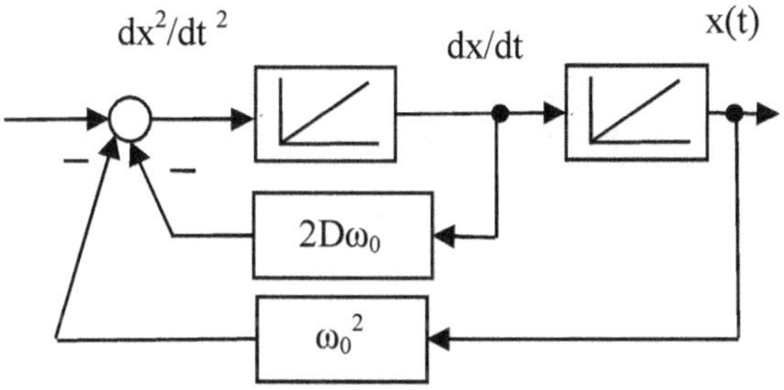

Abb. 2.7.13: Standardstruktur eines Verzögerungssystems 2.Ordnung

Die Festlegung der Rückführglieder k_1 und k_2 erfolgt hier der Einfachheit halber durch Koeffizientenvergleich. Vergleicht man die Strukturen der Abbildungen 2.7.12 und 2.7.13, so gelten für die Festlegung der Rückführkoeffizienten mit einer Vorgabe von ω_0 und D die Beziehungen

$$k_1 K = \omega_0^2 \tag{2.7.30}$$

bzw.

$$k_1 = \frac{1}{K}\omega_0^2 \tag{2.7.31}$$

und

$$k_2 K = 2D\omega_0 \tag{2.7.32}$$

bzw.

$$k_2 = \frac{2D}{K}\omega_0 \tag{2.7.33}$$

Für eine ausreichende Schnelligkeit und Dynamik wird festgelegt: $\omega_0=3s^{-1}$ und D=0,7. Damit folgt aus Gl. (2.7.31)

$$k_1 = \frac{1}{0{,}9}3^2 = 10$$

und aus Gl. (2.7.33)

$$k_2 = \frac{2 \cdot 0{,}7}{0{,}9}3 = 4{,}67\,.$$

Nun wird in das Simulinkmodell des Quadrocopters für senkrechten Flug von Abb. 2.7.6 die Zustandsregelung eingefügt, siehe Abb. 2.7.14. Damit sich keine bleibende Regelabweichung ergibt, ist im Eingangszweig noch die Konstante $k_0=k_1$ erforderlich. Außerdem ist am Eingang des Motors noch die Spannung U_0 für den Schwebezustand aufgeschaltet.

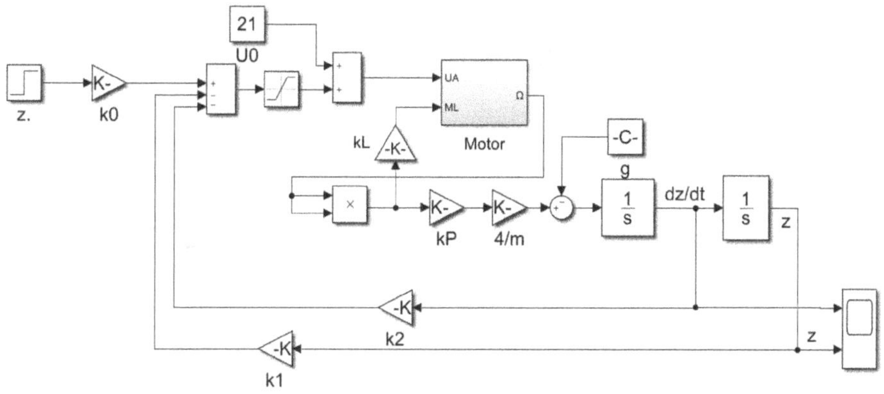

Abb. 2.7.14: Simulinkmodell des Quadrocopters für senkrechten Flug (quad_h.slx)

Die maximale Eingangsspannung des Motors u_{A_max}=24 V darf nicht überschritten werden. Das wird mit dem vorgeschalteten Begrenzer erreicht. Um eine Begrenzung zu vermeiden, sollten bei schrittweiser Höhenvorgabe nur maximal 2,4 m -Schritte vorgenommen werden. Größere Höhen sollten mit einer rampenförmigen Höhenvorgabe angefahren werden.

Das Simulinkmodell des Quadrocopters Abb. 2.7.14 wurde mit einer Höhenvorgabe von z_0=2 m simuliert und die senkrechte Bewegung z(t) und Geschwindigkeit dz(t)/dt aufgezeichnet und in Abb. 2.7.15 dargestellt. Anschließend wurde noch mit einer rampenförmigen Höhenvorgabe simuliert. Das Ergebnis ist in Abb. 2.7.16 dargestellt.

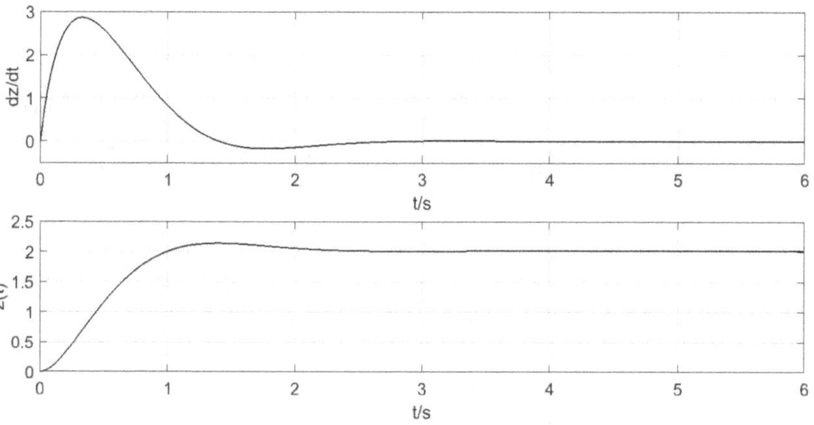

Abb. 2.7.15: Unten: Senkrechte Bewegung z(t). Oben: Senkrechte Geschwindigkeit dz(t)/dt nach sprungförmiger Höhenvorgabe

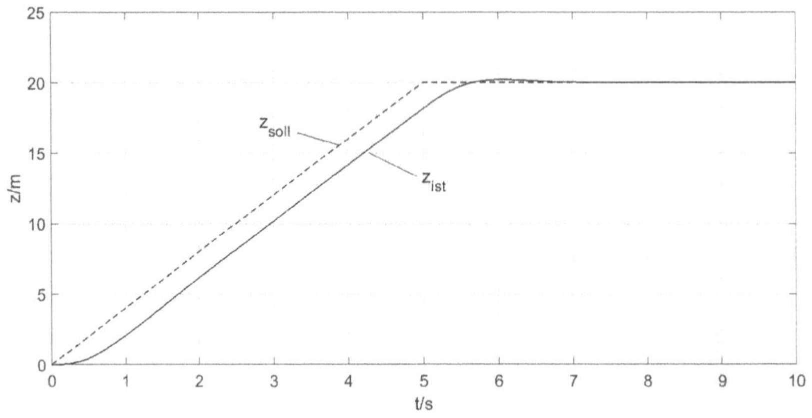

Abb. 2.7.16: Senkrechte Bewegung $z_{ist}(t)$ bei rampenförmiger Höhenvorgabe $z_{soll}(t)$

Stabilisierung der horizontalen Lage des Quadrocopters

Behandelt wird mit einer Regelung nur die Stabilisierung der Rotation um die x-Achse (rollen). da die Stabilisierung der Nickbewegung in gleicher Weise zu behandeln wäre. Für die Regelung wird der Rollwinkel $\Phi(t)$ benötigt. Mit einem Gyroscope wird die Drehwinkelgeschwindigkeit $d\Phi/dt$ gemessen und darüber integiert, um den Rollwinkel $\Phi(t)$ zu erhalten.

Da die zu regelnde Strecke von Abb. 2.7.7 wie bei der Höhenregelung zwei hintereinander geschaltete Integrierer enthält, wird auch hier die bei der Höhenregelung eingesetzte Zustandsregelung verwendet. Mit ihr ergibt sich die in Abb. 2.7.17 dargestellte linearisierte Regelkreisstruktur.

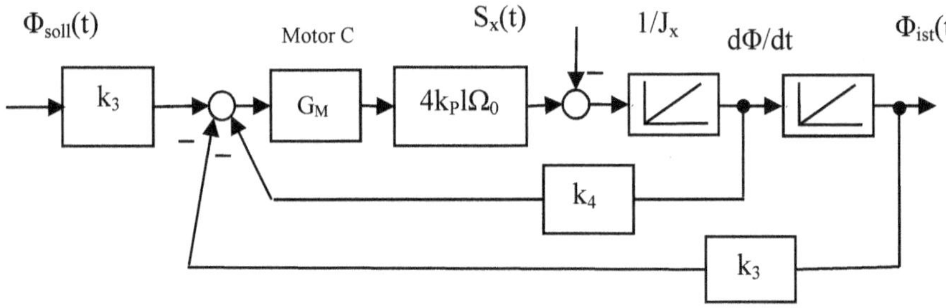

Abb. 2.7.17: Strukturbild der Zustandsregelung zur Stabilisierung

Die Berechnung der Rückführkoeffizienten k_3 und k_4 erfolgt analog zur Berechnung von k_1 und k_2 bei der Regelung der senkrechten Bewegung. Dabei wird die Zeitverzögerung des Motors wieder vernachlässigt. Wendet man Gl. (2.7.38) zur Berechnung von k_3 an, so folgt mit $\omega_0=4$

$$k_3 = \frac{J_x}{4k_P l \Omega_0 K_M}\omega_0^2 = \frac{4.9\cdot 10^{-3}\cdot 16}{4\cdot 1{,}1\cdot 10^{-5}\cdot 0{,}3\cdot 320\cdot 14{,}7} = 1{,}26\,.$$

Wendet man Gl. (2.7.40) zur Berechnung von k_4 an, so folgt mit $\omega_0=4$ und $D=0{,}7$

$$k_4 = \frac{2DJ_x}{4k_P l \Omega_0 K_M}\omega_0 = \frac{2\cdot 0{,}7\cdot 4.9\cdot 10^{-3}}{4\cdot 1{,}1\cdot 10^{-5}\cdot 0{,}3\cdot 320\cdot 14{,}7}4 = 0{,}442\,.$$

Zur Untersuchung der Stabilisierung der Rotation um die x-Achse mit der Zustandsreglung ist das in Abb. 2.7.18 dargestellte Simulinkmodell entwickelt worden.

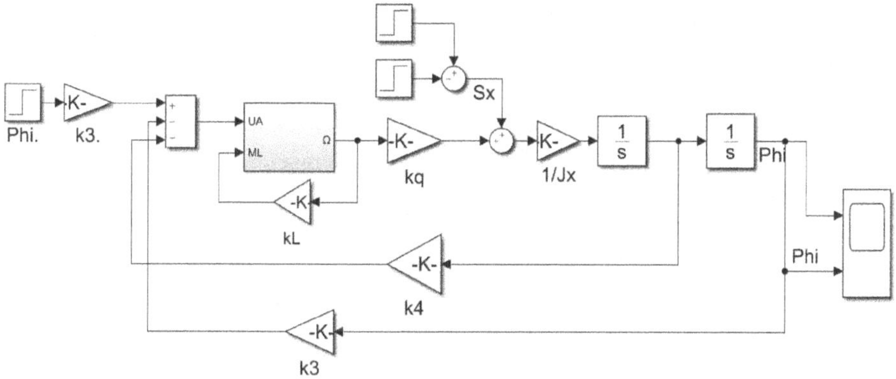

Abb. 2.7.18: Simulinkmodell zur Untersuchung der Stabilisierung der Rotation um die x-Achse (quad_stab.slx)

In dem Simulinkmodell ist

$$k_q = 4k_P l \Omega_0 = 4\cdot 1{,}1\cdot 10^{-5}\cdot 0{,}3\cdot 320 = 4.22\cdot 10^{-3}\,.$$

Mit dem Simulinkmodell Abb. 2.7.18 wird die Stabilität der Rollbewegung des Quadrocopters bei Auftreten eines temporären Störmoments S_x untersucht. Die Aufzeichnung des Störmoments S_x und des Rollwinkels Φ_x in Abb. 2.7.19 zeigt, dass der Rollwinkel unter dem Einfluss des Störmoments sich zwar verändert, jedoch in die Nulllage zurückkehrt, wenn das Störmoment verschwindet.

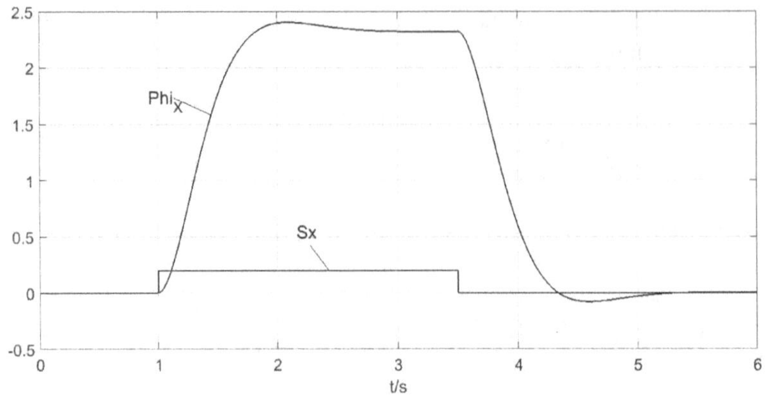

Abb. 2.7.19: Rollwinkel Φ_x unter dem Einfluss des Störmoments S_x

Für eine horizontale Bewegung des Quadrocopters muss je nach Richtung, entweder der Rollwinkel oder der Nickwinkel um ein paar Grad aus der Ruhelage verstellt werden. Hierfür muss die Regelung des Roll- bzw. Nickwinkels ein gutes Führungsverhalten besitzen. Die Aufzeichnung der Führungssprungantwort des Rollwinkels in Abb. 2.7.20 zeigt, dass mit der Zustandsregelung ein sehr gutes Führungsverhalten erzielt wird.

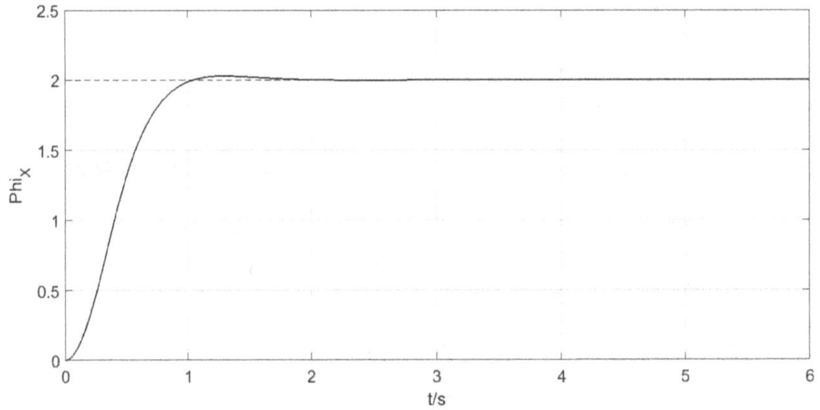

Abb. 2.7.20: Führungsverhalten des Rollwinkels Φ_x

2.8 Regelung der Drosselklappenstellung bei Kraftfahrzeugen

Benzin-Ottomotoren brauchen ein zündfähiges Kraftstoff-Luft-Verhältnis, um überhaupt zu funktionieren. Einspritzanlagen oder Vergaser versetzen die angesaugte Luft mit der Menge an Kraftstoff, die das Gemisch brennbar werden lassen. Um die Motordrehzahl und die Leistung zu variieren, kann nicht einfach mehr oder weniger Kraftstoff zugegeben werden, sondern die gesamte Gemischtmenge muss angepasst werden. Deshalb wird die Frischluftmenge durch eine Drosselklappe eingestellt und davon abhängig eine bestimmte Kraftstoffmenge zugegeben.

2.8.1 Beschreibung der Drosselklappe

Die Drosselklappe befindet sich im Ansaugtrakt zwischen Luftfilter und dem sich fächerförmig verzweigenden Ansaugkrümmer des Motors. Bei Vergasermotoren befindet sie sich im Vergaser, bei Einspritzmotoren im Drosselklappengehäuse. Verbrennungsmotoren erzeugen während des Ansaugtakts (1. Takt) durch die sich im Zylinder hinab bewegenden Kolben einen Unterdruck. Durch diesen wird Umgebungsluft angesaugt.

Die Drosselklappe ist meist nur ein kreisrundes Blech, das senkrecht auf einer Achse bzw. Welle drehbar gelagert in einem zylindrischen Rohr angeordnet ist und den Srömungsquerschnitt des Rohres mehr oder weniger frei gibt, siehe Abb. 2.8.1.

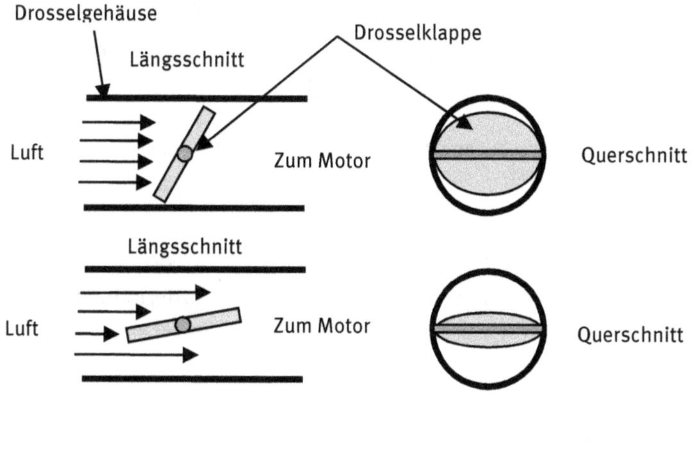

Abb. 2.8.1: Schema einer Drosselklappe; oben: Drosselklappe fast geschlossen; unten: Drosselklappe fast geöffnet

Bei älteren Motoren wird die Drosselklappe direkt durch das Gaspedal betätigt, z. B. über einen Seilzug oder Gestänge, bei modernen elektronisch gesteuerten Motoren geschieht das über einen elektrischen Antrieb (z.B. Gleichstrommotor mit Getriebe). Hier spricht man von *E-Gas* (elektronisches Gaspedal) oder auch von *Drive-by-Wire*.

Die *Drosselvorrichtung* besteht aus der elektrisch angetriebenen Drosselklappe sowie einem magnetischen Winkelsensor (Hall-Sensor) für die Lagerückmeldung. Angesteuert wird die Drosselklappe von der elektronischen Motorsteuerung. Eingangsgrößen für die Ansteuerung sind die Fahrpedalstellung und Anforderungen von Systemen, die das Motordrehmoment beeinflussen können. Dazu zählen beispielsweise die Abstands- und Geschwindigkeitsregelung oder aktive Sicherheitssysteme, wie das elektronische Stabilitäts-Programm. Den Aufbau einer elektrischen Drosselklappe zeigt Abb. 2.8.2.

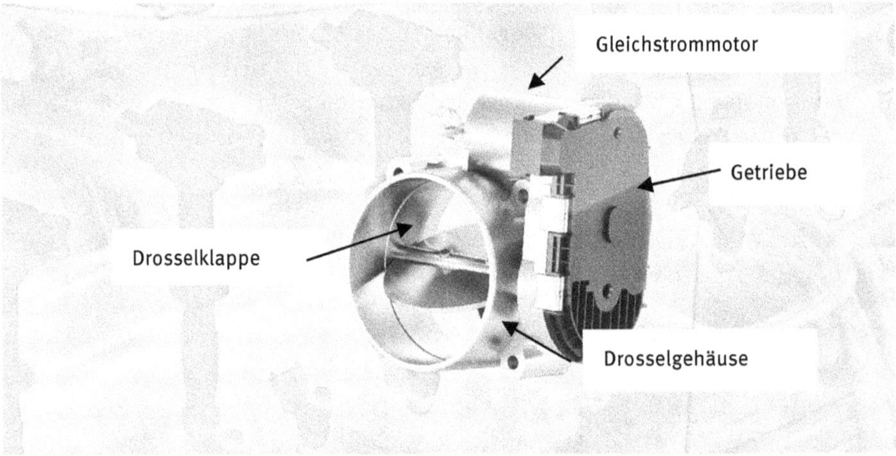

Abb. 2.8.2: Aufbau der elektrischen Drosselklappe DV-E/RKL-E5.9 von Bosch (Quelle: https://www.bosch-mobility-solutions.de)

Um die Drosselklappe und damit die Luftmasse mit höchster Präzision trotz auftretender Störungen einstellen zu können, ist eine Regelung erforderlich, die vom digitalen Steuergerät übernommen wird.

2.8.2 Modellierung der Drosselvorrichtung

Die Drosselvorrichtung besteht aus einem bürstenlosen Gleichstrommotor, der über ein Getriebe die Drosselklappe antreibt, siehe Abb. 2.8.3. Eine Rückstellfeder, in Abb. 2.8.3 nicht dargestellt, sorgt beim Abschalten oder bei Spannungsausfall für eine Rückstellung der Drosselklappe in die Ausgangsposition. Der Drehwinkel φ_D

der Drosselklappe wird entweder mit einem Potentiometer oder berührungslos mit einem Hallsensor gemessen.

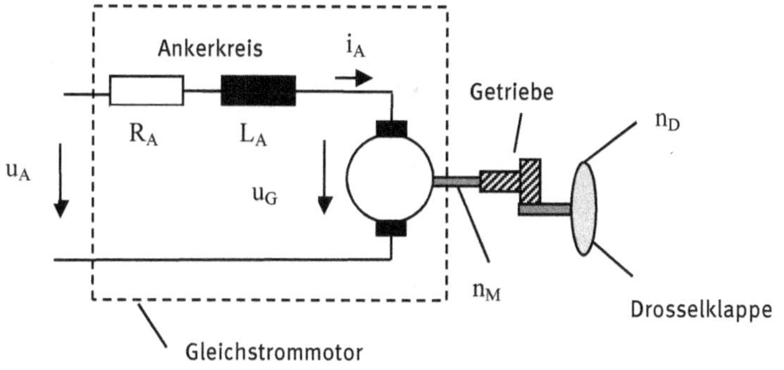

Abb. 2.8.3: Schematische Darstellung des Gleichstrommotors mit Getriebe und Drosselklappe.

Modellierung des Gleichstrommotors

Für den Motor wird das Motormodell von Kap. 2.1 mit vernachlässigbarer Ankerzeitkonstante verwendet, siehe Abb. 2.8.4.

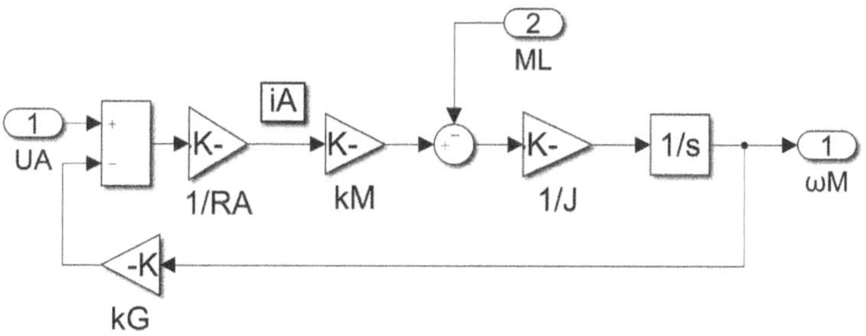

Abb. 2.8.4: Motormodell

Es wird davon ausgegangen, dass zwischen Motor und Drosselklappe eine feste Kopplung über das Getriebe mit der Übersetzung

$$\ddot{u}_g = \frac{n_M}{n_D} \tag{2.8.1}$$

vorliegt. Die Winkelbeschleunigung des Motors ergibt sich aus

$$J \frac{\mathrm{d}\omega_M(t)}{\mathrm{d}t} = M_{\mathrm{M}}(t) - \mathrm{M}_R(t) - M_F(t) - M_{\mathrm{L}}(t) \tag{2.8.2}$$

Hierin ist J das gesamte Trägheitsmoment von Motor, Getriebe und Drosselklappe. Ferner ist

$$M_M(t)=k_M i_A(t) \tag{2.8.3}$$

das Antriebsmoment des Motors mit der Maschinenkonstante k_M, M_R das auf den Motor bezogene Reibmoment von Motor, Getriebe und Drosselklappe, wobei zunächst nur viskose Reibung berücksichtigt wird, so dass gilt

$$M_R(t)=k_R\omega_M(t) \tag{2.8.4}$$

mit dem Reibkoeffizienten k_R, M_F das über das Getriebe runter übersetzte Rückstellmoment der Feder, das proportional zum Drehwinkel der Drosselklappe sein möge

$$M_F=c_D\cdot\varphi_D=\frac{1}{\ddot{u}_g}\cdot c_D\cdot\varphi_M=c_M\cdot\varphi_M \tag{2.8.5}$$

und M_L das über das Getriebe runter übersetzte Lastmoment der Drosselklappe. Die Umsetzung der Gleichungen (2.8.1) bis (2.8.5) zu einem Strukturbild mit Simulink ergibt das in Abb. 2.8.5 dargestellte Modell der Drosselklappenvorrichtung.

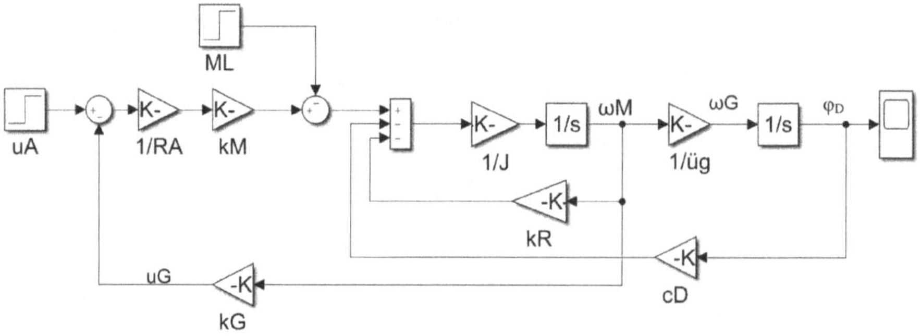

Abb. 2.8.5: Modell der Drosselklappenvorrichtung (drossel.slx)

Für eine Simulation werden alle Parameter benötigt. Aus dem Datenblatt des Motors erhält man:

- Nenndrehzahl n=2600 U/min,
- Ankerspannung u_A=24 V,
- Generatorkonstante: k_G=0,04Vs/rad,
- Maschinenkonstante k_M=0,04 Nm/A,
- Ankerwiderstand R_A=1,2 Ω,
- Ankerinduktivität L_A= 2mH.

Das Getriebe hat das Übersetzungsverhältnis

$$\ddot{u}_g = \frac{n_M}{n_D} = 10\,. \tag{2.8.6}$$

Für das Trägheitsmoment J liegt keine Angabe vor. Es ist jedoch bekannt, dass Motoren mit Getriebe dieser Klasse ein Trägheitsmoment von $J \approx 10^{-6}$ Nms²/rad haben. Der Anteil der Drosselklappe am Trägheitsmoment ist dabei wegen der Reduzierung durch die Getriebeübersetzung zu vernachlässigen. Die unbekannten Parameter c_G und k_R müssen experimentell ermittelt werden.

Messtechnische Ermittlung der Federkonstanten c_D

Am Motor wird eine Spannung von U_A=12 V angeschlossen und nach dem Einschwingvorgang der Ankerstrom i_A und der Drehwinkel φ_D der Drosselklappe gemessen mit folgenden Werten:

- φ_D=1,25 rad,
- i_A=10 A.

In diesem stationären Fall ist das Beschleunigungsmoment M_B=0 und es gilt mit M_L=0:

$$k_M \cdot i_A = c_D \varphi_D \tag{2.8.7}$$

umgestellt

$$c_D = \frac{k_M \cdot i_A}{\varphi_D} \tag{2.8.8}$$

und mit Werten

$$c_D = \frac{0,04\,Nm\,/\,A \cdot 10\,A}{1,25\,rad} = 0,32\,Nm\,/\,rad\,. \tag{2.8.9}$$

Messtechnische Ermittlung der Reibkonstanten k_R

Die Drosselklappe wird in eine bestimmte Auslenkung φ_{D0} gebracht. Anschließend misst man bei ihrer Rückstellung φ_D und die Winkelgeschwindigkeit ω_M. Dabei wird der Ankerstrom i_A mit einer Regelung zu i_A=0 geregelt, um ein Bremsmoment des Motors zu vermeiden. Hierbei wird außerdem die elektromotorische Gegenspannung u_G (siehe Abb. 2.8.5) gemessen, um mit ihr die Generatorkonstante k_G zu bestimmen. Den Verlauf des zurück drehenden Winkels φ_D der Drosselklappe und der Winkelgeschwindigkeit ω_M des Motors zeigt Abb. 2.8.6

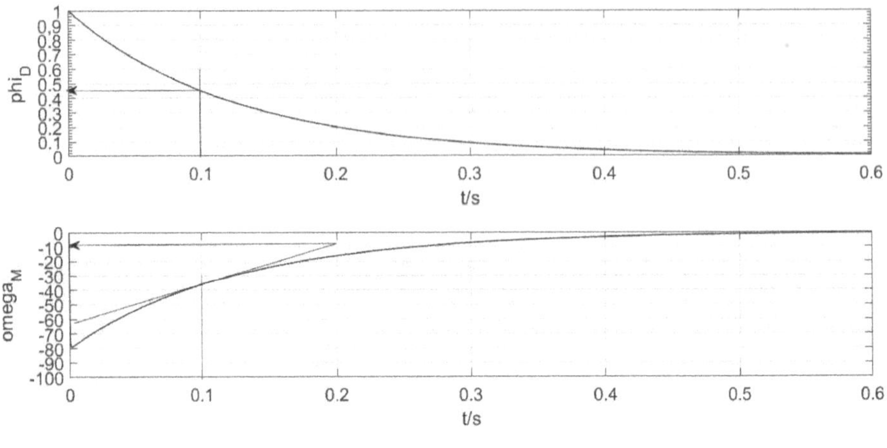

Abb. 2.8.6: Verlauf des zurück drehenden Winkels φ_D der Drosselklappe und der Winkelgeschwindigkeit ω_M des Motors aufgrund der Rückstellfeder.

Benötigt wird die Ableitung $d\omega_M(t)/dt$ zu einem bestimmten Zeitpunkt. Sie wird grafisch zum Zeitpunkt t_1=0,1 anhand der Aufzeichnung in Abb. 2.8.6 unten vorgenommen und ergibt

$$\left|\frac{\Delta\omega_M}{\Delta t}\right| \approx \frac{(62-8)rad/s}{0,2s} = 270 rad/s^2. \tag{2.8.10}$$

Aus Gl. (2.8.2) folgt mit M_M=0 die Beziehung

$$J\frac{\Delta\omega_M}{\Delta t} = c_D\varphi_D(t_1) + k_R\omega_M(t_1), \tag{2.8.11}$$

die mit dem Ergebnis von Gl. (2.8.10) und dem empirischen Wert $J \approx 10^{-6}$ kgm² ausgewertet wird. Es ist

$$c_D\varphi_D(t_1) + k_R\omega_M(t_1) = 2,7\cdot 10^{-4}\,Nm. \tag{2.8.12}$$

Daraus folgt

$$k_R = \frac{2,7\cdot 10^{-4}\,Nm - c_D\varphi_D(t_1)}{\omega_M(t_1)} = \frac{2,7\cdot 10^{-4}\,Nm}{\omega_M(t_1)} - c_D\frac{\varphi_D(t_1)}{\omega_M(t_1)}. \tag{2.8.13}$$

Mit den Werten $\varphi_D(t_1)$ und $\omega_M(t_1)$ aus Abb. 2.8.6 folgt

$$k_R = \frac{2,7 \cdot 10^{-4}\,Nm}{-37 rads^{-1}} - 0,32 Nm/rad \frac{0,45 rad}{-37 rads^{-1}} \tag{2.8.14}$$

und weiter

$$k_R \approx 0,32 Nm/rad \frac{0,45 rad}{37 rads^{-1}} \approx 4 \cdot 10^{-3}\,Nms/rad\,. \tag{2.8.15}$$

Es sei darauf hingewiesen, dass die ungenaue Kenntnis des Trägheitsmomentes J kaum einen Einfluss auf die Bestimmung von k_R hat, da das 1. Glied in Gl. (2.8.14) vernachlässigbar klein ist.

Mit dem Modell der Drosselklappenvorrichtung aus Abb. 2.8.5 und den gegebenen bzw. ermittelten Parametern wird eine Sprungantwort mit U_A=12 V aufgenommen und der Verlauf aufgezeichnet, siehe Abb. 2.8.7

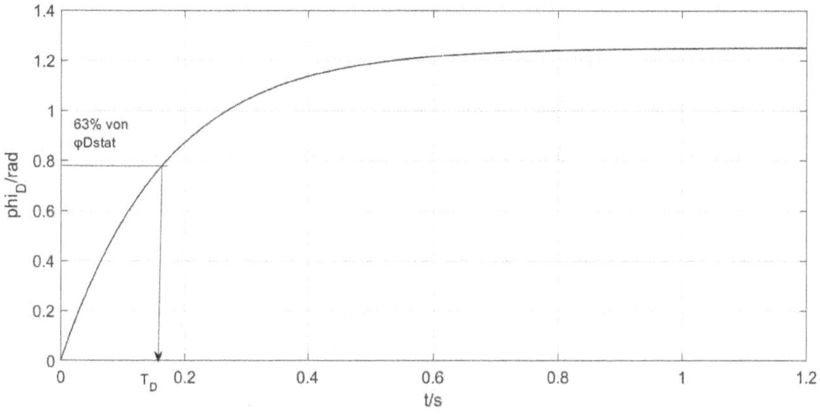

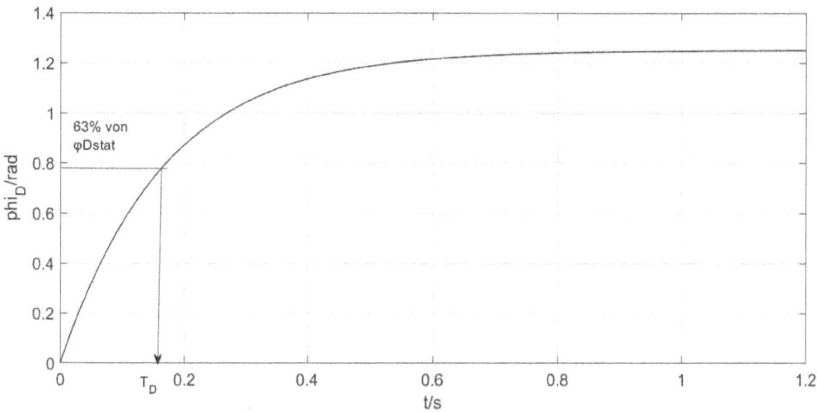

Abb. 2.8.7: Sprungantwort der Drosselvorrichtung

Der Verauf entspricht näherungsweise einem PT_1-System mit einer Zeitkonstante von $T_D \approx 0,17s$. Für weitere Überlegungen wird zunächst die Übertragungsfunktion

$$G_D(s) = \frac{\varphi_D(s)}{U_a(s)} \tag{2.8.16}$$

ermittelt. Im ersten Schritt wird

$$G_1(s) = \frac{\varphi_D(s)}{M_a(s)} \tag{2.8.17}$$

mit M_L=0 berechnet. Hierbei hat der unterlagerte Kreis mit k_R in der Rückführung die Übertragungsfunktion

$$G_{11}(s)=\frac{1}{k_R}\cdot\frac{1}{1+T_R s}\quad \text{mit } T_R=\frac{J}{k_R}=\frac{10^{-6}}{4\cdot 10^{-3}}=0{,}25ms\,. \tag{2.8.18}$$

Damit folgt

$$G_1(s)=\frac{G_{11}(s)\cdot\frac{1}{\ddot{u}_G s}}{1+G_{11}(s)\cdot\frac{c_D}{\ddot{u}_G s}}=\frac{\frac{1}{k_R}\cdot\frac{1}{1+T_R s}\cdot\frac{1}{\ddot{u}_G s}}{1+\frac{1}{k_R}\cdot\frac{1}{1+T_R s}\cdot\frac{c_D}{\ddot{u}_G s}}, \tag{2.8.19}$$

$$G_1(s)=\frac{1}{k_R\ddot{u}_G s(1+T_R s)+c_D} \tag{2.8.20}$$

bzw.

$$G_1(s)=\frac{1}{c_D}\cdot\frac{1}{\frac{k_R\ddot{u}_G T_R}{c_D}s^2+\frac{k_R\ddot{u}_G}{c_D}s+1}. \tag{2.8.21}$$

Mit Berechnung der Koeffizienten

$$\frac{k_R\ddot{u}_G T_R}{c_D}=\frac{4\cdot 10^{-3}\cdot 10\cdot 0{,}25\cdot 10^{-3}}{0{,}32}=3{,}125\cdot 10^{-5}s^2 \tag{2.8.22}$$

und

$$\frac{k_R\ddot{u}_G}{c_D}=\frac{4\cdot 10^{-3}\cdot 10}{0{,}32}=0{,}125 \tag{2.8.23}$$

folgt:

$$G_1(s)=\frac{1}{c_D}\cdot\frac{1}{3{,}125\cdot 10^{-5}s^2+0{,}125s+1}. \tag{2.8.24}$$

Für die Berechnung von $G_D(s)$ wird die Rückführung von ω_M über k_G zum Ausgang φ_D verlagert. Dann erhalten wir das in Abb. 2.8.8 dargestellte Blockschaltbild.

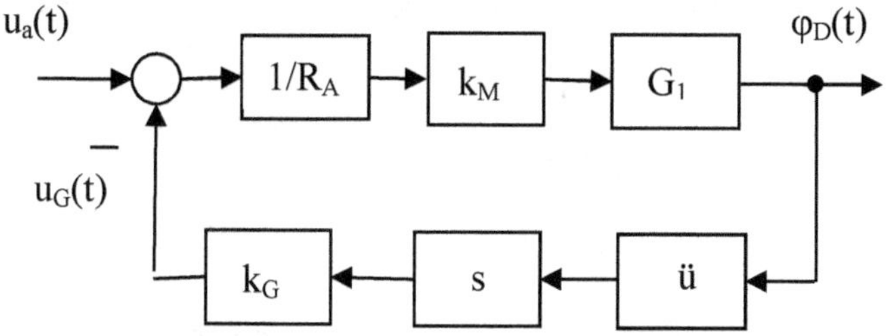

Abb. 2.8.8: Blockstruktur zur Ermittlung der Übertragungsfunktion der Drosselklappenvorrichtung.

Damit ist

$$G_D(s) = \frac{\frac{k_M}{R_A} G_1(s)}{1 + \ddot{u}_G \frac{k_G k_M}{R_A} G_1(s) \cdot s} \tag{2.8.25}$$

und mit $G_1(s)$

$$G_D(s) = \frac{\frac{k_M}{R_A c_D} \cdot \frac{1}{3{,}125 \cdot 10^{-5} s^2 + 0{,}125 s + 1}}{1 + \ddot{u}_G \frac{k_G k_M}{R_A c_D} \cdot \frac{1}{3{,}125 \cdot 10^{-5} s^2 + 0{,}125 s + 1} s}, \tag{2.8.26}$$

$$G_D(s) = \frac{\frac{k_M}{R_A c_D} \cdot}{3{,}125 \cdot 10^{-5} s^2 + 0{,}125 s + 1 + \ddot{u}_G \frac{k_G k_M}{R_A c_D} \cdot s}, \tag{2.8.27}$$

$$G_D(s) = \frac{\frac{k_M}{R_A c_D} \cdot}{3{,}125 \cdot 10^{-5} s^2 + 0{,}125 s + 0{,}0417 s + 1} \tag{2.8.28}$$

und

$$G_D(s) = \frac{\frac{k_M}{R_A c_D} \cdot}{3{,}125 \cdot 10^{-5} s^2 + 0{,}167 s + 1}. \tag{2.8.29}$$

Der Koeffizient von s^2 ist sehr viel kleiner als der von s, so dass in guter Näherung gilt

$$G_D(s) = \frac{\frac{k_M}{R_A c_D}}{0{,}167s+1} = \frac{\frac{k_M}{R_A c_D}}{T_D s+1}. \tag{2.8.30}$$

Die theoretisch ermittelte Zeitkonstante T_D=0,167 stimmt mit der messtechnisch bestimmten Zeitkonstante T_D=0,17 praktisch überein. Der stationäre Übertragungsbeiwert bzw. die Verstärkung ist

$$G_D(s=0) = K_D = \frac{k_M}{R_A c_D} \tag{2.8.31}$$

und mit Werten

$$K_D = \frac{0{,}04}{1{,}2 \cdot 0{,}32} = 0{,}104\,. \tag{2.8.32}$$

Dabei hängen k_M und R_A sehr stark von der Temperatur ab, so dass die Drosselklappe mit einer Steuerung nicht genau eingestellt werden kann. Ferner wird ein Lastmoment von der Druckverteilung der ümströmenden Luft an der Drosselklappe verursacht. Die Wirkung des Lastmoments M_L auf den Drosselklappenwinkel φ_D ergibt sich aus der Übertragungsfunktion

$$G_L(s) = \frac{\varphi_D(s)}{M_L(s)} = \frac{R_A}{k_M} G_D(s) \tag{2.8.33}$$

bzw.

$$G_L(s) = \frac{1}{c_D} \cdot \frac{1}{T_D s+1}. \tag{2.8.34}$$

Die Gl. (2.8.33) erhält man, indem man M_L in Abb. 2.8.5 zum Eingang hin verlagert. Aufgrund der Temperaturabhängigkeit der Parameter und des störenden Lastmoments ist eine Regelung des Drosselklappenwinkels erforderlich.

2.8.3 Regelung des Drosselklappenwinkels

Die Regelung wird wegen der gewünschten stationären Genauigkeit mit einem PI-Regler vorgenommen. Das Simulinkmodell der Drosselklappen-Regelung zeigt Abb. 2.8.9. Darin ist das Simulinkmodell der Drosselklappenvorrichtung als Subsystem zusammengefasst.

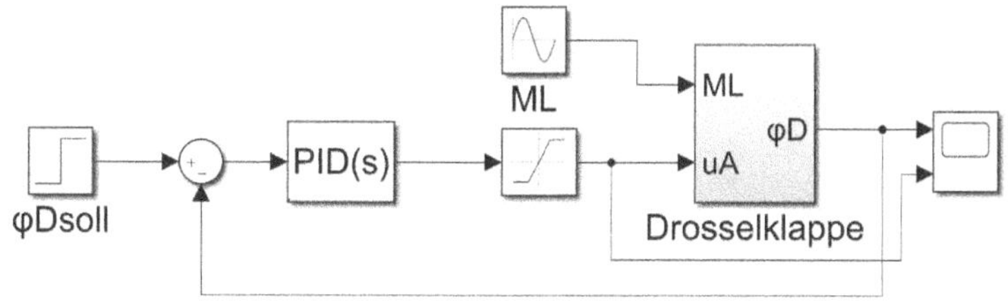

Abb. 2.8.9: Simulinkmodell der Drosselklappen-Regelung (drossel_regelung.slx)

Beschreibung des Lastmoments

Im Ansaugtakt der Zylinder wird Umgebungsluft angesaugt, die beim Umströmen der Drosselklappe ein Druckgefälle vor und hinter der Drosselklappe erzeugt. Dadurch entsteht ein periodisch mit der Kolbenbewegung verlaufendes Lastmoment, das näherungsweise sinusförmig mit einem Gleichanteil modelliert wird

$$M_L(t) = M_{L0}\, sin(\omega_K t) + M_{LG} \tag{2.8.35}$$

mit $\omega_K = \frac{2\pi}{60s/min} \cdot \frac{1}{T_K}$ und der Kolbenperiode T_K [min].

Entwurf des PI-Reglers $G_R(s)$.

Es ist

$$G_R(s) = K_R \frac{1 + sT_N}{sT_N} \tag{2.8.36}$$

mit der Reglerverstärkung K_R und der Nachstellzeit T_N. Das Führungsverhalten wird beschrieben durch

$$G_W(s) = \frac{\varphi_{Dist}(s)}{\varphi_{Dsoll}(s)} == \frac{1}{\frac{1}{G_O(s)} + 1} \tag{2.8.37}$$

mit

$$G_O(s) = G_R(s)G_D(s) = K_R \frac{1+sT_N}{sT_N} \frac{K_D}{T_D s+1}. \quad (2.8.38)$$

Gutes Führungsverhalten erreicht man mit $T_N=T_D$. Hiermit ist

$$G_O(s) = K_R K_D \frac{1}{sT_N}. \quad (2.8.39)$$

Eingesetzt in Gl. (2.8.37) ergibt

$$G_W(s) = \frac{1}{1+\frac{T_D}{K_R K_D}s}. \quad (2.8.40)$$

Mit $K_R = 1/K_D \approx 10$ entspräche die Dynamik des Führungsverhaltens dem der Drosselklappe. Mit $K_R \approx 20$ wird das Führungsverhalten doppelt so schnell. Zu beachten ist dabei die hierfür erforderliche max Motorspannung U_A zum Zeitpunkt t=0. Es ist

$$u_A(t=0) = K_R \varphi_{Dsoll\_max}$$

Mit $\varphi_{Dsoll\_max} = \frac{\pi}{2} rad = 1{,}57 rad \mathrel{\hat{=}} 90^0$ folgt

$$u_A(t=0) = 20 \cdot 1{,}57 = 31{,}4$$

Die zur Verfügung stehende Versorgungsspannung ist jedoch U_V=24 V.
Gewählt wird K_R=18. Dann wird

$$u_A(t=0) = 18 \cdot 1{,}57 \approx 28$$

bei $\varphi_{Dsoll-max}$, was man bei der Simulation mit einem *Begrenzer* berücksichtigt. Dafür wird bei $\varphi_{soll} < \varphi_{soll-max}$ die größere Verstärkung genutzt. Mit dem so dimensionierten Regler erhalten wir für die Führungsübertragungsfunktion

$$G_W(s) = \frac{1}{1+\frac{0{,}167}{18 \cdot 0{,}104}s} = \frac{1}{1+T_W s} \quad \text{mit } T_W=0{,}09\text{s} \quad (2.8.41)$$

d.h. die Positionierung der Drosselklappe erfolgt durch die Regelung etwa doppelt so schnell, siehe Abb. 2.8.10.

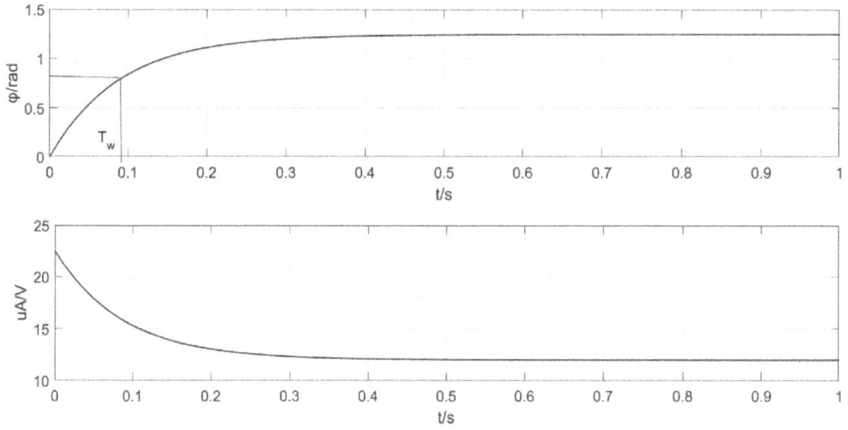

Abb. 2.8.10: Sprungantworten der geregelten Drosselklappe mit φ_{Dsoll}=1,25rad

Einfluss der Temperaturabhängigkeit von R_A und k_M

Die Zeitkonstante des Führungsverhaltens ist

$$T_W = \frac{T_D}{K_R K_D}$$

und mit $K_D = \dfrac{k_M}{R_A c_D}$ folgt

$$T_W = \frac{T_D c_D}{K_R} \cdot \frac{R_A}{k_M}.$$

Dabei sind R_A und k_M in folgender Weise temperaturabhängig:

- R_A überstreicht bei Temperaturen von -40°C bis +160°C einen Bereich von -10% bis +30% und
- k_M im gleichen Temperaturbereich von +8% bis -18%.

Daraus folgt, dass durch die Temperaturabhängigkeit von R_A und k_M die Zeitkonstante T_W zwischen -18% und +48% variiert. Die Temperaturabhängigkeit von R_A und k_M beeinträchtigt nicht die Regelgenauigkeit, sie beeinflusst lediglich die Schnelligkeit der Positionierung der Drosselklappe. Die Stabilität der Regelung wird dadurch nicht gefährdet.

Einfluss des Lastmoments auf die Position der Drosselklappe

Das Störverhalten wird beschrieben durch

$$G_Z(s) = \frac{\varphi_{Dist}(s)}{M_L(s)} = \frac{\frac{R_A}{k_M} G_D(s)}{1+G_R(s)G_D(s)} \quad , \tag{2.8.42}$$

$$G_Z(s) = \frac{R_A}{k_M} \cdot \frac{1}{G_R(s)} \frac{G_R(s)G_D(s)}{1+G_R(s)G_D(s)}, \tag{2.8.43}$$

$$G_Z(s) = \frac{R_A}{k_M} \cdot \frac{1}{G_R(s)} G_W(s) \tag{2.8.44}$$

und explizit

$$G_Z(s) = \frac{R_A}{k_M} \frac{K_W}{K_R} \cdot \frac{sT_N}{1+sT_N} \frac{1}{1+sT_W}. \tag{2.8.45}$$

Mit $K_W=1$ und $T_N=T_D$ folgt

$$G_Z(s) = \frac{R_A}{k_M K_R} \cdot \frac{sT_D}{1+sT_D} \frac{1}{1+sT_W}. \tag{2.8.46}$$

In welcher Weise die Regelung den Einfluss des periodischen Lastmoments M_{L0} auf den Drosselwinkel φ_D bei der jeweiligen Motordrehzahl bzw. Winkelgeschwindigkeit ω_K verbessert, zeigen die Amplitudengänge ohne und mit Regelung im Bodediagramm der Abb. 2.8.11:

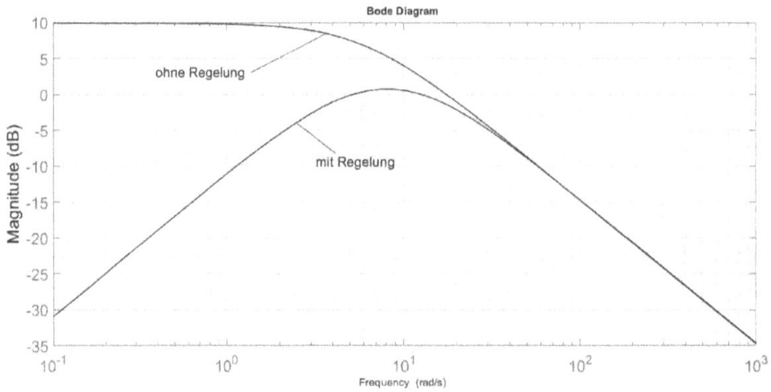

Abb. 2.8.11: Amplitudengänge des Störfrequenzganges ohne und mit einer Regelung

Der Einfluss des Gleichanteils des Lastmoments M_{LG} wird durch Verwendung des PI-Reglers stationär vollständig ausgeregelt.

2.8.4 Kontrollfragen

1. Beschreiben Sie, wie das Druckgefälle an der Drosselklappe entsteht.
2. Wodurch ist die Wahl der Reglerverstärkung des PI-Reglers begrenzt?

2.9 Auswirkung von Haft- und Gleitreibung

2.9.1 Entstehung von Schwingungen bei Gleitreibung

Bei Dichtungen von Motorachsen, Spindelantrieben, Bremsklötzen bei Kraftfahrzeugen oder Fahrräder usw. können durch Gleitreibung Schwingungen auftreten, die je nach Frequenzlage auch durch quietschen zu hören sind. Die Schwingungen können unter folgenden Voraussetzungen entstehen:

- Zwischen zwei Körpern besteht eine Anpresskraft, d.h. es ist eine Reibverbindung gegeben.
- Ein Körper ist gegenüber dem anderen in Bewegung und nimmt ihn aufgrund der Reibkraft mit, der jedoch mit einer Feder an einem festen Körper fixiert ist.

Zur Darstellung der Entstehung der Schwingungen wird das mechanische Modell in Abb. 2.9.1 zugrunde gelegt.

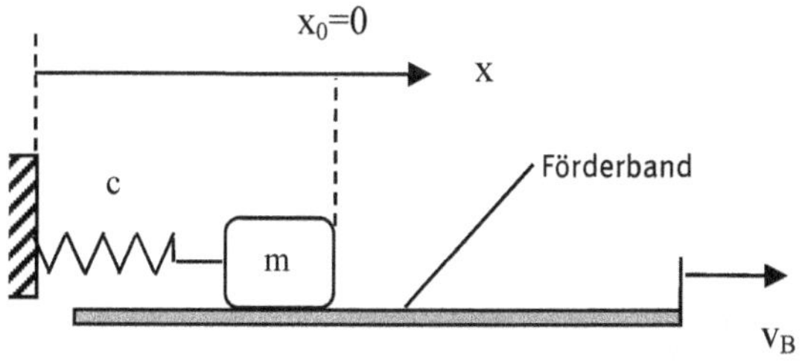

Abb. 2.9.1: Modell zur Beschreibung von Schwingungen durch Gleitreibung

Ein Förderband bewegt sich mit der konstanten Geschwindigkeit v_B in der dargestellten Richtung. Auf dem Förderband befindet sich ein Körper mit der Masse m, der über eine Feder mit der Federkonstanten c fixiert wird. Aufgrund der Gleitreibkraft wird der Körper zunächst mit dem Förderband mitgenommen. Nach einer bestimmten Auslenkung überwiegt die Zugkraft die Reibkraft und der Körper bewegt sich zurück, bis die Reibkraft wieder größer als die Zugkraft wird. Der Vorgang beginnt von neuem. Dabei schwingt der Körper um eine bestimmte Auslenkung.

Physikalische Modellierung

Bewegungsgleichung:

$$m \cdot \ddot{x}(t) + c \cdot x(t) = F_R \tag{2.9.1}$$

mit der Gleitreibkraft

$$F_R = -sign(\dot{x} - v_B)\mu_G \cdot m \cdot g\,. \tag{2.9.2}$$

Hierin sind μ_G der Gleitreibkoeffizient und g die Erdbeschleunigung. Folgende Werte sind gegeben:

- m=1 kg,
- c=0,8 N/m,
- μ_G=0,04,
- v_B=0,2 m/s.

Die Bewegungsgleichung als Integralgleichung lautet

$$x(t) = \frac{1}{m} \iint_{t_0} \left[F_R - \frac{c}{m} x(\tau) \right] d\tau \tag{2.9.3}$$

Ihre Umsetzung als Simulink-Modell zeigt Abb. 2.9.2. Darin ist die Funktion (2.9.2) der Reibkraft mit dem Bausteinen *Begrenzer mit der Begrenzung* $\pm 0,4$ und einem vorgeschalteten *gain* mit k=10000 realisiert, da die unstetige sign-Funktion Probleme bei der numerischen Integration bereitet.

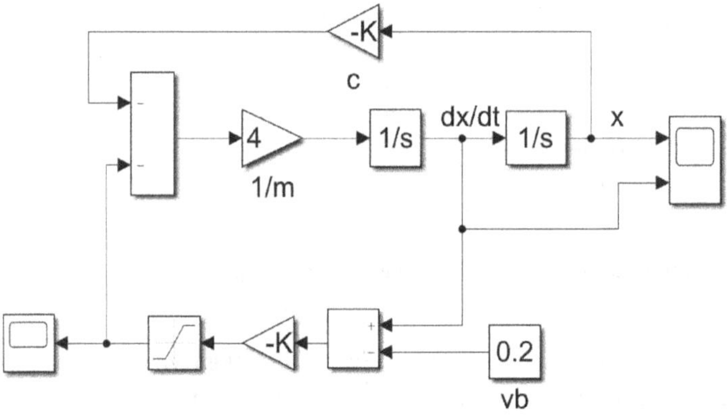

Abb. 2.9.2: Simulinkmodell zur Beschreibung von Schwingungen durch Gleitreibung (gleitreibung.slx)

Mit einem Simulationslauf wurde x(t) und v(t) aufgezeichnet und in Abb. 2.9.3 dargestellt.

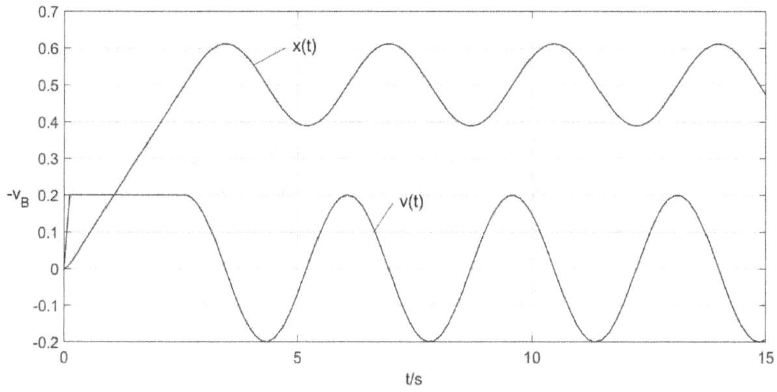

Abb. 2.9.3: Weg- und Geschwindigkeitverlauf bei Gleitreibung

Mathematische Erklärung des Verlaufs von x(t) und v(t)

Mit dem Start schaltet der *Begrenzer* auf -0.4 und mit dem 1. Integrierer wird in kurzer Zeit v=0,2. Dieser Wert wird von der Reibkennlinie (theoretisch durch ständiges Hin-und Herschalten) gehalten und der 2. Integrierer integriert darüber bis $c \cdot x = 0,4$ ist. Damit ist

$$x = \frac{0,4}{c} = \frac{0,4}{0,8} = 0,5 \, .$$

Von diesem Moment an beginnt der mechanische Schwingkreis mit m und c von den Anfangswerten x=0,5 und v=0,2 zu oszillieren mit der Periode

$$T = 2\pi\sqrt{\frac{m}{c}} = 2\pi\sqrt{\frac{0,25}{0,8}} = 3,51$$

um den Gleichanteil x=0,5. Dabei hat v(t) die Amplitude $v_0 = v_B = 0,2$ und die Amplitude von x(t) ergibt sich zu

$$x_0 = \frac{v_B}{\omega_0} = v_B\sqrt{\frac{c}{m}} = 0,2\sqrt{\frac{0,8}{0,25}} = 0,11 \, .$$

2.9.2 Verstärkung der Schwingung durch zusätzliche Haftreibung

Gleit- und Haftreibung werden i.A. durch die in Abb. 2.9.4 dargestellten Reibkennlinien beschrieben. Die Kennlinie links mit einem harten Übergang von der Haft- zur Gleitreibung und rechts mit einem exponentiellen Übergang von der Haft- zur Gleitreibung (Stribeck-Reibkennlinie).

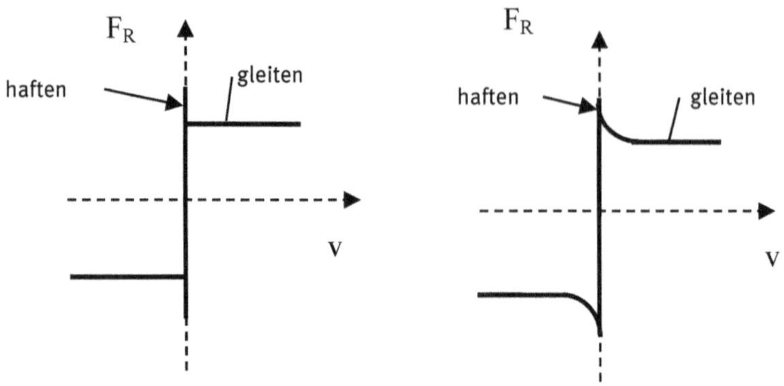

Abb. 2.9.4: Reibkennlinien mit hartem (links) bzw. weichem (rechts) Übergang von Haft- zur Gleitreibung

Das Modell der Abb. 2.9.2 wird um eine Haftreibung gemäß der Kennlinie mit einem harten Übergang erweitert. Dabei wird die nadelförmige Haftreibung mit dem Baustein *Lookup Table* und entsprechenden Werten realisiert, siehe Abb. 2.9.5.

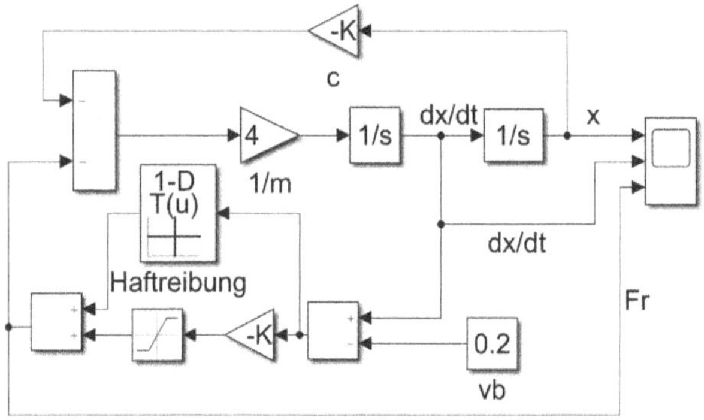

Abb. 2.9.5: Modellerweiterung mit Reibkennlinie nach Abb. 2.9.4 links (gleit_haft_reibung.slx)

Das Ergebnis der Simulation mit Haft- und Gleitreibung ist in Abb. 2.9.6 dargestellt.

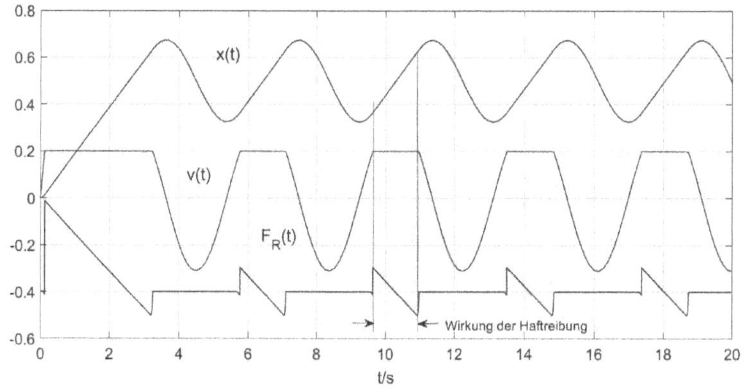

Abb. 2.9.6: Weg- und Geschwindigkeitverlauf bei Haft- und Gleitreibung

Betrachtet man die Aufzeichnung, so erkennt man, dass dort, wo die Haftreibung wirkt, v(t)=0,2=const. ist, was bedeutet, dass sich der Körper mit der Bandgeschwindigkeit v_B bewegt. Desweiteren ist zu erkennen, dass x(t) mit vergrößerter Amplitude und nicht mehr ganz sinusförmig schwingt.
Das von Haft- und Gleitreibung verursachte ruckartige Gleiten von Festkörpern wird auch als Stick-Slip-Effekt bezeichnet (englisch: stick für haften, slip für gleiten). Dieser unerwünschte Effekt tritt beispielsweise bei Kolbendichtungen von Pneumatik- und Hydraulikzylindern und bei Spindelantrieben auf. Häufig ist der Stick-Slip-Effekt auch an der Windschutzscheibe eines Kraftfahrzeugs beim Scheibenwischen zu beobachten. Dieser Fall soll im nächsten Kapitel als praktisches Beispiel behandelt werden.

2.9.3 Der Stick-Slip-Effekt beim Kfz-Scheibenwischer

Wird ein Scheibenwischer bei leichtem Regen betrieben, so ist insbesondere bei nicht ganz sauberer Scheibe häufig ein ruckendes Gleiten des Wischerblattes zu beobachten. Nachfolgend wird gezeigt, dass hierfür der Stick-Slip-Effekt verantwortlich ist.

Das an die Windschutzscheibe gedrückte Wischerblatt mit dem Trägheitsmoment J_W ist mit einem elastischen Gestänge mit der Welle des Getriebemotors fest verbunden, siehe Abb. 2.9.7. Das elastische Gestänge wirkt dabei wie eine Feder mit der Federkonstanten c.

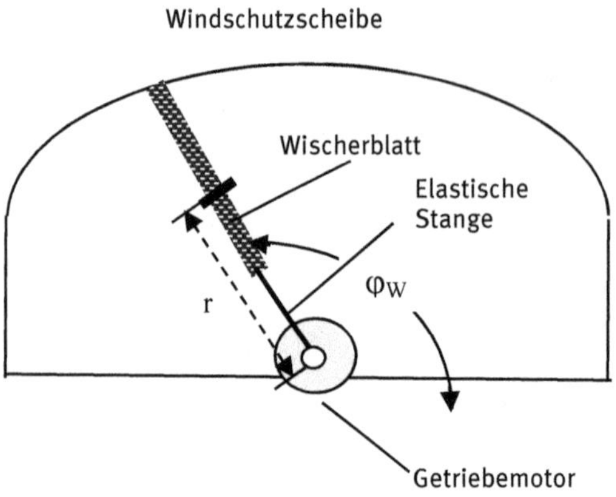

Abb. 2.9.7: Schematische Darstellung eines Kfz-Scheibenwischers

Die Bewegung des Wischerblattes wird beeinflusst von Gleit- und Haftreibung des Wischers auf der Scheibe mit folgenden Beziehungen:

– Gleitreibungsmoment

$$M_G = -\text{sgn}(\omega)\mu_G \cdot F_N \cdot r \tag{2.9.4}$$

– Haftreibungsmoment

$$M_H = -\delta(\omega)\mu_H F_N \cdot r \tag{2.9.5}$$

mit der Winkelgeschwindigkeit ω, der Funktion δ(ω), die ± 1 für $\omega \to \pm 0$ und sonst null ist, der Andruckkraft F_N, dem Radius r zum Angriffspunkt der elastischen Stange und den Haft-und Gleitreibungskoeffizienten μ_H und μ_G. Ferner wird noch eine gewisse viskose Reibung mit

$$M_V = k_V \omega \tag{2.9.6}$$

zugrunde gelegt. Der Drehwinkel an der Welle des Getriebemotors vom Scheibenwischer sei φ_M. Der Drehwinkel des Scheibenwischerblattes sei φ_W.

Modellierung des Scheibenwischers

Das vom Motor erzeugte Moment M_M verbiegt die elastischen Wischerstange. Dabei ergibt sich die Winkeldifferenz

$$\varphi_M - \varphi_W = \frac{M_M}{c}. \tag{2.9.7}$$

Zugleich setzt das von der Feder übertragene Moment das Wischerblatt in Bewegung:

$$J_W \ddot{\varphi}_W(t) + k_V \dot{\varphi}_W(t) + F_R\{\dot{\varphi}_W(t)\} = M_M \qquad (2.9.8)$$

Ersetzt man in Gl. (2.9.8) M_M mit der Gl. (2.9.7) so gilt

$$J_W \ddot{\varphi}_W(t) + k_V \dot{\varphi}_W(t) + F_R\{\dot{\varphi}_W(t)\} + c\varphi_W = c\varphi_M \qquad (2.9.9)$$

Um den Vorgang des Scheibenwischens zu simulieren wird diese Gleichung in ein Simulinkmodell umgesetzt, siehe rechte Seite der Abb. 2.9.8. Die Haft-und Gleitreibung wird wie in Abb. 2.9.5 modelliert. Das Moment M_M wird mit dem Modell des Gleichstrommotors, dass vom Kapitel 2.1 übernommen wurde, erzeugt, siehe Abb. 2.9.8 links.
Für eine Simulation werden die mechanischen Parameter des Scheibenwischers benötigt, die nur experimentell zu ermitteln sind. Obwohl sie nicht vorliegen, wird dennoch mit plausibel gewählten Werten simuliert, um zu demonstrieren, wie der Stick-Slip-Effekt entsteht.

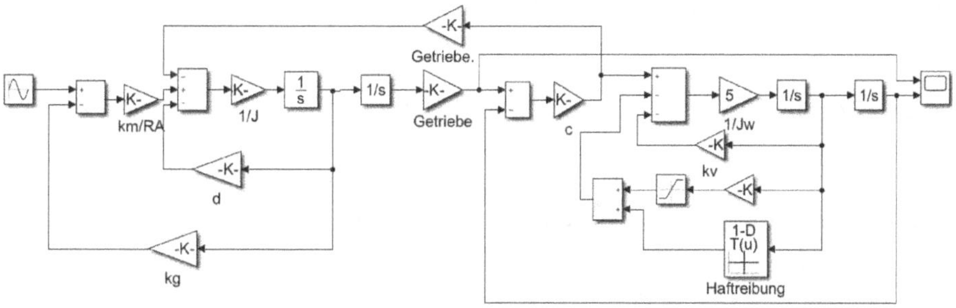

Abb. 2.9.8: Simulinkmodell zur Demonstration des Stick-Slip-Effekts beim Scheibenwischer (wischer.slx)

Die Aufzeichnung der Winkel von der Getriebewelle φ_M und vom Wischerblatt φ_W zeigt Abb. 2.9.9.

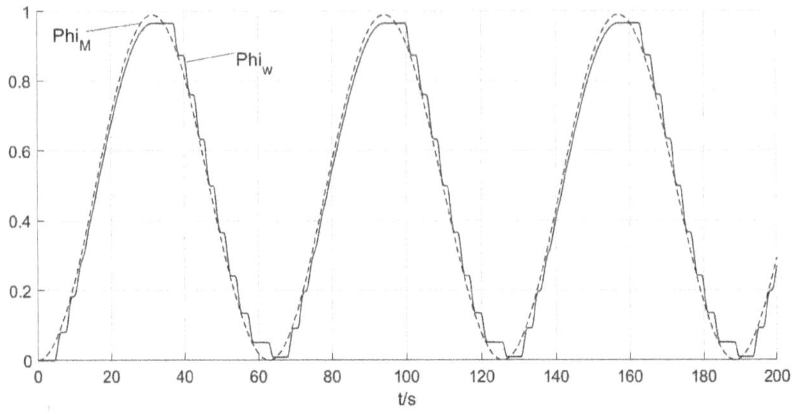

Abb. 2.9.9: Aufzeichnung der Winkel von der Getriebewelle φ_M und vom Wischerblatt φ_W

Betrachtet man den Verlauf von φ_W, so erkennt man bei den Maxima die Wirkung der Haftreibung mit dem horizontalen Verlauf. Die Haftreibung stößt Schwingungen an, die deutlich an den fallenden Flanken zu erkennen sind. Diese Schwingungen werden in der Realität als ruckendes Gleiten beobachtet.

2.10 Geschwindigkeits- und Abstandsregelung eines Kraftfahrzeugs

2.10.1 Modellierung der Dynamik des Kraftfahrzeugs

Die Komplexität des Modells hängt dabei davon ab, was alles in die Betrachtung mit einbezogen wird. Nicht mit einbezogen wird hier das Übertragungsverhalten des Motors von der Anforderung des Drehmoments bis zu seiner Bereitstellung, da dessen Dynamik gegenüber der des Kraftfahrzeugs i.A. zu vernachlässigen ist. Es wird ferner davon ausgegangen, dass das vom Motor erzeugte Drehmoment mittels Getriebe und Radradius statisch in eine Antriebskraft $F_A(t)$ umgesetzt wird. Das Verhalten des Fahrzeugs von der Antriebskraft $F_A(t)$ zur Geschwindigkeit v(t) wird beschrieben durch die Bewegungsgleichung

$$m\frac{dv(t)}{dt} = F_A(t) - F_R - F_L(t) - F_N(t). \quad (2.10.1)$$

Darin sind ferner
- m: Fahrzeugmasse,
- F_R: Rollreibung
- $F_L(t)$: Luftwiderstand und
- $F_N(t)$: Einfluss der Fahrbahnneigung.

Für die bremsende bzw. beschleunigende Kraft $F_N(t)$ bei ansteigender bzw. abfallende Fahrbahnneigung gilt:

$$F_N(t) = m \cdot g \cdot \sin\alpha \tag{2.10.2}$$

Mit der Erdbeschleunigung g und der Fahrbahnneigung α (siehe Abb. 2.10.1), nicht zu verwechseln mit der Steigung $\sigma = \tan\alpha$.

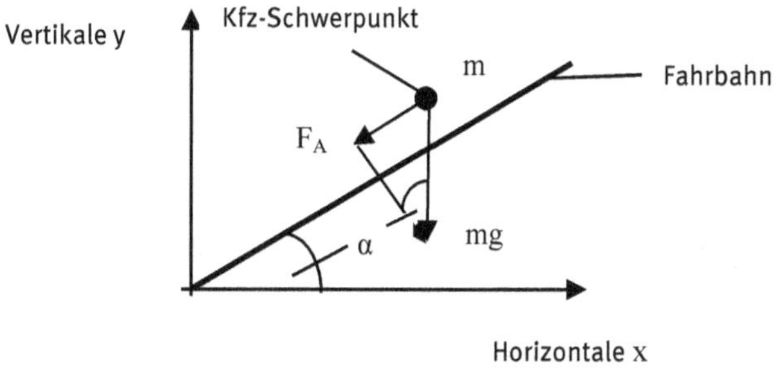

Abb. 2.10.1: Kräftedreieck bei ansteigender Fahrbahn mit punktförmiger Masse m fürs Fahrzeug

Für die Abhängigkeit der Luftwiderstandskraft F_L von der Fahrzeuggeschwindigkeit v gilt der Zusammenhang

$$F_L = k_L \cdot v^2 \tag{2.10.3}$$

mit

$$k_L = c_w A \frac{\rho}{2} \tag{2.10.4}$$

Darin sind
- c_w: Luftwiderstandsbeiwert,
- A: Fahrzeugstirnfläche und
- ρ: Luftdichte.

Setzt man in die Gl.(2.10.1) die Gl.(2.10.2) und Gl.(2.10.3) ein, erhält man

$$m\frac{dv(t)}{dt} = F_A(t) - F_R - k_L v^2(t) - m \cdot g \cdot \sin\alpha \tag{2.10.5}$$

bzw.

$$\frac{dv(t)}{dt} + \frac{k_L}{m} v^2(t) = \frac{1}{m} F_A(t) - \frac{1}{m} F_R - g \cdot \sin\alpha \, . \tag{2.10.6}$$

Für die weitere Behandlung wird ein PkW zugrunde gelegt mit den Werten:
- Masse m=1100kg,
- Stirnfläche A=4 m^2

- c_W=0,7,
- ρ=1,2 kg/m³ und
- Rollreibkraft F_R=160 N.

Die Erdbeschleunigung ist bekanntlich $g = 9{,}81 m/s^2$. Der Koeffizient des Luftwiderstandes ergibt sich mit diesen Werten zu

$$k_L = c_W A \frac{\rho}{2} = 0{,}7 \cdot 4 \cdot \frac{1{,}1}{2} \frac{kg}{m} = 1{,}54 \frac{kg}{m}.$$

Die Umsetzung der Gl. (2.10.6) in ein Simulinkmodell zeigt Abb. (2.10.2).

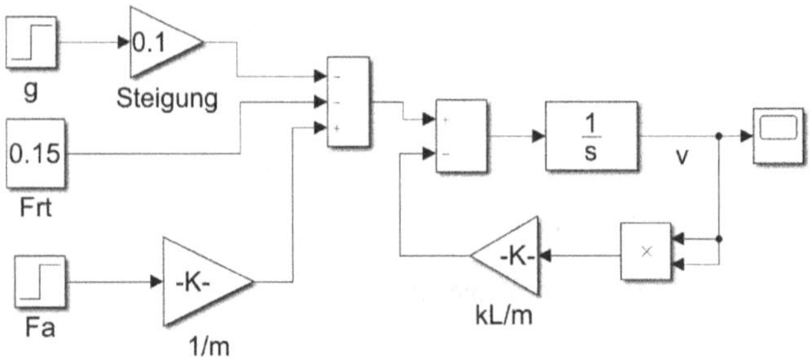

Abb. 2.10.2: Modell der Bewegungsgleichung des Fahrzeugs (kfz.slx)

Das Ergebnis der Simulation des Fahrverhaltens mit F_A=1650 N auf zunächst ebener Fahrbahn und anschließender Steigung mit 10% zeigt Abb. 2.10.3 mit der aufgezeichneten Geschwindigkeit v(t) in m/s.

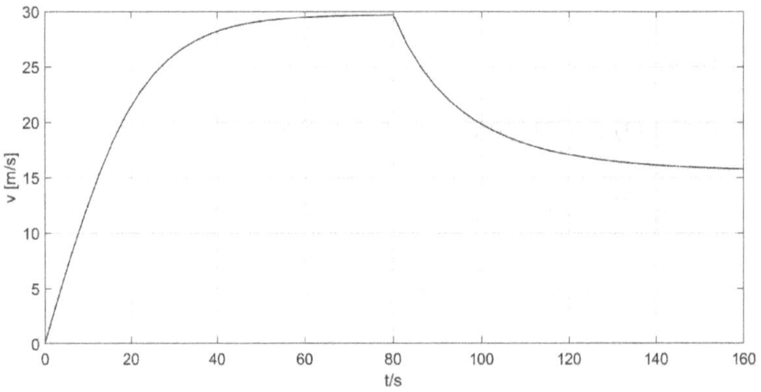

Abb. 2.10.3: Geschwindigkeitsanstieg bei sprungförmiger Antriebskraft und Geschwindigkeitsabfall bei auftretender Steigung

Wie zu erwarten, nimmt mit konstanter Gaspedaleinstellung die Geschwindigkeit v(t) bis zu einer der Gaspedalstellung entsprechenden Geschwindigkeit zu und bei auftretender Steigung ab. Desweiteren wird die Geschwindigkeit bei Gegenwind vermindert. Um mit möglichst konstanter Geschwindigkeit trotz störender Einflüsse zu fahren, muss der Fahrer entsprechend nachjustieren. Um den Fahrer von dieser Aufgabe zu befreien, wird hierfür seit mehreren Jahren ein Regler, auch Tempomat genannt, eingesetzt. Im nachfolgenden Kapitel wird eine Geschwindigkeitsregelung entworfen.

2.10.2 Geschwindigkeitsregelung

Der Entwurf des Reglers setzt ein lineares Übertragungsverhalten des Kfz‘s voraus. Daher wird der Luftwiderstand bei der jeweiligen Geschwindigkeit v_0 wie folgt linearisiert:

$$F_L = k_L v^2 \approx k_L v_0^2 + \left.\frac{dF_L}{dv}\right|_{v_0} \cdot \Delta v \tag{2.10.7}$$

Für die Ermittlung der Dynamik des Kfz‘s bei einer bestimmten Geschwindigkeit v_0 wird die Steigung

$$\left.\frac{dF_L}{dv}\right|_{v_0} = 2k_L v_0 \tag{2.10.8}$$

von $F_L(v)$ an der Stelle v_0 zugrunde gelegt. Damit wird das lineare-Übertragungsverhalten des Kfz‘s bzgl. der Geschwindigkeitsänderung v um v_0 beschrieben durch

$$m\frac{dv(t)}{dt} + 2k_L v_0 v(t) = f(t) \tag{2.10.9}$$

bzw.

$$\frac{m}{2k_L v_0} \cdot \frac{dv(t)}{dt} + v(t) = \frac{1}{2k_L v_0} f(t). \tag{2.10.10}$$

Darin ist f(t) die Änderung der effektiven Antriebskraft. Das Kleinsignal-Übertragungsverhalten des Kfz‘s entspricht dem eines PT_1-Systems mit dem Proportionalbeiwert

$$K_S = \frac{1}{2k_L v_0} \tag{2.10.11}$$

und der Zeitkonstante

$$T_S = \frac{m}{2k_L v_0}. \tag{2.10.12}$$

Für die Regelung der Geschwindigkeit wird der nachfolgende Regelkreis in Abb. 2.10.4 mit dem Regler G_R gebildet. Darin ist die Regelgröße die Istgeschwindigkeit v und die Führungsgröße die Sollgeschwindigkeit v_{soll}.

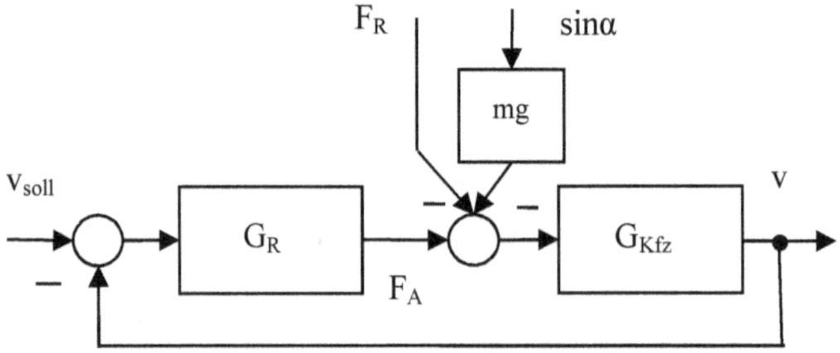

Abb. 2.10.4: Regelkreis für die Regelung der Geschwindigkeit

Als Regler wird ein PI-Regler mit der Übertragungsfunktion

$$G_R(s) = K_R\left(1 + \frac{1}{sT_N}\right) \tag{2.10.13}$$

eingesetzt, um stationäre Genauigkeit zu gewährleisten. Dabei ist es üblich, mit der Nachstellzeit T_N des Reglers die Zeitkonstante T_S zu kompensieren:

$$T_N = T_S = \frac{m}{2k_L v_0}. \tag{2.10.14}$$

Mit der Reglerverstärkung K_R wird i.A. eine gewünschte Dynamik der Regelung unter Berücksichtigung des begrenzten Stellsignals eingestellt. Die maximal vom Motor erzeugte Antriebskraft ist F_{Amax}=6000N. Bei einer Geschwindigkeitsanforderung von v_{Soll}=100km/h $\triangleq$ 28 m/s könnte damit K_R maximal

$$K_{R\,max} = \frac{6000N}{28m/s} = 214 \tag{2.10.15}$$

werden.

Die Kfz-Zeitkonstante T_S hängt von der gefahrenen Geschwindigkeit v_0 ab, siehe Gl. (2.10.12). Mit einem fest gewählten Wert für T_N wäre dann nur für die entsprechende Geschwindigkeit die PI-Regelung optimal. Um die Regelung in dem gefahrenen Geschwindigkeitsbereich optimal zu gestalten, wird ein adaptiver PI-Regler mit der von der Geschwindigkeit abhängigen Nachstellzeit

$$T_N = \frac{m}{2k_L v(t)} \tag{2.10.16}$$

eingesetzt. Die Reglerverstärkung wird gewählt zu

$$K_R = 300.$$

Damit überschreitet bei großen Geschwindigkeitsvorgaben v_{soll} die Stellgröße F_A die maximale Antriebskraft F_{Amax} des Motors, die im Modell mit einem Begrenzer berücksichtigt wird. In diesen Fällen wird der Stellsignalimpuls etwas gestutzt, was das Führungsverhalten nur unwesentlich verschlechtert. Dafür wird mit dem größer gewählte K_R-Wert der Geschwindigkeitseinbruch bei Fahrbahnsteigung vermindert. Die Erweiterung des Kfz-Modells mit dem adaptiven PI-Regler zeigt Abb. 2.10.5.

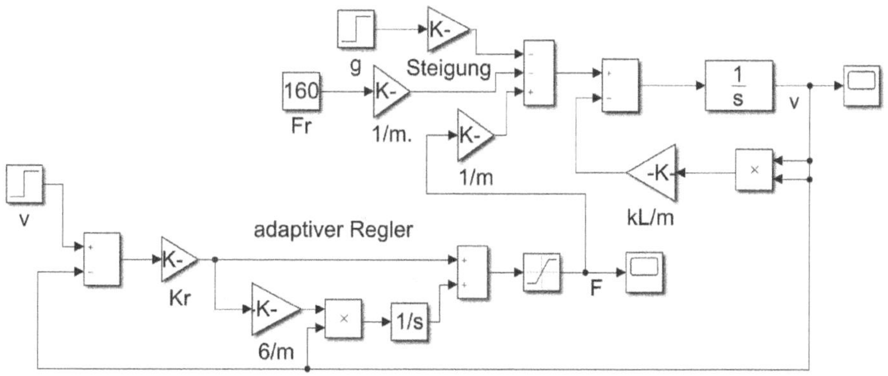

Abb. 2.10.5: Regelung der Kraftfahrzeuggeschwindigkeit mit adaptivem PI-Regler (kfz_R.slx)

Beim integrierenden Zweig des PI-Reglers wurde $2k_L$ in

$$\frac{1}{T_N} = \frac{2k_L}{m} v(t)$$

etwas größerer mit $2k_L$=6 gewählt, um ein schnelleres Führungsverhalten zu erhalten. Mit dem Modell des so geregelten Kfz‘s wurde das Fahrverhalten mit den Geschwindigkeitsvorgaben v_{Soll} = 10, 20 und 30 m/s simuliert und die Geschwindigkeitsprofile in Abb. 2.10.6 dargestellt.

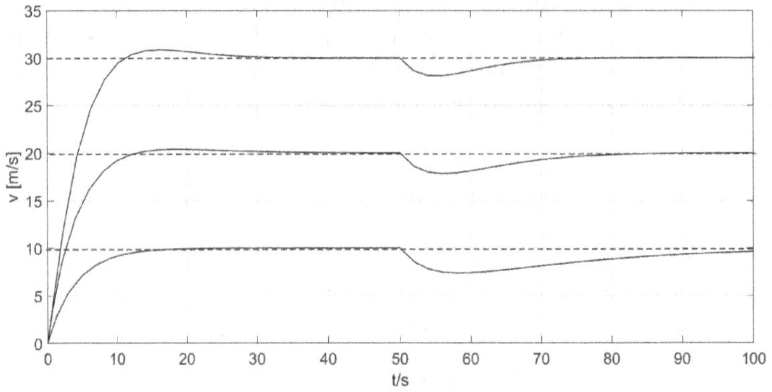

Abb. 2.10.6: Geschwindigkeitsprofile für die Sollgeschwindigkeiten v_{Soll} = 10, 20 und 30 m/s

Darüber hinaus wurde auch die Antriebskraft F_A vom Motor mit aufgezeichnet und in Abb. 2.10.7 dargestellt. Bei der Vorgabe v_{Soll}= 30 m/s wirkt, wie zu erwarten, die Begrenzung des Motors.

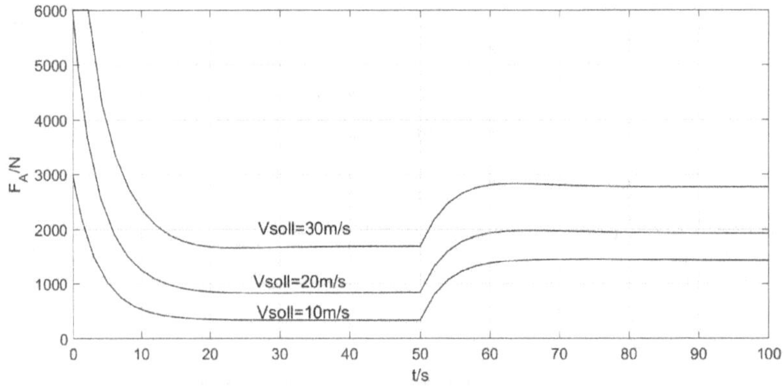

Abb. 2.10.7: Verläufe der Antriebskraft für die Sollgeschwindigkeiten v_{Soll} = 30, 20 und 10 m/s

Alle drei Geschwindigkeitsprofile in Abb. 2.10.6 zeigen ein schnelles Führungsverhalten mit geringem bzw. ohne Überschwingen. Der temporäre Geschwindigkeitseinbruch bei auftretender Steigung ist nicht groß und wird gut ausgeregelt.

2.10.3 Abstandsregelung

Es ist das Ziel der Abstandsregelung, den Abstand zum Vordermann bei Kolonnenfahrt entsprechend den Verkehrsvorschriften einzuhalten. Fährt das vorausfahrende Fahrzeug mit der Geschwindigkeit v_1 und das nachfolgende Fahrzeug mit der Geschwindigkeit v_2, so erhält man den Abstand x(t) gemäß

$$x(t) = \int_0^t v_1(\tau)d\tau + x_1(0) - \int_0^t v_2(\tau)d\tau - x_2(0)\,. \tag{2.10.17}$$

Als voraus fahrendes Fahrzeug wird ein geschwindigkeitsgeregeltes Auto mit der Übertragungsfunktion $G_{A1\text{-}V}$ angenommen. Das nachfolgende Auto mit G_{A2} wird abstandsgeregelt mit dem in der Abb. 2.10.8 dargestellten Regelkreis.
Laut Straßenverkehrsordnung ist bei einer Geschwindigkeit v_2 des nachfolgenden Autos in km/h der Abstand x_{Soll} [m]=v_2/2 einzuhalten. Ist v_2 in m/s angegeben, wie hier, gilt für den Abstand

$$x_{Soll}[m] = \frac{1}{2} v_2 [km/h] = \frac{3{,}6}{2} v_2 [m/s]\,.$$

$$x_{Soll}[m] = 1{,}8 \cdot v_2 [m/s]$$

Da der Abstandssollwert x_{Soll} von v_2 abhängt, wirkt er in Form einer Rückführung von v_2 zum Reglereingang und bildet damit einen unterlagertern Regelkreis, der dem der Geschwindigkeitsregelung entspricht, bis auf den Faktor 1,8 in der Rückführung.

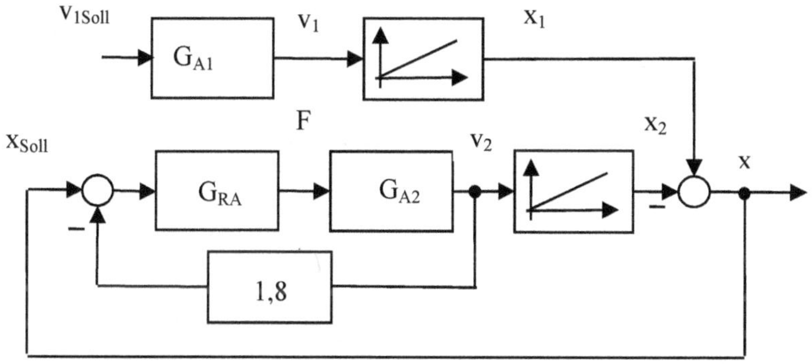

Abb. 2.10.8: Regelkreis zur Regelung des Autoabstands

Es liegt daher nahe, den Abstandsregler G_{RA} wie den Geschwindigkeitsregler mit entsprechender Anpassung zu wählen. Es wird T_N wieder mit dem ursprünglichen Wert

$$T_N = \frac{m}{2k_L v(t)}$$

nach Gl. (2.10.16) verwendet und K_{RA} experimentell angepasst auf den Wert K_{RA}=250. Das Simulinkmodell der Abstandsregelung zeigt Abb. 2.10.9. Mit ihm werden für unterschiedliche Anfangs-Abstände bei gleicher Anfangsgeschwindigkeit beider Fahrzeuge von v_{10}=v_{20}=10 m/s und einer Sollgeschwindigkeit von v_{Soll}=30 m/s Fahrten simuliert und der Abstand in Abb. 2.10.10 und die Geschwindigkeiten v_1 und v_2 in Abb. 2.10.11 aufgezeichnet.

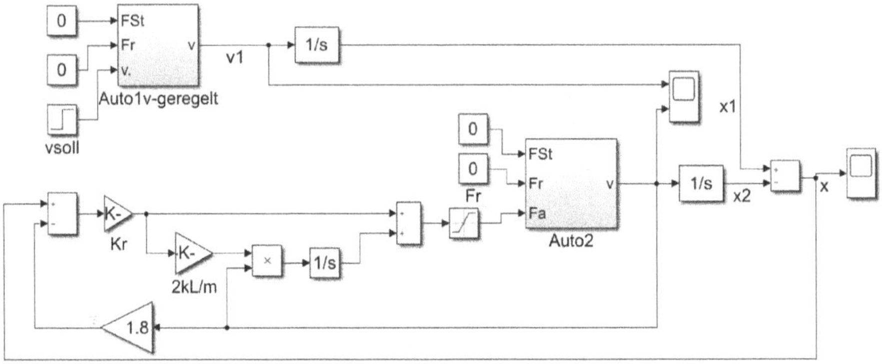

Abb. 2.10.9: Abstandsregelung (kfz_R_A.slx)

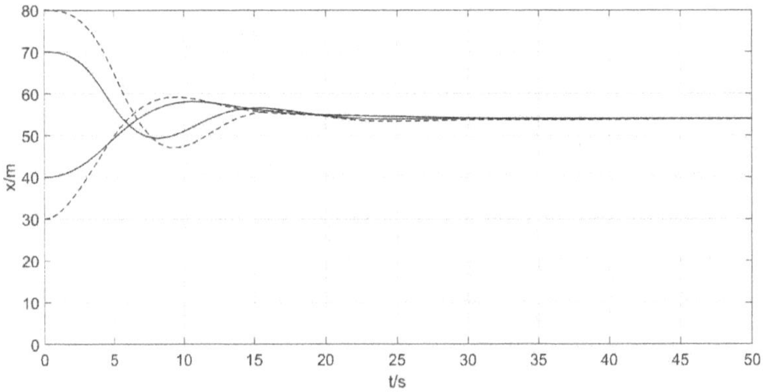

Abb. 2.10.10: Verlauf des Abstands x(t) bei den Anfangswerten x_0=30, 40, 70 und 80 m

Nach einem Einschwingvorgang stellt sich bei der gefahrenen Geschwindigkeit von v=30m/s ≙ 108 km/h der Abstand gemäß Straßenverkehrsordnung von 54 m ein.

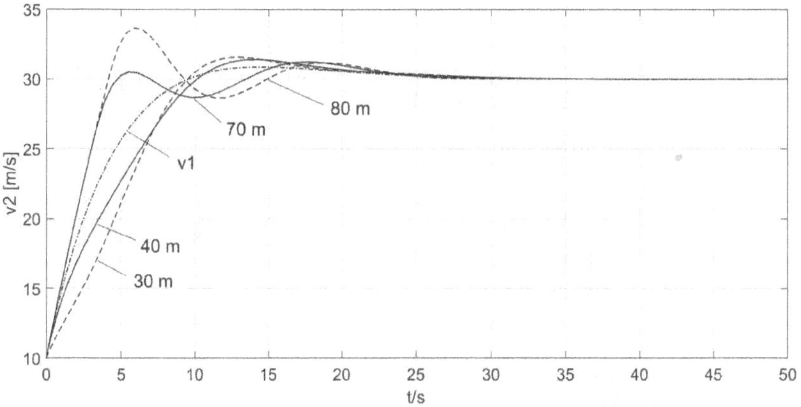

Abb. 2.10.11: Geschwindigkeit v_1 und Geschwindigkeiten v_2 bei verschiedenen Anfangsabständen

Bei größeren Anfangs-Abständen folgt das nachfahrende Fahrzeug mit größerer Geschwindigkeit und nimmt nach einem kurzen Überschwinger die Geschwindigkeit des voraus fahrenden Fahrzeugs an. Bei kleineren Abständen folgt das nachfahrende Fahrzeug mit geringerer Geschwindigkeit und fährt nach kurzer Geschwindigkeitsüberhöhung ebenfalls mit der Geschwindigkeit des voraus fahrenden Fahrzeugs.

Zu klären ist noch, ob die Abstandsregel während des gesamten Übergangsvorganges eingehalten wird. Dazu sind die Abstände x ausgehend von x_0=40 und 70 m mit den zugehörigen Sollabständen x_{Soll} in Abb. 2.10.12 dargestellt.

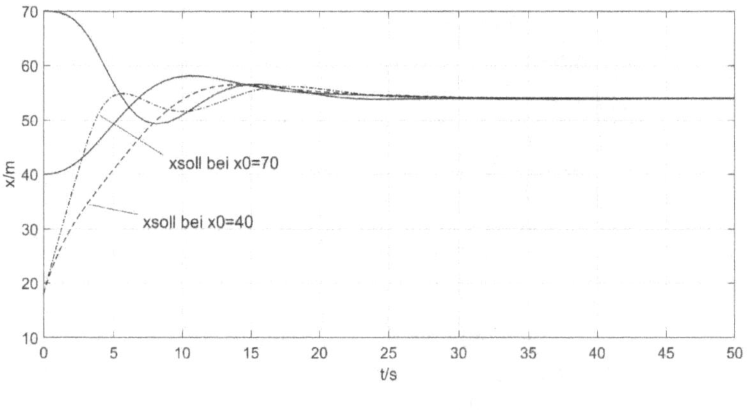

Abb. 2.10.12: Soll- und Istabstände (gestrichelte bzw. ausgezogene Linien) bei den Anfangsabständen x_0=40 m und x_0=70m

Ausgehend von x_0=40 m ist der Abstand x stets größer als x_{Soll}. Ausgehend von x_0=70m gibt es im Zeitabschnitt Δt einen kurzen Bereich, in dem x_{Soll} um ca. 5% unterschritten wird. Insgesamt darf man feststellen, dass die Abstandsregelung den Anforderungen genügt.

2.11 Lageregelung von Kleinsatelliten

Kleinsatelliten werden vermehrt zur Erdbeobachtung in den Erdumlauf geschickt. Aufgrund ihrer geringeren Größe und Masse besitzen sie eine größere Agilität gegenüber Großsatelliten. Je nach Größe und Gewicht unterscheidet man zwischen

- Minisatelliten (100–500 kg),
- Mikrosatelliten (10–100 kg),
- Nanosatelliten (1–10 kg),
- Picosatelliten (0,1–1 kg), siehe Abb. 2.11.1, und
- Femtosatelliten (< 0,1 kg).

Abb. 2.11.1: Picosatellit FunCube-1 (Quelle: https://de.wikipedia.org/wiki/Kleinsatellit vom 15.02.2021)

Für eine Ausrichtung von Richtantennen oder Kameras auf den Erdmittelpunkt oder eine andere Position auf der Erdoberfläche ist eine Lageregelung erforderlich. Dabei kommen unterschiedliche Methoden, die auf verschiedenen physikalischen Gesetzen beruhen, zur Anwendung. Hier wird ein Verfahren behandelt, das meist bei

Mikrosatelliten verwendet wird. Zur Anwendung kommt das physikalische Prinzip der Drehimpulserhaltung in einem abgeschlossenen System. Wird eine Masse in einem System um eine Drehachse beschleunigt so erfährt die umliegende Masse ein der Beschleunigung entgegengesetztes Drehmoment. Realisiert wird dieses Prinzip, indem eine Schwungscheibe von einem Gleichstrommotor angetrieben wird. Die umliegende Masse ist der Satellit. Diese Methode wird als „Lageregelung mit Reaktionsrädern (Drallrädern)“ bezeichnet. Damit der Satellit um seine drei Achsen im Raum beliebig gedreht werden kann, ist er mit drei Reaktionsrädern, die mit ihren Rotationsachsen zueinander jeweils einen rechten Winkel bilden, ausgestattet.

2.11.1 Modellierung der Strecke

Vor der Lageregelung eines Satelliten muss ein mathematisches Modell erstellt werden. Die Komplexität des Modells hängt dabei davon ab, was alles in die Betrachtung mit einbezogen wird. Als geometrische Form des Picosatelliten wird der Einfachheit halber Würfelform zugrunde gelegt. Die drei Reaktionsräder seien auf den drei Hauptträgheitsachsen (x, y, z) angeordnet, siehe Abb. 2.11.2

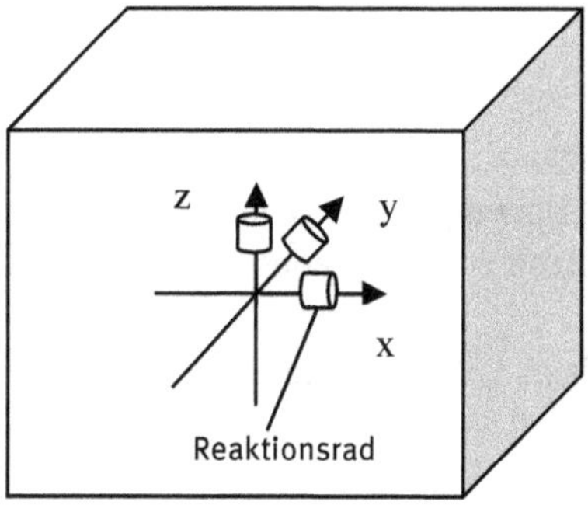

Abb. 2.11.2: Modell zur mathematischen Beschreibung des Picosatelliten

Die Drehung des Reaktionsrades auf einer der Achsen im Uhrzeigersinn bewirkt eine Rotation des Satelliten um die gleiche Achse im Gegenuhrzeigersinn.

Aus Symmetriegründen rotiert der Satellit um alle drei Achsen in gleicher Weise, so dass sich unsere Betrachtung auf die Regelung des Satellitendrehwinkels um eine Achse beschränken kann. Bevor ein Regler ausgewählt und parametriert werden kann, muss zunächst ein mathematisches Modell der Strecke erstellt werden.

Modellierung der Satellitenrotation

Betrachtet wird die Rotation um eine Achse, siehe Abb. 2.11.3.

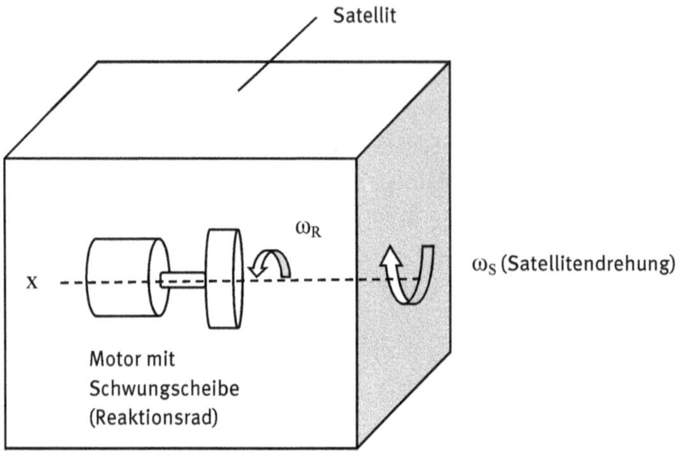

Abb. 2.11.3: Darstellung der Rotation um eine Achse

Aufgrund des Drehimpulserhaltungsgesetzes gilt:

$$\omega_R J_R = \omega_S J_S \, . \tag{2.11.1}$$

Darin sind
- ω_R : Winkelgeschwindigkeit des Schwungrades,
- ω_S : Winkelgeschwindigkeit des Satelliten (in Gegenrichtung zu ω_R),
- J_R: Massenträgheitsmoment des zylinderförmigen Schwungrades (mit Rotor vom Motor) und
- J_S: Massenträgheitsmoment des würfelförmigen Satelliten um eine der Hauptträgheitsachsen x, y oder z.

Für die Winkelgeschwindigkeit des Satelliten gilt damit:

$$\omega_S = \omega_R \frac{J_R}{J_S} \, . \tag{2.11.2}$$

Da $J_S >> J_R$ wird $\omega_S << \omega_R$. Zwischen dem Reaktionsrad und dem Satelliten besteht zwar eine physikalische aber keine mechanische Kopplung. Folglich braucht bei der Drehzahlregelung des Reaktionsrades J_S des Satelliten nicht berücksichtigt zu werden.

Modellierung der Rotation des Reaktionsrades

Bei dem Motor handelt es sich um einen Gleichstrommotor, der in Abb. 2.11.4 schematisch dargestellt ist.

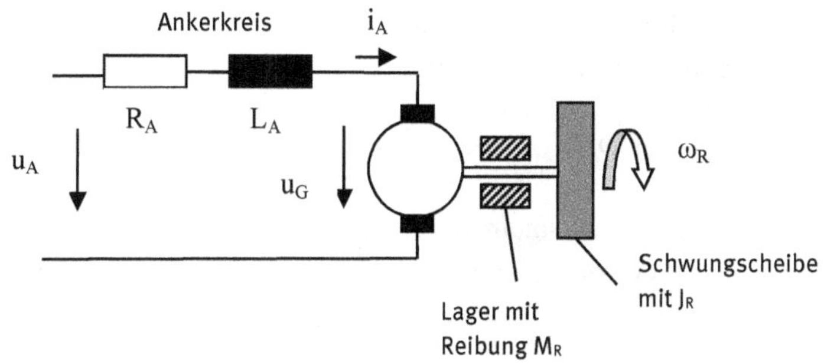

Abb. 2.11.4: Schematische Darstellung des Gleichstrommotors mit Schwungscheibe (Reaktionsrad)

Es gelten die beschreibenden Gleichungen (2.1.1) bis (2.1.4) vom Kapitel 2.1, wobei als Lastmoment hier das Reibmoment vom Lager

$$M_R(t) = k_R \omega_R(t) \tag{2.11.3}$$

einzusetzen ist. Außerdem ist die Ankerzeitkonstante T_A hier vernachlässigbar gering. Die Zusammensetzung der Gleichungen (2.1.1) bis (2.1.4) mit (2.11.3) mit den Sinnbildern des Blockschaltbildes ergibt das Strukturbild des Motors, siehe Abb. 2.11.5

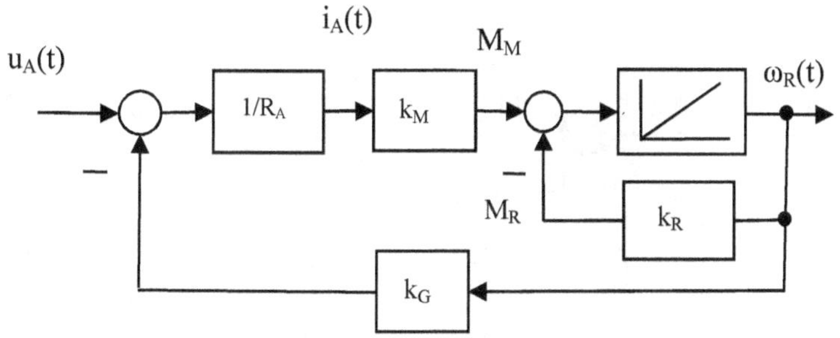

Abb. 2.11.5: Strukturbild des Gleichstrommotors mit Schwungscheibe (Reaktionsrad)

Die Kenndaten des Motors lauten:
- Ankerspannung u_{Amax}= 12 V,
- Maschinenkonstante $k_G = 0{,}02 Vs$,
- Drehmomentkonstante $k_M = 0{,}02 Nm/A$,
- Reibkonstante $k_R = 4 \cdot 10^{-5} Nms$
- Nenndrehzahl n = 4000 U/min (ω_R=419 s^{-1}) bei u_A=10V,
- Ankerwiderstand $R_A = 2\,\Omega$
- Massenträgheitsmoment vom Motor mit Schwungscheibe $J_R = 4{,}3 \cdot 10^{-4} Nms^2$.

Modellierung des Reaktionsrads mit dem Satelliten
Die Winkelgeschwindigkeit des Satelliten ω_S ergibt sich nach Gl. (2.11.1) zu

$$\omega_S = K_S \omega_R \tag{2.11.4}$$

mit $K_S = J_R / J_S$. Das Massenträgheitsmoment des würfelförmigen Satelliten um eine Hauptträgheitsachse beträgt etwa: $J_S = 0,9\ Nms^2$. Damit folgt

$$K_S = \frac{4,3 \cdot 10^{-4}\ Nms^2}{0,9 Nms^2} = 4,8 \cdot 10^{-4}\ .$$

Der Drehwinkel φ_S des Satelliten ergibt sich durch Integration über ω_S zu

$$\varphi_S = \int_0^t \omega_S(\tau) d\tau\ . \tag{2.11.5}$$

Diese beiden Gleichungen werden im Strukturbild Abb. 2.11.5 durch ihre Blockschaltbilder ergänzt und es ergibt Abb. 2.11.6

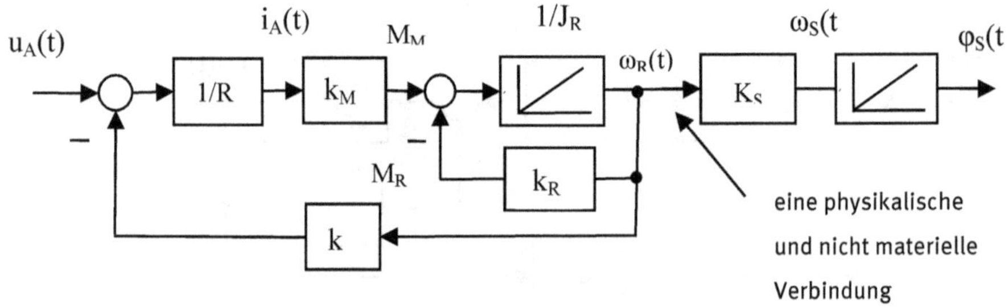

Abb. 2.11.6: Modell des Reaktionsrads mit Satellit

2.11.2 Regelung des Satellitenwinkels

Für die Regelung des Satellitenwinkels $\varphi_S(t)$ wird die Übertragungsfunktion

$$G_S(s) = \frac{\varphi_S(s)}{u_A(s)} \tag{2.11.6}$$

benötigt. Sie ergibt sich zu

$$G_S(s)=\frac{\dfrac{k_M}{R_A J_G s}}{1+\dfrac{k_G k_M}{R_A J_G s}}\cdot\frac{K_S}{s}=\frac{K_S}{k_G}\frac{1}{s\left(1+\dfrac{R_A J_G}{k_G k_M}s\right)}. \tag{2.11.7}$$

Hierbei wurde k_R vernachlässigt, da $R_A k_R / k_M << k_G$ (folgt durch Verlagerung der M_R-Aufschaltung auf die linke Summationsstelle). Ferner schreiben wir

$$G_S(s)=\frac{K_S}{k_G}\frac{1}{s(1+T_s s)} \tag{2.11.8}$$

Mit $$T_s=\frac{R_A J_G}{k_G k_M}=\frac{2\cdot 4{,}3\cdot 10^{-4}}{0{,}02^2}=2{,}15s\,.$$

Mit Zahlenwerten:

$$G_S(s)=0{,}024\frac{1}{s(1+2{,}15s)} \tag{2.11.10}$$

Hierbei handelt es sich um ein IT_1-System, so dass für ein stationär genaues Führungsverhalten nur ein P-Regler

$$G_R(s)=K_R \tag{2.11.11}$$

benötigt wird.

Der Satellitenwinkel φ_S kann leider nur indirekt bestimmt werden, indem man mit einem Gyroskop die Winkelgeschwindigkeit ω_S misst und darüber integriert. Dabei ist es ein Problem, dass durch Messfehler des Gyroskops, φ_{Sist} am Ausgang des Mess-Integrierers von dem tatsächlichen φ_{Sist} wegdriftet. Daher wird in gewissen Abständen $\varphi_{Ssoll}=0$ angefahren und der Mess-Integrierer zurückgesetzt.
In der Abb. 2.11.7 ist der Regelkreis dargestellt und das Modell des Motors von Abb. 2.11.5 als Block G_M eingetragen.

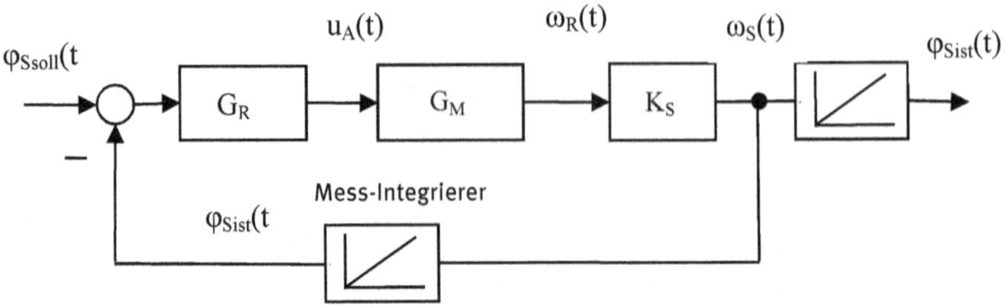

Abb. 2.11.7: Regelkreis zur Regelung des Satellitenwinkels

Die Verstärkung K_R des P-Reglers wird nun so gewählt, dass das Führungsverhalten eine Dämpfung von $D = 1/\sqrt{2}$ erhält. Die Führungsübertragungsfunktion ergibt sich zu

$$G_W(s) = \frac{\varphi_{Sist}(s)}{\varphi_{Ssoll}(s)} = \frac{K_R G_S(s)}{1 + K_R G_S(s)}, \tag{2.11.12}$$

$$G_W(s) = \frac{1}{1 + \frac{1}{K_R G_S(s)}} = \frac{1}{1 + \frac{s(1+2{,}15s)}{0{,}024 K_R}} \tag{2.11.13}$$

und

$$G_W(s) = \frac{1}{\frac{2{,}15}{0{,}024 K_R} s^2 + \frac{1}{0{,}024 K_R} s + 1}. \tag{2.11.14}$$

Durch Vergleich mit der PT_2-Standardform

$$G_{PT_2}(s) = \frac{1}{\frac{1}{\omega_0^2} s^2 + \frac{2D}{\omega_0} s + 1} \tag{2.11.15}$$

folgt

$$\omega_0^2 = \frac{0{,}024 K_R}{2{,}15} \quad \text{und} \quad \frac{2D}{\omega_0} = \frac{1}{0{,}024 K_R}. \tag{2.11.16}$$

Löst man diese beiden Beziehungen nach K_R auf, erhält man

$$K_R = \frac{1}{4D^2 2{,}15 \cdot 0{,}024} \tag{2.11.17}$$

und mit $D = 1/\sqrt{2}$ folgt $K_R = 9,7$.
Zur Überprüfung des Regelverhaltens wurde der Regelkreis von Abb. 2.11.7 als Simulinkmodell erstellt, siehe Abb. 2.11.8 und bei einem Eingangssprung mit φ_{soll}=1 rad die Verläufe von φ_{ist} und ω_S aufgezeichnet, siehe Abb. 2.11.9.

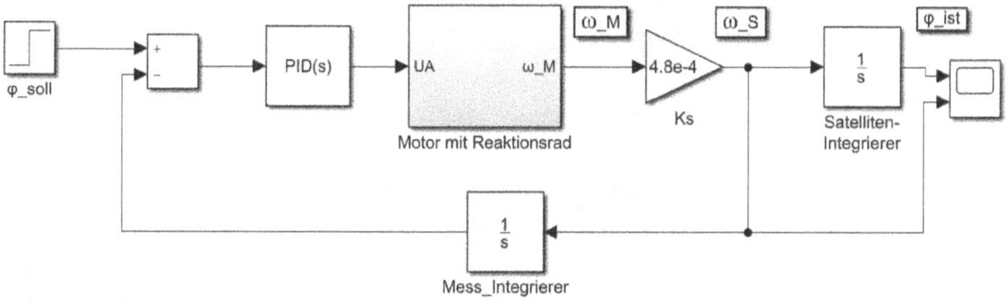

Abb. 2.11.8: Simulinkmodell zur Regelung des Satellitenwinkels (satellit.xls)

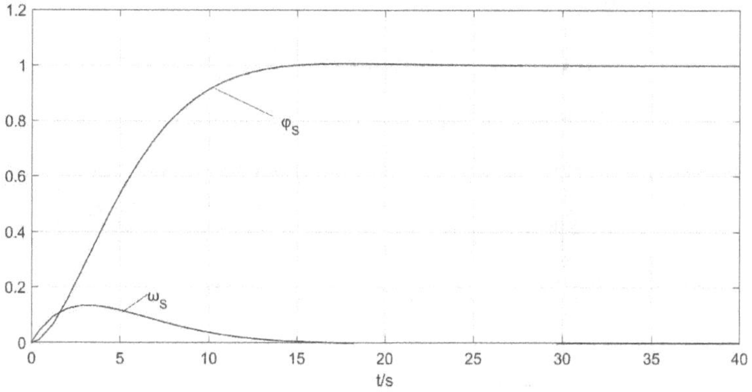

Abb. 2.11.9: Sprungantworten vom Satellitenwinkel φ_S und der Winkelgeschwindigkeit ω_S

Es zeigt sich ein gutes Regelverhalten, jedoch entspricht der Winkelverlauf $\varphi_S(t)$ nur näherungsweise der Einstellung für $D = 1/\sqrt{2}$, da hierbei eine Überschwingweite von ca. 5% vorliegen müsste. Das liegt an der vernachlässigten Lagerreibung k_R.

2.11.3 Kontrollfragen

1. Mit welcher physikalischen Größe wird der Satellit in eine gewünschte Winkellage um eine seiner Achsen gebracht?

2. Geben Sie den physikalischen Zusammenhang zwischen den Winkelgeschwindigkeiten des Satelliten ω_S und des Schwungrad ω_R vom Motor um eine bestimmte Achse an.
3. Wie wird der Satellitenwinkel φ_S bestimmt und welcher Fehler tritt dabei auf?

2.12 Gleichlaufregelung bei Walzantrieben

2.12.1 Beschreibung der Aufgabe

Beim Bedrucken von Papierbahnen kommt es darauf an, dass die verschiedenen von Elektromotoren angetriebenen Druckwalzen winkelsynchron (d.h. winkelübereinstimmend) mit der Zugwalze laufen, damit der Aufdruck richtig platziert wird. Man erreicht dies dadurch, dass die Drehzahl einer Zugwalze (Masterantrieb) geregelt wird und die Druckwalzen (Slaveantriebe) eine Winkelregelung erhalten, deren Winkelsollwert vom Momentanwert des Masterantriebs vorgegeben wird, siehe Abb. 2.12.1.

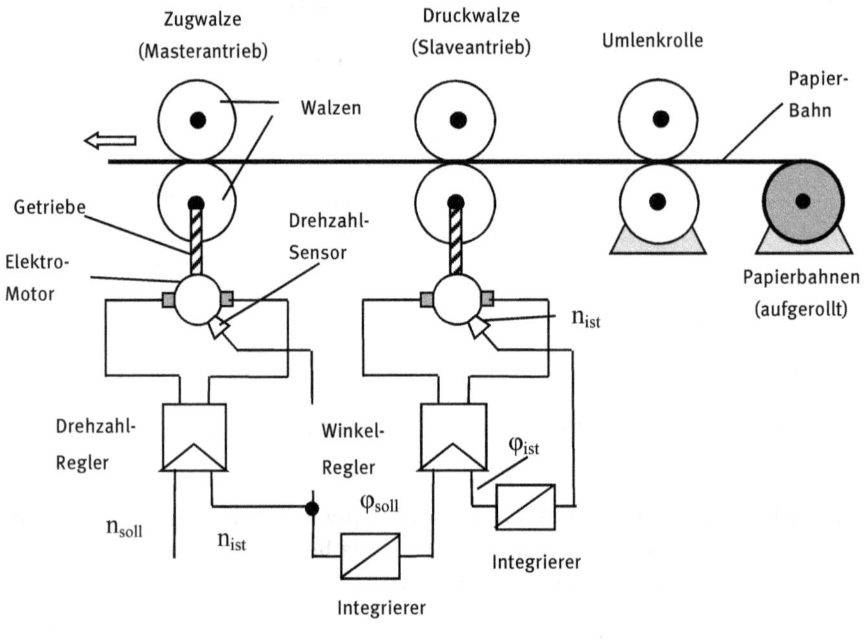

Abb. 2.12.1: Schematische Darstellung der Gleichlaufregelung bei Walzantrieben

Beim Master-Antrieb und bei den Slave-Antrieben handelt es sich um baugleiche Gleichstrommotoren. Über ein Getriebe zur Drehzahlreduzierung werden die Walzen mit den Motoren fest verbunden. In Abb. 2.12.2 ist für eine mathematische Modellierung ein Antrieb schematisch dargestellt.

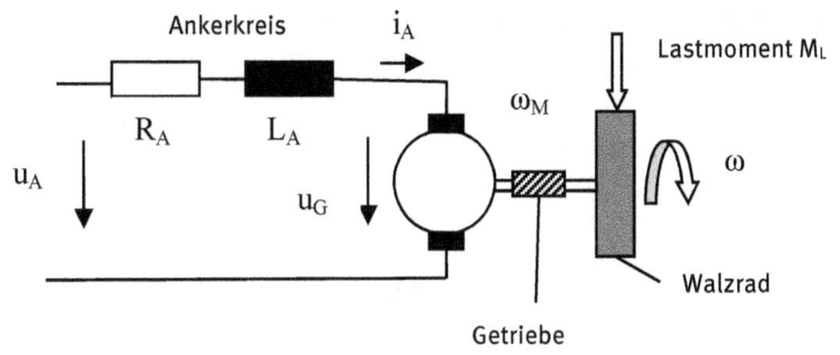

Abb. 2.12.2: Schematische Darstellung des Gleichstrommotors mit über einem Getriebe angekoppeltem Walzrad

2.12.2 Modellierung des Antriebs

Die Kenndaten des Motors mit Getriebe lauten:

- Ankerspannung u_{Amax}= 480 V
- Maschinenkonstante $k_G = 0{,}955 Vs$
- Drehmomentkonstante $k_M = 0{,}955 Nm/A$
- Nenndrehzahl n_M = 1200 U/min (ω_M=125,7 s^{-1}) bei Nennspannung u_{An}=120V
- Ankerwiderstand R_A=1,8 Ω, Ankerinduktivität L vernachlässigbar
- Massenträgheitsmoment vom Motor mit über dem Getriebe angekoppeltem Walzrad: J=0,81 Nms^2.
- Getriebeübersetzung $\mu = n_W / n_M = 0{,}05$

Bildet man aus den physikalischen Gleichungen des Motors, wie im Kapitel 2.1 gezeigt, das Strukturbild des Motors, so erhält man Abb. 2.12.3.

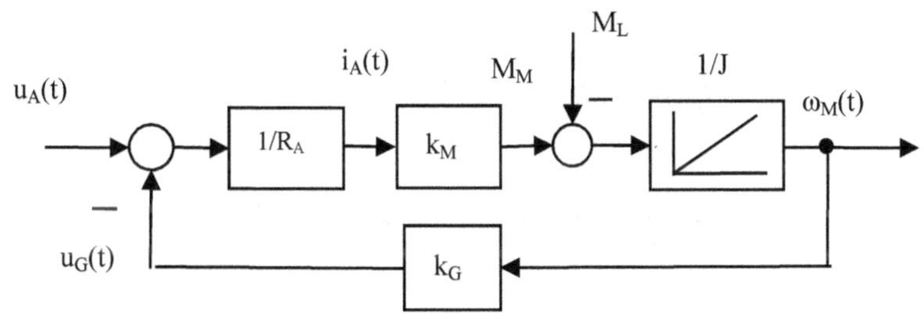

Abb. 2.12.3: Strukturbild des Gleichstrommotors

Aus dem Strukturbild erhält man mit den Regeln der Blockschaltbildalgebra die Übertragungsfunktion des Motors zu

$$G_M(s)=\frac{\omega_M(s)}{u_A(s)}=\frac{\frac{k_M}{R_A}\cdot\frac{1}{Js}}{1+k_G\frac{k_M}{R_A}\cdot\frac{1}{Js}}=\frac{1}{\frac{R_A}{k_M}Js+k_G}, \tag{2.12.1}$$

$$G_M(s)=\frac{1}{k_G}\cdot\frac{1}{J\frac{R_A}{k_G k_M}s+1} \tag{2.12.2}$$

und mit Zahlenwerten zu

$$G_M(s)=\frac{1}{0{,}955Vs}\cdot\frac{1}{0{,}81Nms^2\frac{1{,}8}{0{,}955^2 VsNm/A}s+1} \tag{2.12.3}$$

und schließlich

$$G_M(s)=1{,}05\frac{1}{V\,sec}\cdot\frac{1}{1+1{,}6s}. \tag{2.12.4}$$

Ein PT_1-Übertragungsglied mit der Verstärkung K_M=1,05 1/Vsec und der Zeitkonstante T_1=1,6 sec.

Drehzahlregelung des Masterantriebs

Aufgrund unterschiedlicher Zugbelastung ist eine Regelung der Drehzahl n_M bzw. Winkelgeschwindigkeit ω_M des Motors erforderlich. Um stationäre Genauigkeit zu bekommen, wird ein PI-Regler verwendet. Die Übertragungsfunktion des PI-Reglers lautet

$$G_{Rn}(s)=K_{Rn}(1+\frac{1}{sT_{Nn}}). \tag{2.12.5}$$

Geregelt wird mit einem einschleifigen Regelkreis gemäß Abb. 2.12.4.

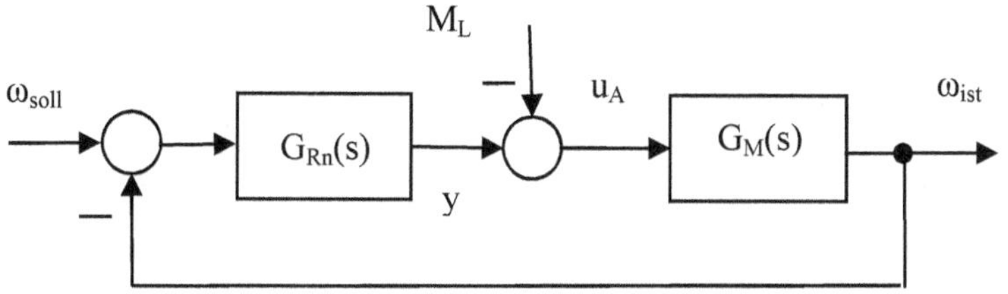

Abb. 2.12.4: Regelung der Winkelgeschwindigkeit

Die Übertragungsfunktion des offenen Regelkreises ist

$$G_{On}(s) = G_{Rn}(s)G_M(s) = K_{Rn}\frac{1+sT_{Nn}}{sT_{Nn}}\frac{1,05}{1,6s+1}. \qquad (2.12.6)$$

Bei der Dimensionierung der Nachstellzeit empfiehlt sich die Verwendung der dynamischen Kompensation, was heißt, dass mit der Nullstelle des Reglers der Streckenpol kompensiert wird: $T_{Nn}=T_1=1,6$. Damit folgt

$$G_{On}(s) = K_{Rn}\frac{1,05}{1,6s} \qquad (2.12.7)$$

und für die Führungsübertragungsfunktion

$$G_{Wn}(s) = \frac{\omega_{Mist}}{\omega_{Msoll}} = \frac{1}{\frac{1}{G_{On}(s)}+1} \qquad (2.12.8)$$

und weiter

$$G_{Wn}(s) = \frac{1}{1+\frac{1,52}{K_{Rn}}s}. \qquad (2.12.9)$$

Mit der Reglerverstärkung K_{Rn} könnte man theoretisch das Führungsverhalten beliebig schnell machen. Jedoch verhält sich die Stellgröße, d.h. die Ankerspannung, proportional zu K_{Rn}. Und damit auch der Ankerstrom insbesondere beim Anfahren. Im vorliegenden Fall ist es ausreichend, wenn das Führungsverhalten doppelt so schnell ist wie der Motor, d.h. es muss sein

$$\frac{1,52}{K_{Rn}} = \frac{1,6}{2}$$

und damit

$$K_{Rn} = \frac{1,52}{0,8} = 1,9 \,.$$

Zur Bestätigung des gewünschten Regelverhaltens wird der Regelkreis mit Simulink modelliert, siehe Abb. 2.12.5.

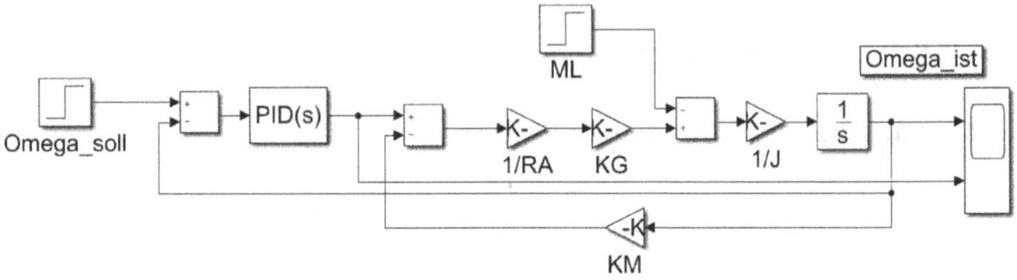

Abb. 2.12.5: Simulinkmodell des geregelten Motors (walzen_n.slx)

Das Modell des geregelten Motors wird mit einer sprungförmigen Vorgabe von ω_{soll}=120 s^{-1} simuliert. Nach 5 s wird das Lastmoment M_L=20 Nm aufgeschaltet. Neben ω_{ist} wird noch u_A aufgezeichnet, um zu sehen, ob die maximale Ankerspannung eingehalten wird.

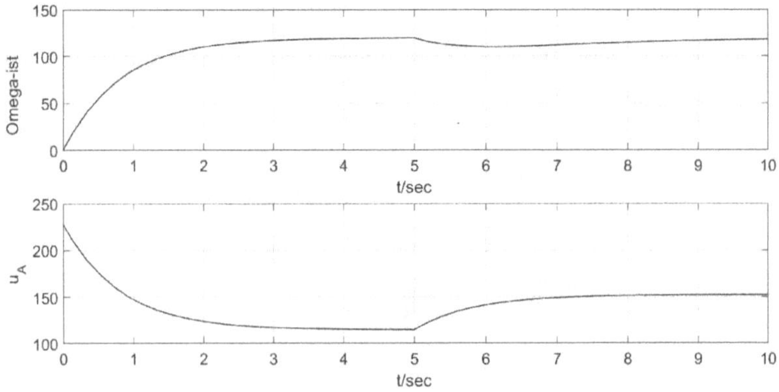

Abb. 2.12.6: Oben: Führungs- und Störsprungantwort des geregelten Motors; unten: Verlauf der Ankerspannung

Die Aufzeichnung bestätigt das gewünschte Regelverhalten hinsichtlich stationärer Genauigkeit und bezüglich des Zeitverhaltens. Außerdem wird u_{Amax} nicht überschritten. Auftretende oder sich verändernde Zugbelastungen von der Papierbahn (berücksichtigt mit M_L) werden vollständig ausgeregelt.

2.12.3 Winkelregelung des Slaveantriebs

Für die Winkelregelung eines Slave-Antriebs wird sein Winkelsollwert φ_{soll} vom Winkel φ_M des Masterantriebs vorgegeben, der sich durch Integration über die Winkelgeschwindigkeit ω_M ergibt:

$$\varphi_{soll} = \varphi_M = \int_0^t \omega_M(\tau) d\tau \,. \qquad (2.12.10)$$

Der Winkelregelung des Slaveantriebs liegt die in Abb. 2.12.7 dargestellte Streckenstruktur zugrunde.

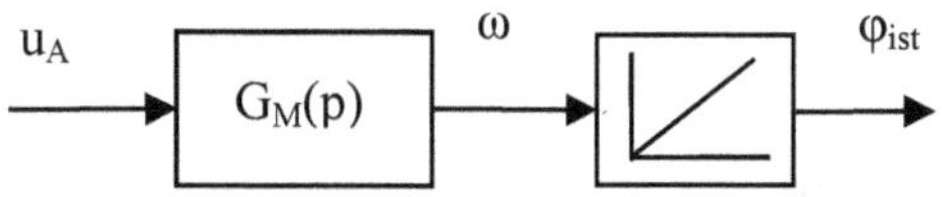

Abb. 2.12.7: Streckenstrukturbild des Slaveantriebs

Da beim Slaveantrieb keine Störmomente auszuregeln sind, könnte ein P-Regler für die Winkelregelung ausreichen. Bedenkt man jedoch, dass bei konstanter Drehzahl des Masterantriebs der Winkel rampenförmig ansteigt, würde mit einem P-Regler ein Schleppfehler entstehen, was ein verschobenes Druckbild zur Folge hätte. Daher ist ein PI-Regler erforderlich. Desweiteren wird ein schnelles Drehzahlverhalten benötigt. Zum Einsatz kommt daher für den Winkel eine Kaskadenregelung mit einer unterlagerten Drehzahlregelung, siehe Abb. 2.12.8.

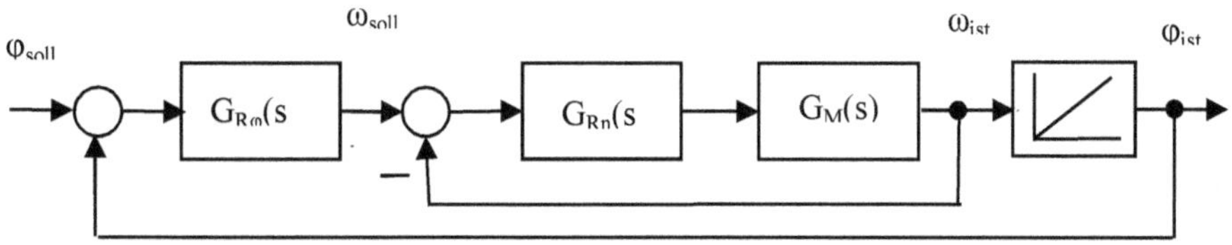

Abb. 2.12.8: Kaskadenregelung für den Winkel mit einer unterlagerten Drehzahlregelung

Die Drehzahlregelung wird nur mit einem P-Regler mit $G_{Rn}(s)=K_{Rn}$ vorgenommen, da lediglich ein schnelleres Zeitverhalten erzeugt werden soll. Für den unterlagerten Regelkreis ergibt sich die Führungsübertrgungsfunktion

$$G_{Wn}(s)=\frac{\omega_{ist}}{\omega_{soll}}=\frac{K_{Rn}\dfrac{1,05}{1+1,6s}}{1+K_{Rn}\dfrac{1,05}{1+1,6s}}=\frac{1,05K_{Rn}}{1+1,6s+1,05K_{Rn}} \tag{2.12.11}$$

und weiter

$$G_{Wn}(s)=\frac{1,05K_{Rn}}{1+1,05K_{Rn}}\cdot\frac{1}{1+\dfrac{1,6}{1+1,05K_{Rn}}s}. \tag{2.12.12}$$

Zur Verkürzung des Zeitverhaltens der Führungsübertragungsfunktion gegenüber dem Motor wird der Faktor 10 gewählt. Damit muss

$$1+1,05\cdot K_{Rn}=10 \tag{2.12.13}$$

sein und es folgt

$$K_{Rn}=\frac{9}{1,05}=8,57\approx 8,6. \tag{2.12.14}$$

Dass u_{Amax} mit einem so großen Wert überschritten wird, ist hier nicht zu erwarten, da $\omega_{soll}(t)$ nicht sprungförmig ist. Dennoch muss es im Kaskadenregelkreis überprüft werden. Mit Zahlenwerten ist

$$G_{Wn}(s)=\frac{0,9}{1+0,16s}. \tag{2.12.15}$$

Dimensionierung des Reglers für die Winkelregelung

Die Übertragungsfunktion des offenen überlagerten Kaskadenregelkreises ist

$$G_{O\varphi}(s)=G_{R\varphi}(s)G_{Wn}(s)\frac{1}{s} \tag{2.12.16}$$

und exlizit

$$G_{O\varphi}(s)=K_{R\varphi}\frac{1+sT_{N\varphi}}{sT_{N\varphi}}\cdot\frac{0,9}{1+0,16s}\cdot\frac{1}{s}. \tag{2.12.17}$$

Würde man zu Festlegung von $T_{N\varphi}$ die Kompensationsmethode anwenden, so erhielte man

$$G_{O\phi}(s)=K_{R\varphi}\frac{0,9}{0,16s^2}. \tag{2.12.18}$$

Hierbei handelt es sich um ein doppelt integrierendes Übertagungsverhalten, bei dem die Phase $\phi_O = -180^0$ ist. Die Phasenreserve wäre Null und der Regelkreis am Stabilitätsrand. Eine Phasenreserve größer Null lässt sich nur erreichen, wenn man $T_{N\varphi} > 0{,}16$ wählt.

Für die vorliegende Kombination aus IT_1-Strecke und PI-Regler empfiehlt sich das „Symmetrische Optimum“ (siehe Kapitel 1.6.2), um ein befriedigendes Führungs- und Störverhalten zu bekommen. Danach wird für eine gewünschte Phasenreserve Φ_R die Nachstellzeit mit Gl. (1.65)

$$T_{N\varphi} = \left(\frac{1 + \sin \Phi_R}{\cos \Phi_R} \right)^2 \cdot T_1$$

und die Reglerverstärkung mit Gl. (1.66)

$$K_{R\varphi} = \frac{1}{K} \cdot \frac{1}{\sqrt{T_{N\varphi} T_1}}$$

bestimmt. Dabei sind T_1 die Zeitkonstante und K die Verstärkung von der zu regelnden IT_1-Strecke. Damit die Regelung mit dem Symmetrischen Optimum nicht zu langsam wird, wird i.A. eine verhältnismäßg geringe Phasenreserve gewählt. Hier wird $\Phi_R = 40^0$ gewählt. Damit folgt

$$T_{N\varphi} = \left(\frac{1 + \sin 40^0}{\cos 40^0} \right)^2 \cdot 0{,}16$$

$$T_{N\varphi} = 0{,}736 \approx 0{,}74$$

und

$$K_{R\varphi} = \frac{1}{0{,}9} \cdot \frac{1}{\sqrt{0{,}74 \cdot 0{,}16}} = 3{,}23\,.$$

Mit diesen Werten für den PI-Regler wird der Kaskadenregelkreis nach Abb. 2.12.8 in Simulink modelliert, siehe Abb. 2.12.9.

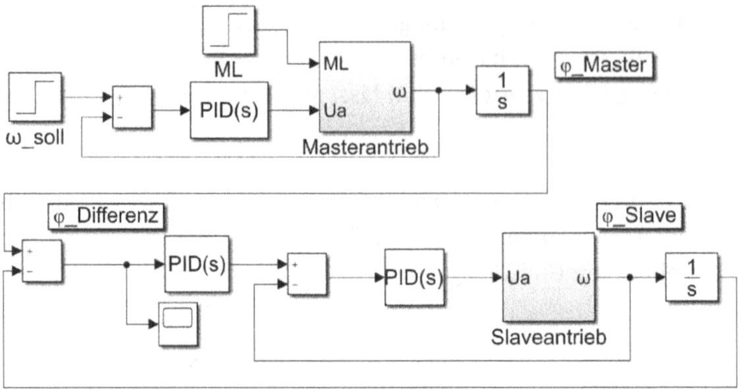

Abb. 2.12.9: Simulinkmodell der Kaskadenregelung (walzen_phi.slx)

Von Interesse ist die Differenz $\Delta\varphi$ der Winkel zwischen Master- und Slavemotor

$$\Delta\varphi(t) = \varphi_{soll}(t) - \varphi_{ist}(t), \tag{2.12.19}$$

die deshalb aufgezeichnet wurde und in Abb. 2.12.10 dargestellt ist.

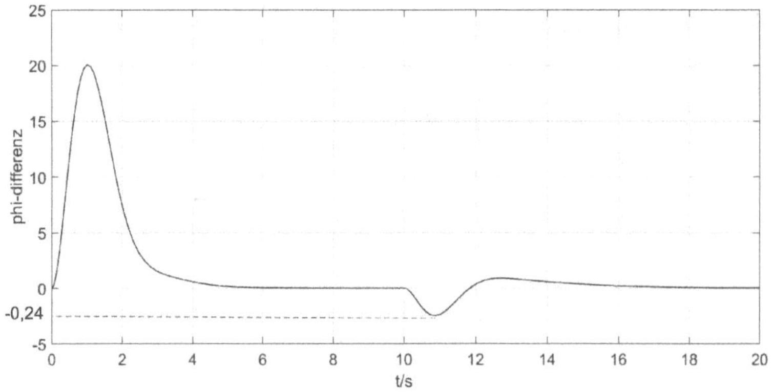

Abb. 2.12.10: Winkeldifferenz zwischen Master- und Slavemotor

Für die Winkeldifferenz $\Delta\varphi_w$ der Master- und Slavewalze ist noch das Übersetzungsverhältnis μ des Getriebes zu berücksichtigen:

$$\Delta\varphi_w(t) = \mu \cdot \Delta\varphi(t) = 0{,}05 \cdot \Delta\varphi(t)\,. \tag{2.12.20}$$

Beim Anfahren der Solldrehzahl eilt die Slavewalze der Masterwalze maximal um

$$\Delta\varphi_w = 0,05 \cdot 20 \approx 1rad \mathrel{\hat{=}} 57,3^0 \tag{2.12.21}$$

nach, was nicht weiter von Interesse ist, da erst im stationären Zustand gedruckt wird. Von Bedeutung ist, welche Winkeldifferenzen im stationären Zustand bei Änderungen der Zugbelastung auftreten. In der Aufzeichnung Abb. 2.12.10 ist die Auswirkung einer zum Zeitpunkt t_1=10s auftretenden Zugbelastung von 10Nm dargestellt. Die Slavewalze eilt der Masterwalze kurzzeitig maximal nach um

$$\Delta\varphi_w = 0,05 \cdot 0,24 \approx 0,012rad \mathrel{\hat{=}} 0,69^0 . \tag{2.12.22}$$

Auf einer Walze mit dem Radius r entsteht damit ein Positionsfehler von

$$\Delta x = r \cdot \Delta\varphi_w . \tag{2.12.23}$$

Hat die Walze einen Radius von r=250mm, ist der Positionsfehler

$$\Delta x = 250mm \cdot 0,012_w = 3mm . \tag{2.12.24}$$

Reicht bei einer konkreten Anwendung diese Genauigkeit nicht aus, muss das Störverhalten beim Masterantrieb verbessert werden, z.B. durch eine größere Reglerverstärkung. Gegebenenfalls muss dann noch eine Begrenzung zum Schutz des Motors mit eingesetzt werden.

2.13 Regelung der Raumtemperatur

Betrachtet wird ein mit einer Fußbodenheizung beheizter Raum, siehe Abb. 2.13.1. Im Raum befindet sich ein Thermostat, der die Raumtemperatur ϑ_R misst und den Wärmezufluss φ_V vom Vorlaufwasser mit dem Stellantrieb des Ventils ein- oder ausschaltet, je nachdem ob $\vartheta_R < \vartheta_{Rsoll}$ oder $\vartheta_R > \vartheta_{Rsoll}$ ist.

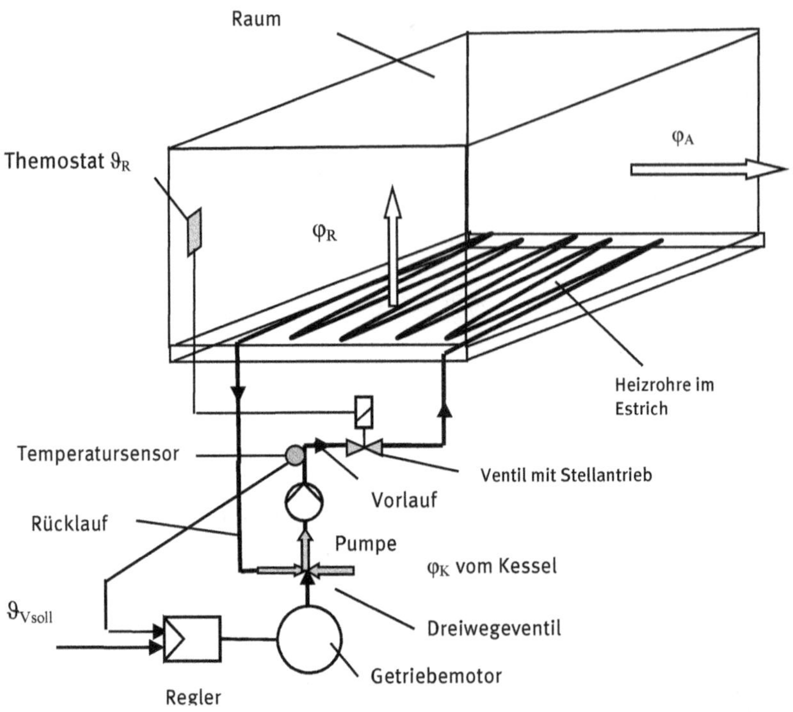

Abb. 2.13.1: Schematische Darstellung einer Fußbodenheizung

Die Vorlauftemperatur ϑ_V des Vorlaufwassers wird mit einem Dreiwegeventil aus dem heißen Kesselwasser und dem von der Heizung zurückfließenden Wasser für eine bestimmte Temperatur geregelt eingestellt. Das Dreiwegeventil wird von einem Getriebemotor angetrieben, der von einem Regler angesteuert wird. Die Temperatur ϑ_V wird mit einem Sensor im Vorlauf gemessen und dem Regler zugeführt.

2.13.1 Modellierung

Es werden die physikalischen Grundgleichungen zur Beschreibung von Wärmeströmen und Temperaturentwicklung von Kap. 1.1.3 verwendet. Betrachten wir zunächst den Estrich. Seine Temperaturänderung ergibt sich aus

$$m_E c_E \cdot \dot{\vartheta}_E(t) = \varphi_V(t) - \varphi_R(t) \tag{2.13.1}$$

mit

ϑ_E [grad]: Temperatur des Estrichs,
φ_V [J/s]: Vorlauf-Wärmestrom,

φ_R [J/s]: an den Raum abgegebener Wärmestrom,

m_E [kg]: Estrichmasse und

c_E [J/(grad*kg)]: spezifische Wärmekapazität des Estrichs.

Dabei wird davon ausgegangen, dass die Kunsstoffrohre den Wärmestrom φ_K unverzögert an den Estrich weiterleiten. Der vom Estrich an den Raum abgeführte Wärmestrom ergibt sich zu

$$\varphi_R(t) = \alpha_E \cdot A_E \cdot \left[\vartheta_E(t) - \vartheta_R(t)\right] \tag{2.13.2}$$

Mit der Wärmeleitzahl von Estrich/Luft α_E [J/(grad*m²s] und der Estrich-Oberfläche A_E [m²]. Die Temperaturänderung des Raumes ergibt sich aus

$$V_R c_L \cdot \dot{\vartheta}_R(t) = \varphi_R(t) - \varphi_A(t) \tag{2.13.3}$$

mit

ϑ_R [grad]: Temperatur des Raumes,

φ_R [J/s]:Wärmestrom in den Raum,

φ_A: [J/s]nach außen abgegebener Wärmestrom,

V_R [m³]: Volumen des Raumes und

c_L [J/(grad*m³)]: spezifische Wärmekapazität der Luft.

Der nach außen abgeführte Wärmestrom ergibt sich zu

$$\varphi_A(t) = \alpha_W A_W \cdot \left[\vartheta_R(t) - \vartheta_A(t)\right] \tag{2.13.4}$$

Mit der Wärmeleitzahl von Außenfläche/Luft α_W [J/(grad*m²s, der Außenfläche des RaumesA$_W$ [m²] und der Außentemperatur ϑ_A [grad]. Dabei wird davon ausgegangen, dass die Außenwand den Wärmestrom φ_A unverzögert an die Außenluft weiterleitet. Für die weitere Herleitung wird zunächst Gl (2.13.2) abgeleitet:

$$\dot{\varphi}_R(t) = \alpha_E A_E \dot{\vartheta}_E(t) - \alpha_E A_E \dot{\vartheta}_R(t)\,. \tag{2.13.5}$$

Anschließend wird Gl. (2.13.1) eingefügt

$$\dot{\varphi}_R(t) = \frac{\alpha_E A_E}{m_E c_E}\left[\varphi_V(t) - \varphi_R(t)\right] - \alpha_E A_E \dot{\vartheta}_R(t) \tag{2.13.6}$$

und geordnet

$$\frac{m_E c_E}{\alpha_E A_E}\dot{\varphi}_R(t) + \varphi_R(t) = \varphi_V(t) - m_E c_E \dot{\vartheta}_R(t)\,. \tag{2.13.7}$$

Der Wärmestrom des Vorlaufs ergibt sich zu

$$\varphi_V(t) = q_V \cdot c_W \cdot \vartheta_V(t) \tag{2.13.8}$$

mit dem Massenstrom q_V [kg/s], der spezifischen Wärmekapazität von Wasser c_W [J/(grad*kg)] und der Vorlauf-Temperatur ϑ_V [grad]. Wird die Beziehung Gl. (2.13.8) in Gl. (2.13.7) eingesetzt, erhält man

$$\frac{m_E c_E}{\alpha_E A_E}\dot{\varphi}_R(t) + \varphi_R(t) = q_V \cdot c_W \cdot \vartheta_V(t) - m_E c_E \dot{\vartheta}_R(t)\,. \tag{2.13.9}$$

Für eine leichtere Interpretation wird φ_R auf $m_E c_E$ bezogen

$$\frac{m_E c_E}{\alpha_E A_E}\frac{\dot{\varphi}_R(t)}{m_E c_E} + \frac{\varphi_R(t)}{m_E c_E} = \frac{q_K c_W}{m_E c_E} \cdot \vartheta_V(t) - \dot{\vartheta}_R(t)\,. \tag{2.13.10}$$

Dann gilt mit

$$\delta(t) = \frac{\varphi_R(t)}{m_E c_E}\,[grad/s], \tag{2.13.11}$$

$$T_1 = \frac{m_E c_E}{\alpha_E A_E}[s] \text{ (Zeitkonstante)} \tag{2.13.12}$$

und

$$k_1 = \frac{q_V c_W}{m_E c_E}\left[\frac{1}{s}\right]. \tag{2.13.13}$$

die Beziehung

$$T_1\dot{\delta}(t) + \delta(t) = k_1 \cdot \delta_V(t) - \dot{\vartheta}_R(t)\,. \tag{2.13.14}$$

Ferner gilt für die Temperaturänderung des Raumes mit Gl. (2.13.3) und Gl. (2.13.4)

$$V_R c_L \cdot \dot{\vartheta}_R(t) = \varphi_R(t) - \alpha_W A_W \cdot [\vartheta_R(t) - \vartheta_A(t)] \tag{2.13.15}$$

und geordnet

$$V_R c_L \cdot \dot{\vartheta}_R(t) + \alpha_W A_W \vartheta_R(t) = \varphi_R(t) + \alpha_W A_W \vartheta_A(t) \tag{2.13.16}$$

bzw.

$$\frac{V_R c_L}{\alpha_W A_W}\cdot \dot{\vartheta}_R(t)+\vartheta_R(t)=\frac{1}{\alpha_W A_W}\varphi_R(t)+\vartheta_A(t) \tag{2.13.17}$$

und mit Gl. (2.13.11)

$$\frac{V_R c_L}{\alpha_W A_W}\cdot \dot{\vartheta}_R(t)+\vartheta_R(t)=\frac{m_E c_E}{\alpha_W A_W}\delta(t)+\vartheta_A(t)\,. \tag{2.13.18}$$

Mit

$$T_2=\frac{V_R c_L}{\alpha_W A_W} \tag{2.13.19}$$

und

$$k_2=\frac{m_E c_E}{\alpha_W A_W} \tag{2.13.20}$$

folgt für Gl. (2.13.18)

$$T_2\cdot \dot{\vartheta}_R(t)+\vartheta_R(t)=k_2\delta(t)+\vartheta_A(t)\,. \tag{2.13.21}$$

Insgesamt zeigt sich, dass die Temperaturentwicklung des Raumes durch die zwei gekoppelten DGLen (2.13.14) und (2.13.21) beschrieben wird. Um realistische Werte für die Konstanten zu wählen, wird k_2 vorgezogen, um es mit k_1 zusammenzufassen. Die Modellierung als Simulinkmodell zeigt Abb. 2.13.2.

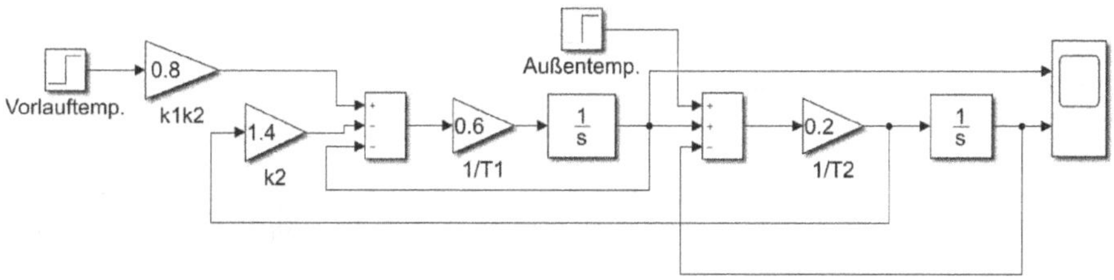

Abb. 2.13.2: Modell für die Temperaturentwicklung des Raumes (raumtemp.slx)

Hierbei ist

$$k_1 k_2=\frac{q_V c_W}{m_E c_E}\frac{m_E c_E}{\alpha_W A_W}=\frac{q_V c_W}{\alpha_W A_W}\left[\frac{1}{s}\right] \tag{2.13.22}$$

Man kann davon ausgehen, dass $\alpha_W A_W > q_V c_W$ ist bzw., dass die Raumtemperatur kleiner als die Vorlauftemperatur ist. Gewählt wird $k_1 k_2=0{,}8$. Die Rückwirkung über

k_2 ist nur schwer zu quantifizieren. Um einen deutlichen Einfluss zu haben, wird k_2=1,4 gewählt. Die Größe der Zeitkonstanten entspricht nicht der Realität, was auch nicht erforderlich ist, da das Temperaturverhalten bei Bedarf mit einer Zeittransformation in einen realen Zeitbereich überführt werden kann. Die Relation der Zeikonstanten zueinander wurde so gewählt, dass sich die Temperatur im Raum um den Faktor 3 langsamer entwickelt als der normierte Wärmefluss δ.

Für die Regelung der Raumtemperatur wird üblicherweise ein Thermostat verwendet. Er misst die Temperatur und schaltet bei Unterschreitung eines eingestellten Temperatursollwertes den Stellantrieb für das Heizungsventil ein, der das Ventil öffnet. Die Übertragungskennlinie des Thermostaten zeigt Abb. 2.13.3. Sie besitzt eine Hysterese, damit nicht ständig ein-und ausgeschaltet wird. Die damit einhergehende Regelschwingung ist so gering, dass sie i.A. nicht wahrgenommen wird.

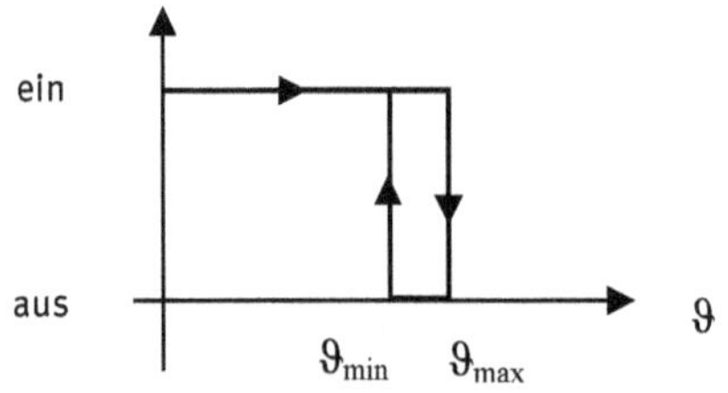

Abb. 2.13.3: Thermostatkennlinie

Das Simulinkmodell mit der Temperaturregelung zeigt Abb. 2.13.4.

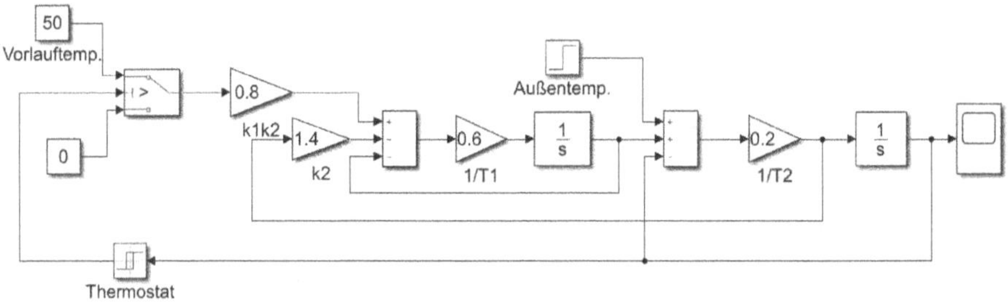

Abb. 2.13.4: Temperaturregelung mit Thermostat (raumtemp1.slx)

Es wurde die Sprungantwort der Raumtemperatur mit dem Modell in Abb. 2.13.2 und die Raumtemperaturregelung mit dem Modell in Abb. 2.13.4 aufgezeichnet und in Abb. 2.13.5 dargestellt.

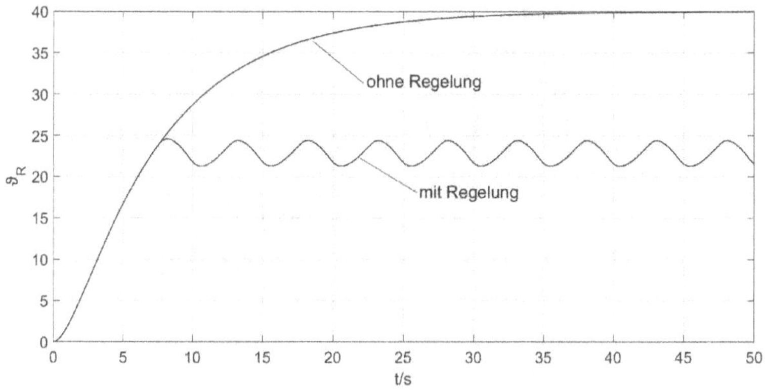

Abb. 2.13.5: Sprungantwort der Raumtemperatur ungeregelt und geregelt

Desweiteren wurde simuliert, dass die Außentemperatur sprungförmig zum Zeitpunkt t=30 s auf ϑ_a=-10° absinkt. Die Aufzeichnung zeigt Abb. 2.13.6.

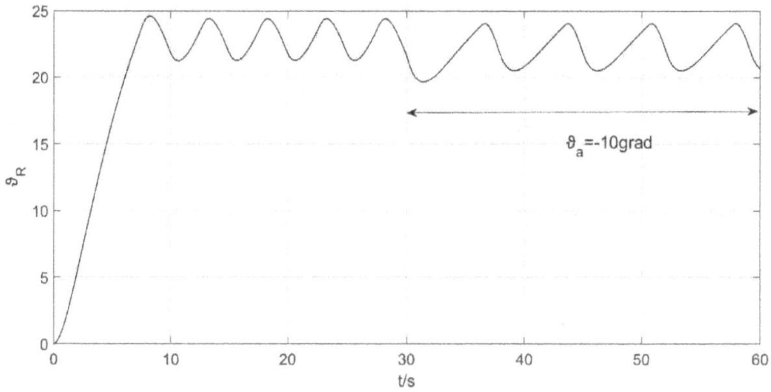

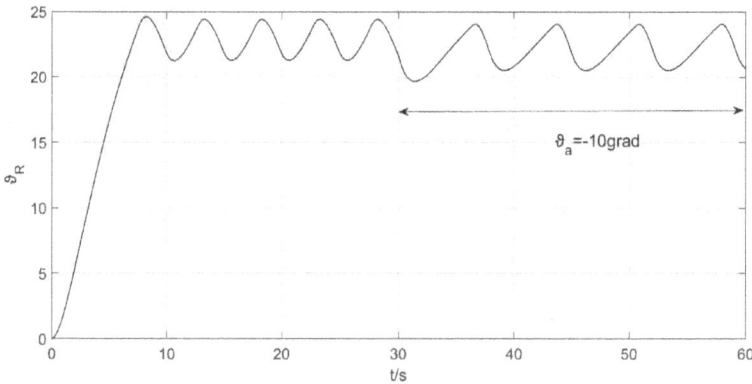

Abb. 2.13.6: Geregelte Raumtemperatur mit Außentemperatursturz zum Zeitpunkt t=30 s

Beim Absinken der Außentemperatur wird die Amplitude der Regelschwingung etwas größer und die Frequenz kleiner. Außerdem nimmt der Temperaturmittelwert etwas ab, doch insgesamt zeigt sich ein zufriedenstellendes Regelverhalten.

2.13.2 Modellierung des Dreiwege-Mischventils

Mit einem Dreiwege-Mischventil wird das Vorlaufwasser der Raumheizung aus dem Kesselwasser und dem von der Heizung zurück geführten Wasser zusammengesetzt.

Das Ventil habe den Öffnungsgrad α mit Werten von 0 bis 1. Dann gilt für die Zusammensetzung der Wärmeströme die Beziehung

$$\varphi_V(t) = \alpha \cdot \varphi_K(t) + (1-\alpha)\,\varphi_{Rück}(t) \tag{2.13.23}$$

mit denWärmeströmen φ_K vom Kessel und $\varphi_{Rück}$ von der Heizung. Weiter gilt

$$\varphi_V(t) = q_V \cdot c_W \cdot \vartheta_V = \alpha \cdot q_V \cdot c_W \cdot \vartheta_K + (1-\alpha)\,q_V \cdot c_W \cdot \vartheta_{Rück} \tag{2.13.24}$$

und nach Kürzen

$$\vartheta_V = \alpha \cdot \vartheta_K + (1-\alpha) \cdot \vartheta_{Rück} \tag{2.13.25}$$

und weiter

$$\vartheta_V = \alpha \cdot (\vartheta_K - \vartheta_{Rück}) + \vartheta_{Rück}. \tag{2.13.26}$$

Der Öffnungsgrad α des Ventils wird mit einem Elektromotor mit Getriebe eingestellt und zwar so, dass sich die gewünschte Vorlauftemperatur ϑ_V ergibt. Dabei ist α gleich dem Drehwinkel am Ausgang des Getriebes. Das Übertragungsverhalten von der Ankerspannung zum Getriebedrehwinkel wird mit einem Integrierer modelliert, da die Verzögerungszeit des Motors vernachlässigt werden kann. Für eine stationäre Winkeleinstellung ist eine Regelung erforderlich, die i.A. mit einem Dreipunktregler vorgenommen wird. Seine Übertragungskennlinie ist in Abb. 2.13.7 dargestellt. Der Dreipunktregler mit einer Ansprechempfindlichkeit von $\pm\,\Delta/2$ sorgt dafür, dass das Ventil nicht ständig in Bewegung ist.

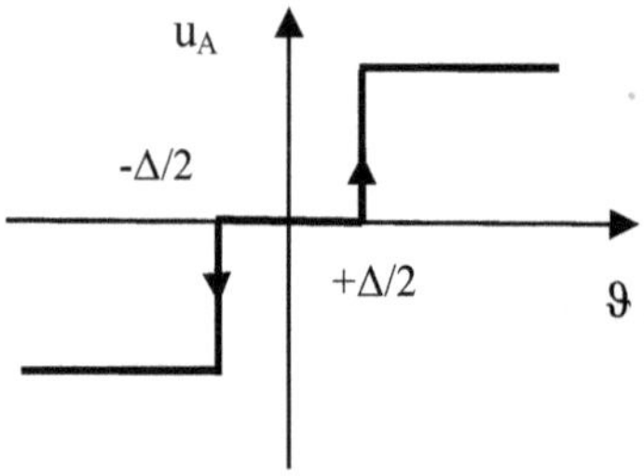

Abb. 2.13.7: Kennlinie des Dreipunktreglers

Das Simulinkmodell mit der Regelung der Vorlauftemperatur ϑ_V zeigt Abb. 2.13.8. Darin ist die Regelung der Raumtemperatur als Submodell dargestellt. Der Dreipunktregler wird, da er nicht in der Library enthalten ist, mit zwei Zweipunktschaltern realisiert. Die Kesseltemperatur ϑ_K wird mit dem konstanten Wert 55^0 und einem verzögert abklingenden Anteil von 10^0 modelliert, siehe rechts oben im Bild. Die Temperatur des Rücklaufs sei $\vartheta_{Rück}$=0,6 ϑ_R.

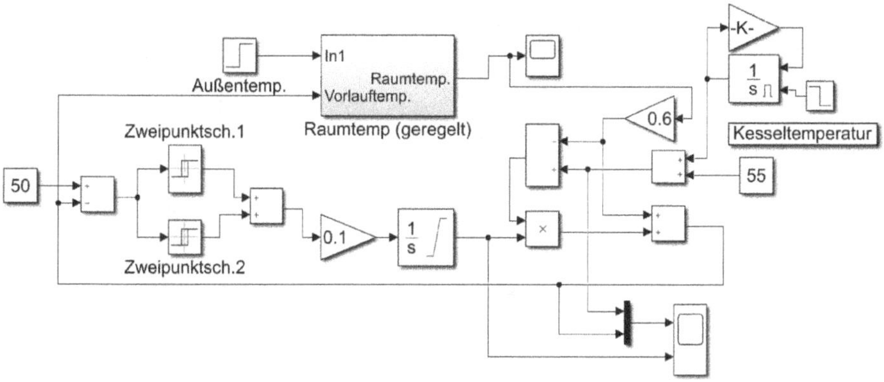

Abb. 2.13.8: Simulinkmodell mit der Regelung der Vorlauftemperatur (raumtemp2.slx)

Mit dem in der Abb. 2.13.8 dargestellten Modell wird eine Simulation durchgeführt und ϑ_K und ϑ_{Vist} oben in der Abb. 2.13.9 sowie α unten im Bild aufgezeichnet.

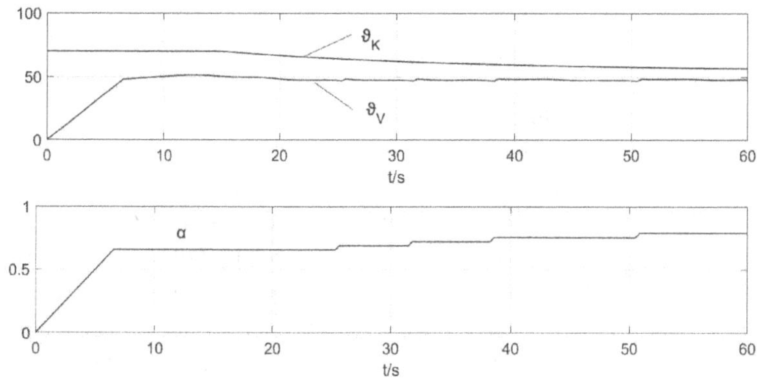

Abb. 2.13.9: Oben: Kessel- und Vorlauftemperatur; unten Drehwinkel des Getriebemotors

Zum Zeitpunkt t=0 ist $\vartheta_K=70^0$ während α=0 und ϑ_{Vist}=0 sind. Anschließend steigt α proportional mit der Zeit, d.h. das Ventil wird aufgefahren. Damit einhergehend steigt ϑ_{Vist} proportional mit der Zeit bis $\vartheta_{Vist}= \vartheta_{Vsoll}-\Delta/2=50^0-3^0=47^0$ ist. Dann ist der Öffnungsgrad α $\approx$ 0,7. Er bleibt zunächst bei diesem Wert, bis er bei abnehmender Kesseltemperatur ϑ_K schrittweise ansteigt, wodurch das Ventil schrittweise weiter aufgeht und der Anteil an heißem Kesselwasser für den Vorlauf zunimmt.

Bei der Regelung der Raumtemperatur wurde eine konstante Vorlauftemperatur ϑ_V zugrunde gelegt. Ergänzend wird jetzt noch die Raumtemperatur mit geregelter Vorlauftemperatur ϑ_{Vist} betrachtet, siehe Abb. 2.13.10.

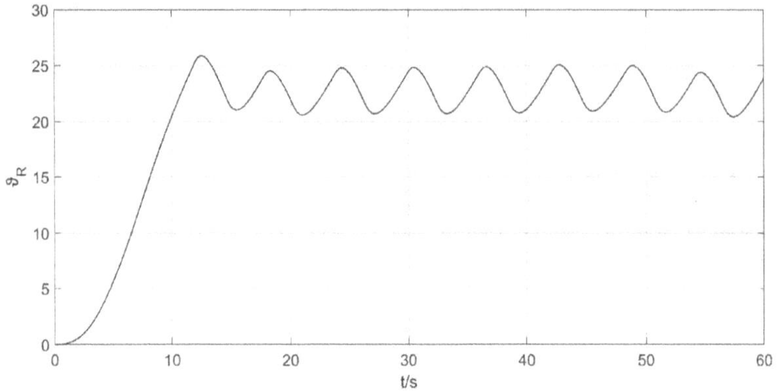

Abb. 2.13.10: Raumtemperatur mit geregelter Vorlauftemperatur

Vergleicht man diese Aufzeichnung mit der in Abb. 2.13.6, so erkennt man zwar einen etwas langsameren Anstieg, jedoch die Regelschwingungen sind in etwa gleich.

2.13.3 Regelung der Kesseltemperatur

Mit einem Brenner wird das Kesselwasser im Schaltbetrieb so beheizt, dass eine minimale Wassertemperatur ϑ_{Kmin} nicht unter und eine maximale Wassertemperatur $\vartheta_{Kmax} > \vartheta_{Kmin}$ nicht überschritten wird. Damit der Brenner nur in Zeitintervallen ein- und ausschaltet, muss eine Schaltkennlinie mit Hysterese gebildet werden wie in Abb. 2.13.3. Die Realisierung der Schaltkennlinie erfolgt hier mit einem Mikrocontroller und nicht mechanisch wie beim Raumthermostaten. Hierfür ist eine formelmäßige Beschreibung des Schaltverhaltens erforderlich. Sie ist gegeben mit: Startwert der Ausgangsgröße v(0)=1 und

$$v(k+1) = \begin{cases} 0, \text{ wenn v(k)=1 und } \vartheta_K > \vartheta_{K\,max} \\ v(k) \; wenn \; \vartheta_{K\,min} < \vartheta_K < \vartheta_{K\,max} \\ 1, \text{ wenn v(k)=0 und } \vartheta_K < \vartheta_{K\,min} \end{cases} . \qquad (2.13.27)$$

Dieser formalmäßige Zusammenhang wird mit *SR-Flipflops* realisiert, was sich leicht für einen Mikrocontroller programmieren ließe.

Das Verhalten der Kesselwassertemperatur in Abhängigkeit vom eingeschalteten Brenner wird durch ein PT_1-Glied beschrieben, siehe Abb. 2.13.11. Für die Bildung des Schaltsignals des Brenners gemäß Gl. (2.13.27) werden die zwei SR-Flipflops benötigt. Das obere SR-Flipflop schaltet den Brenner beim Erreichen von ϑ_{Kmax} aus, während das untere SR-Flipflop ihn beim Unterschreiten von ϑ_{Kmin} wieder einschaltet. Bis zu welcher Temperatur das Kesselwasser aufgeheizt wird, hängt von der Außentemperatur ab. Damit wird bei milderen Außentemperaturen das Kesselwasser nicht unnötig stark erhitzt und dadurch Energie gespart. Fälschlicherweise wird diese Maßnahme gelegentlich in regelungstechnischen Beiträgen als *Störgrößenaufschaltung* bezeichnet. Mit der Außentemperatur ϑ_A wird über eine Heizkennlinie ϑ_{Kmax} festgelegt und mit einem Faktor $\mu<1$ reduziert ϑ_{Kmin}. Im Modell gilt: $\vartheta_{Kmin}=0{,}7\ \vartheta_{Kmax}$.

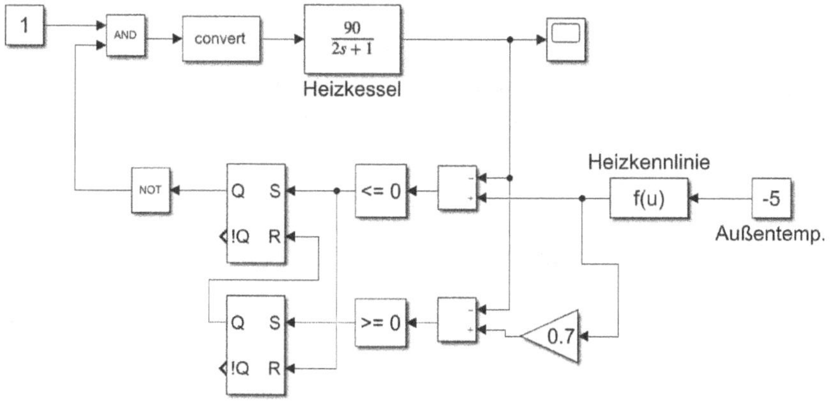

Abb. 2.13.11: Regelung der Temperatur des Kesselwassers (kesseltemp.slx)

Mit dem Modell in Abb. 2.13.11 wurde die Temperaturregelung des Kesselwassers bei einer Außentemperatur von $\vartheta_A=-5^0$ simuliert und die Wassertemperatur ϑ_K in Abb. 2.13.12 aufgezeichnet.

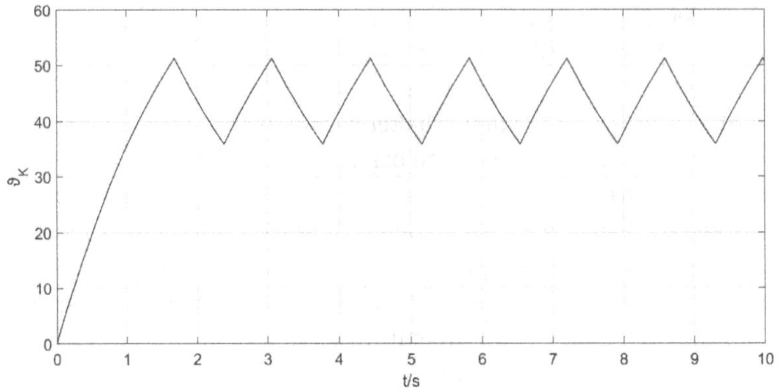

Abb. 2.13.12: Verlauf der geregelten Kesselwassertemperatur

Die Kesselwassertemperatur führt die bei Zweipunktregelungen mit Hysterese typische Regelschwingung aus. Je kleiner die Hysterese, desto geringer die Amplitude der Regelschwingung, jedoch umso größer deren Schaltfrequenz. Hier muss ein sinnvoller Kompromiss vorgenommen werden.

2.14 Antworten zu den Kontrollfragen

Kapitel 2.1.3

1. Im stationären Fall mit $M_L=0$ ist $i_A=0$ und es gilt nach Gl. (2.1.2)

$$\omega = \frac{u_A}{k_G}.$$

Ferner ist

$$\omega = \frac{2\pi}{60s / min} n.$$

Damit folgt

$$n = \frac{30}{\pi} \cdot \frac{u_A}{k_G} [U / min]$$

2. Die Auswertung der Summationsstellen im Simulinkmodell Abb. 2.1.2 ergibt

$$\frac{u_A - \omega k_G}{R_A} k_M = M_L$$

Auflösung nach ω ergibt

$$\omega = \frac{u_A}{k_G} - R_A \frac{M_L}{k_M k_G}$$

und mit dem Zusammenhang zwischen n und ω folgt

$$n = \frac{30}{\pi}\left[\frac{u_A}{k_G} - \frac{R_A}{k_M k_G} M_L\right].$$

Kapitel 2.4.4

1. Mit dem Einschalten für Schließen wird eine Zeitüberwachung gestartet. Wird der Ankerstrom innerhalb einer bestimmten Einschaltzeit zu groß, wird die Klemmüberwachung ignoriert, indem das Ausgangssignal vom RS-FlipFlop mit dem entsprechenden Zeitsignal AND-verknüpft wird.
2. Mit größerer Gleitreibung vermindert sich die stationäre Geschwindigkeit v_{Stat}, da die Gleitreibung wie ein Lastmoment wirkt. Dadurch werden die Schließ-und Öffnungszeiten größer.

Kapitel 2.5.5

1. Das Fahrrad besitzt ein PT_1-Übertragungsverhalten. Je größer das Gewicht, desto größer die Zeitkonstante.
2. Geregelt wird ein gewünschter Teil des Pedalmoments.
3. Das Pedalmoment (Sollwert) wird mit einem Drehmomentsensor im Tretlager gemessen und der Istwert wird durch Messung des Ankerstromes bestimmt.
4. Periodisch mit der Tretfrequenz.
5. Das Motormoment muss direkt dem Pedalmoment folgen.

Kapitel 2.6.4

1. Gemessen wird der Strom, der die Magnetkraft F_M erzeugt, welche dievon der Gravitationskraft verursachte Wegänderung Δx kompensiert. Stationär ist

$$F_M = m \cdot g - c \cdot \Delta x .$$

Mit Δx=0 folgt

$$m = \frac{F_M}{g} .$$

2. $i_d(t) \sim \dot{x}(t)$.
3. Die nichtlineare Wegmessung wird linearisiert, indem dem nichtlinearen Wegsensor die inverse Funktion nachgeschaltet wird.
4. Durch Verwendung des PWM-Signals kann ein schaltender Leistungsverstärker eingesetzt werden, der einfacher aufgebaut und damit kostengünstiger ist.

Kapitel 2.8.4

1. Die Drosselklappe wirkt wie eine von Luft durchströmte Blende, wobei ein Druckgefälle entsteht, siehe Kap. 1.1.4.
2. Durch die zur Verfügung stehende Versorgungsspannung.

Kapitel 2.11.3

1. Mit Hilfe des Drehimpulses.
2.

$$\omega_S = \omega_R \frac{J_R}{J_S}$$

Mit dem Massenträgheitsmoment J_R des zylinderförmigen Schwungrades und dem Massenträgheitsmoment J_S des würfelförmigen Satelliten.

3. Mit einem Gyroskop wird die Winkelgeschwindigkeit gemessen und durch Integration der Winkel gebildet. Eventuelle Messfehler werden aufintegriert und verursachen eine fehlerhafte Winkelbestimmung.

3 Signalverarbeitung

Die Signalverarbeitung behandelt die Aufbereitung, Filterung, Analyse und Verarbeitung von Signalen. In der Regel liegen diese in Form abgetasteter Messwerte vor und können zur weiteren Bearbeitung in MATLAB als Vektor eingelesen werden. Die Signalverarbeitung wird von MATLAB mit der **Signal Processing Toolbox** unterstützt. Nachfolgend werden ein paar Themen der Signalverarbeitung mit Verwendung dieser Toolbox behandelt.

3.1 Diskrete Fouriertransformation (DFT)

Die Fouriertransformation ist ein wichtiges Werkzeug zur Datenanalyse im Frequenzbereich. Mit ihr erhält man die Signaldarstellung im Frequenzbereich durch die integrale Transformation

$$X(j\omega) = \int_{-\infty}^{\infty} x(t) exp(-j\omega t) dt \,. \tag{3.1.1}$$

Für eine numerische Berechnung auf einem Digitalrechner wurde die *Diskrete Fouriertransformation* (DFT) entwickelt. Um sie zu erhalten, wird das Integral durch die Summe von N Rechtecken der Höhe $x(nT_S)$ angenähert. Dabei entspricht T_S der Abtastzeit und N der Anzahl der Messwerte:

$$X_d(\omega_k) = \sum_{n=0}^{N-1} x(nT_S) exp(-j\omega_k nT_S) \,. \tag{3.1.2}$$

Die DFT bearbeitet einen Datenvektor x der Länge N und gibt einen Vektor der gleichen Länge mit ggf. komplexen Spektralwerten zurück. Das Spektrum X_d existiert nur für diskrete Frequenzen $\omega_k = k \cdot \Delta\omega$. Die Frequenzauflösung

$$\Delta\omega = 2\pi / (NT_S) \tag{3.1.3}$$

bzw.

$$\Delta f = 1 / (NT_S) \tag{3.1.4}$$

ist umgekehrt proportional zur Messdauer NT_S. Aufgrund des Abtasttheorems entspricht die höchste messbare Frequenz

$$f_{max} = f_S/2 = 1/(2T_S), \tag{3.15}$$

https://doi.org/10.1515/9783110738018-004

also der halben Abtastfrequenz f_S. Mit der in MATLAB implementierten Fastfourierfunktion *fft(x)* wird die DFT sehr effizient berechnet und ermöglicht damit Echtzeitanwendungen. Mit der Fastfourierfunktion *fft(x)* können beispielsweise auch die Fourierkoeffizienten a_k und b_k eines periodischen Signals ermittelt werden. Die Fourierreihe des Signals x(t) sei

$$x(t)=a_0+\sum_{k=1}^{K}(a_k\cos(k\omega_k t)+b_k\sin(k\omega_k t)). \tag{3.1.5}$$

Die Fourierkoeffizienten a_k und b_k ergeben sich mit Hilfe der DFT dann zu

$$a_0=\frac{1}{N}Re\{X_d(0)\},\qquad a_k=\frac{2}{N}\operatorname{Re}\{X_d(k)\},\quad b_k=-\frac{2}{N}Im\{X_d(k)\}\quad \text{mit } k=1,2,\ldots \tag{3.1.6}$$

Bei der hier behandelten Anwendung tritt nur dieser Sonderfall eines zu transformierenden periodischen Signals auf, so dass die DFT darüber hinaus hier nicht betrachtet wird.

Liegt ein Frequenzanteil des zu transformierenden Signals innerhalb der Schrittweite Δf, tritt der sogenannte *Leakage-Effekt* auf: Die Amplitude verteilt sich auf Nachbarfrequenzen. Dieser Effekt tritt immer dann auf, wenn die gesamte Messzeit NT_S kein ganzzahliges Vielfaches der Periodendauer des zu analysierenden Signals ist.

Im Bereich der Mechatronik wird die Fastfouriertransformation beispielsweise bei der Überwachung des gleichmäßigen Laufs eines rotierenden Antriebs verwendet. Beim Entstehen einer Unwucht werden Oberwellen gebildet, die mittels einer Spektralanalyse erkannt werden können. Damit kann der Antrieb rechtzeitig außer Betrieb genommen und eine Reparaturmaßnahme eingeleitet werden, bevor es zu einem Bruch der Welle kommt. Besonders wichtig ist diese Überwachung bei Antrieben, bei denen die Welle großen Belastungen ausgesetzt ist wie bei Turbinen oder Windkraftwerken. Die Anwendung der DFT zur Überwachung des gleichmäßigen Laufs eines rotierenden Antriebs wird abschließend anhand eines simulierten Beispiels ausgeführt.

Beispiel

Gegeben ist ein elektrischer Motor mit Unwucht, dessen Drehwinkel $\varphi(kT_S)$ im Abstand der Tastzeit T_S mit einem Inkrementalgeber gemessen wird. Die simulierte Unwucht wird gebildet mit der Beziehung

$$\varphi(t)=\omega_M t+0{,}4\sin(2\omega_M t) \tag{3.1.7}$$

wobei ω_M [1/s] dieWinkelgeschwindigkeit des Motors ist. Die Unwucht wird erkennbar anhand des Verlaufs der mit diesem Winkel gebildeten Sinusfunktion $\sin[\varphi(t)]$, siehe Abb. 3.1.1.

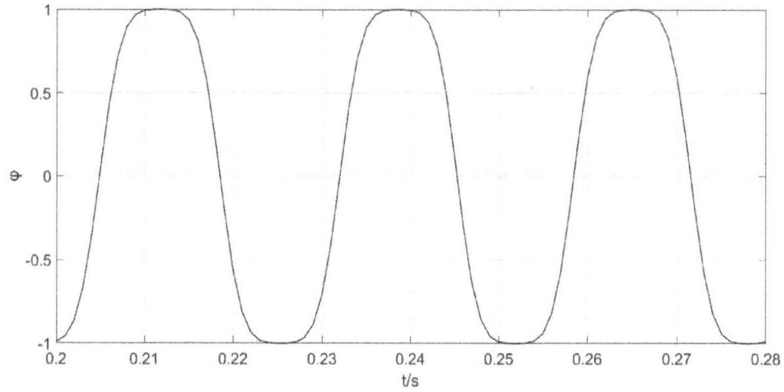

Abb. 3.1.1: Darstellung der Unwucht

Zur Ermittlung der von einer Unwucht erzeugten Oberwellen wird der Drehwinkel $\varphi(kT_S)$ in den Rechner eingelesen, die Sinusfunktion darauf angewandt und anschließend davon die Fastfouriertransformation berechnet. Die Nachbildung mit einem Simulinkmodell zeigt Abb. 3.1.2

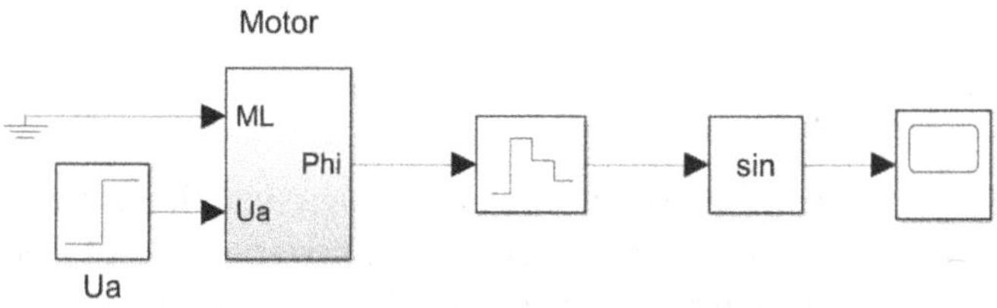

Abb. 3.1.2: Messprinzip zur Ermittlung der Unwucht eines Motors n (unrund.slx)

Mit der gewählten Ankerspannung U_a stellt sich die stationäre Motordrehzahl N_M=40 U/s ein. Das MATLAB-Skript zur Berechnung von *fft*(sin(φ(kTs))) mit T_S=0,002 und zur grafischen Darstellung des Spektruns lautet:

```
v=x.signals.values(241:490); %Es wird die stationäre Drehzahl abgewar-
tet.
N=length(v); % N=250
f=[0:floor((N-1))/2]/(N*0.002);
X=fft(v);
Y=[X(1); 2*X(2:floor((N-1)/2)+1)];
stem(f‘,abs(Y));
```

Das berechnete Spektrum ist in Abb. 3.1.3 dargestellt.

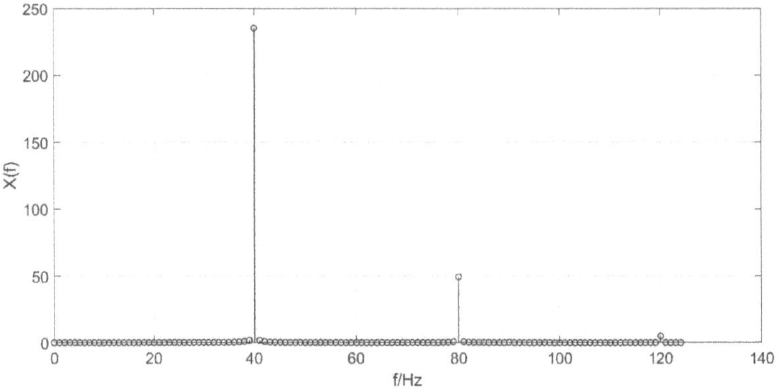

Abb. 3.1.3: Spektrallinien der mit dem Motorwinkel gebildeten Sinusfunktion

Die erste Spektrallinie detektiert die Umdrehungszahl N_M=40 U/s des Motors, die zweite Spektrallinie deckt die von der Unwucht stammende 3. Oberwelle auf. In der Praxis wird die Auswertung der Spektrallinien in gewählten Zeitabständen nicht grafisch, sondern numerisch vorgenommen und bei festgestellten Oberwellen entsprechende Maßnahmen eingeleitet.

3.2 Messwertübertragung

Für die Übertragung von digitalen Messwerten gibt es abhängig von den Anwendungen die unterschiedlichsten Übertragungsmedien und Bussysteme, worauf hier, da es ein eigenes Thema ist, nicht weiter eingegangen wird. Aus diesem Gebiet herausgegriffen und hier näher behandelt, wird lediglich die für *Remote Control* wichtige Messwertübertagung. Dabei wird der mit einem Sensor erfasste Messwert mit einem Modem einer Trägerfrequenz aufmoduliert und auf einer drahtgebundenen Verbindung oder Funkverbidung übertragen. Am Empfangsort muss ggf. ein Verstärker verwendet werden. Anschließend wird das Empfangssignal mit einem Modem demoduliert und nach einer eventuellen Prüfung auf Übertragungsfehler ausgewertet, siehe Abb. 3.2.1

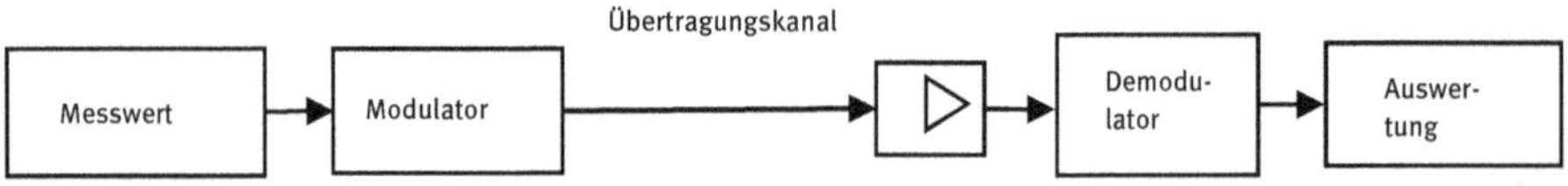

Abb. 3.2.1: Strukturbild der Messwertübertagung

Es wird hier der Fall behandelt, bei dem ein digitaler Messwert seriell einem Träger so aufmoduliert wird, dass den binären Werten low und high jeweils eine Frequenz zugeordnet wird, was man mit *Frequency Shift Keying (FSK)* bezeichnet. Dieses Verfahren wird unter anderem auch für Telefax-Übertragung verwendet. Der Begriff Modem ist eine Abkürzung von **Mod**ulator/**Dem**odulator. Das Modem umfasst sowohl die Funktion des Modulators als auch die des Demodulators, denn bei bidirektionalem Datentransfer werden an einem Ort beide Funktionen benötigt.

3.2.1 Modulator

Der Modulator bildet das FSK-Signal, indem zunächst die vom Sensor erzeugte serielle Bitfolge $x(kT_S)$ umgewandelt wird in eine Folge der Trägerkreisfrequenzen

$$\omega(kT_S) = \Delta\omega \cdot x(kT_S) + \omega_{min} \tag{3.2.1}$$

mit $\Delta\omega = \omega_{max} - \omega_{min}$. Anschließend wird über $\omega(kT_S)$ integriert und das Ergebnis als Argument einer Sinusfunktion zugeführt:

$$u(t) = sin[\omega(kT_S) \cdot t]. \tag{3.2.2}$$

Die Realisierung des Modulators mit einem Simulinkmodell und den Trägerfrequenzen f_{min}= 400 Hz und f_{max}=500 Hz. bzw. ω_{min}= 2513 s^{-1} und ω_{max}=3141 s^{-1} für die binären Daten sowie einer Datenrate von 40bit/s zeigt Abb. 3.2.2

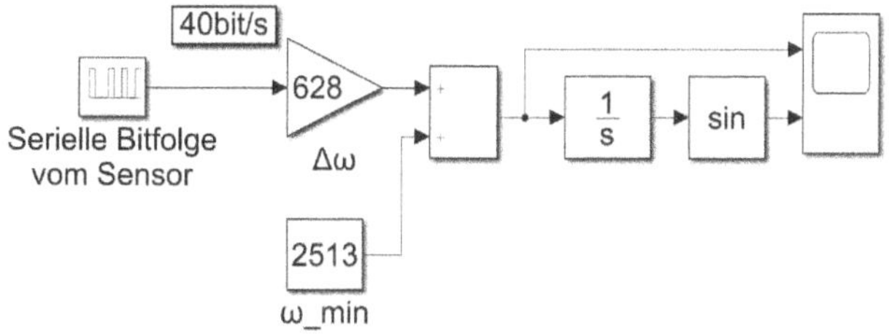

Abb. 3.2.2: Simulinkmodell des Modulators (modulator.slx)

Beim Umschalten der Trägerfrequenzen kommt es zu keinem Phasensprung, da die halben Perioden der Trägerfrequenzen ein ganzzahliges Vielfaches der Tastperiode T_S sind. Dadurch ist der Spektralbedarf geringer als bei einer Modulation mit Phasensprüngen. In Abb. 3.2.3 wird oben die Folge der Trägerfrequenzen $\omega(kT_S)$ und unten das modulierte Signal u(t) gezeigt, die mit dem Modulator von Abb. 3.2.2 erzeugt worden sind.

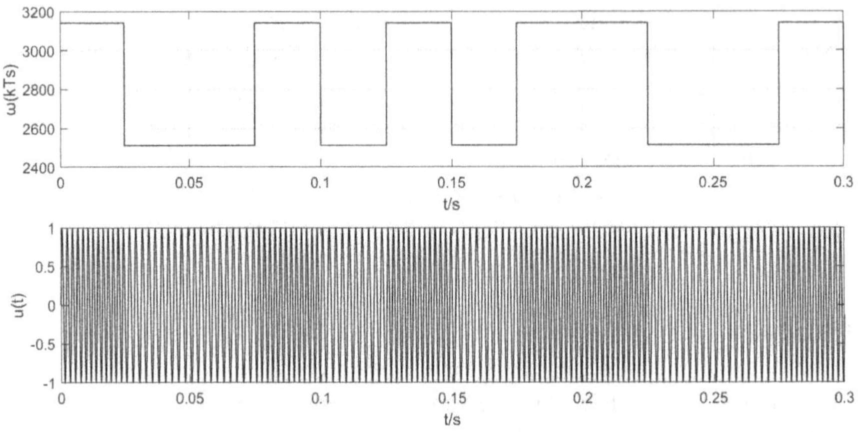

Abb. 3.2.3: Oben: Folge der Trägerfrequenzen $\omega(kT_S)$; unten: FSK-Signal u(t)

3.2.2 Demodulator

Als Demodulator wird ein *Phase Locked Loop System* (PLL) verwendet. Aufgabe des Phase Locked Loop Systems besteht darin, die Frequenz eines elektronisch abstimmbaren Oszillators auf die Frequenz eines empfangenen Referenzsignals zu synchronisieren. Seine grundsätzliche Schaltungsanordnung zeigt Abb. 3.2.4.

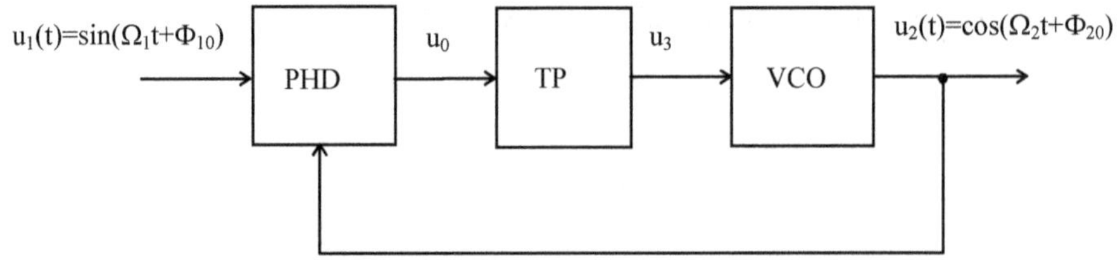

Abb. 3.2.4: Blockschaltbild des PLL

Der Phasendiskriminator PHD erzeugt aus der Differenz der Phasen

$$\Phi_1(t) = \omega_1 t + \Phi_{10} \text{ und } \Phi_2(t) = \omega_2 t + \Phi_{20} \tag{3.2.3}$$

der anliegenden Signale $u_1(t)$ und $u_2(t)$ eine Regelspannung u_0, die nach einer Glättung im Tiefpaß TP die Frequenz Ω_2 des spannungsgesteuerten Oszillators (Voltage Controlled Oscillator, VCO) genau auf die Eingangsfrequenz Ω_1 nachführt, d.h. synchronisiert. Die Aufrechterhaltung des synchronisierten Zustands $\Omega_1 = \Omega_2$ erfordert im allgemeinen eine von Null verschiedene Phasenabweichung $\Phi_1(t) - \Phi_2(t)$ zur

Erzeugung der Nachstimmspannung u_3. Ändert sich die Eingangsfrequenz Ω_1 , so folgt die Ausgangsfrequenz Ω_2 dieser Änderung innerhalb des sogenannten Haltebereichs, d.h. $u_2(t)$ bleibt synchron zu $u_1(t)$. Diese wichtigste Eigenschaft des Regelkreises begründet die Bezeichnung *Nachlaufsynchronisation.*

Eine weitere wichtige Eigenschaft der PLL-Schaltung ist die Störbefreiung. Dadurch werden dem Eingangssignal überlagerte Störungen und Rauschspannungen weitgehend unterdrückt, so daß das Ausgangssignal eine störungsfreie Reproduktion des Eingangssignals darstellt. Die PLL-Schaltung wirkt somit wie ein schmalbandiges Bandfilter, dessen Mittenfrequenz innerhalb des Haltebereiches automatisch auf die Frequenz des Eingangssignals nachgeführt wird (Nachlauffilter). Aufgrund dieser Eigenschaften wird die PLL-Schaltung eingesetzt in der Fernsehtechnik zur Synchronisation von Bild, Zeile und Farbträger, in der Satellitenübertragung zum Empfang stark verrauschter Signale, in der Messtechnik zum Bau von Nachlauffiltern und zur Demodulation frequenzmodulierter Signale.

Um die Parameter der PLL-Schaltung für den Einsatz als Demodulator für FSK-Signale festlegen zu können, ist eine mathematische Beschreibung erforderlich, die nachfolgend vorgenommen wird.

Das Empfangssignal $u_1(t)$ wird einem Phasendiskriminator zugeführt, der in Form eines Multiplizierers realisiert ist. Für beide Frequenzen des FSK-Signals muss der Synchronisationsfall eingestellt werden, was anhand der einen Frequenz Ω_1 beschrieben wird. Es sei das Eingangssignal

$$u_1(t)=u_{10}\,sin\left(\Omega_1 t+\Phi_{10}\right) \tag{3.2.4}$$

und das Ausgangssignal

$$u_2(t)=u_{20}\,cos\left(\Omega_2 t+\Phi_{20}\right). \tag{3.2.5}$$

Das durch Multiplikation gebildete Ausgangssignal $u_0(t)$ des Phasendiskriminators ist

$$u_0(t)=u_{10}\,sin\left(\Omega_1 t+\Phi_{10}\right)\cdot u_{20}\,cos\left(\Omega_2 t+\Phi_{20}\right) \tag{3.2.6}$$

bzw. ausmultipliziert

$$\begin{aligned}u_0(t)&=0,5u_{10}u_{20}\,sin\left[\left(\Omega_1-\Omega_2\right)t+\Phi_{10}-\Phi_{20}\right]\\&+0,5u_{10}u_{20}\,sin\left[\left(\Omega_1+\Omega_2\right)t+\Phi_{10}+\Phi_{20}\right]\end{aligned}\,. \tag{3.2.7}$$

Im synchronisierten Zustand ist $\Omega_1 = \Omega_2$ und es gilt

$$u_0(t)=K_P\,sin\varphi_0+K_P\,sin\left(2\Omega_1 t+\Phi_{10}+\Phi_{20}\right) \tag{3.2.8}$$

mit

$$K_P = 0{,}5 u_{10} u_{20} \quad \text{und} \quad \varphi_0 = \Phi_{10} - \Phi_{20} \tag{3.2.9}$$

Der erste Term in der Gl. (3.2.8) stellt die sinusförmige Diskriminatorkennlinie mit der Eingangsgröße φ_0 und einem Ausgangsbereich von $-K_P$ bis $+K_P$ für u_0 dar. Der zweite Term liefert ein störendes Sinussignal mit der Amplitude K_P und der doppelten Referenzfrequenz $2\Omega_1$, das mit dem Tiefpass TP nach dem Diskriminator möglichst gut zu unterdrücken ist.

Eigenschaften der Nachlaufsynchronisation

Zum prinzipiellen Verständnis der Nachlaufsynchronisation wird zunächst das PLL-System ohne die Dynamik des TP's betrachtet, jedoch wird vorausgesetzt, dass der TP den störenden Signalanteil herausfiltert. Damit ist das Ausgangssignal des Diskriminators zugleich Eingangssignal des VCO und es gilt in Erweiterung über φ_0 hinaus

$$u_3 = K_P \sin\varphi . \tag{3.2.10}$$

Die Funktion des spannungsgesteuerte Oszillators VCO wird durch die Gleichung

$$\Omega_2 = \Omega_{20} + K_0 \cdot u_3 \tag{3.2.11}$$

mit der Freilaufkreisfrequenz Ω_{20} und der Oszillatorsteilheit K_0 beschrieben. Mit Gl. (3.2.9) in Gl. (3.2.10) und der Festlegung

$$\omega_S = K_0 K_P \tag{3.2.12}$$

(statische Regelsteilheit) folgt

$$\Omega_2 = \Omega_{20} + \omega_S \sin\varphi . \tag{3.2.13}$$

Führt man ferner die Differenz

$$\omega = \Omega_1 - \Omega_2 \tag{3.2.14}$$

der momentanen Kreisfrequenzen Ω_1 und Ω_2 sowie

$$\Delta\Omega = \Omega_1 - \Omega_{20} \tag{3.2.15}$$

ein, so gilt

$$\omega = \Delta\Omega - \omega_S \sin\varphi . \tag{3.2.16}$$

Berücksichtigt man, dass

$$\varphi = (\Omega_1 - \Omega_2)t \tag{3.2.17}$$

und

$$\omega = \frac{d\varphi}{dt} \tag{3.2.18}$$

ist, so erhält durch Einsetzen von Gl. (3.2.18) in Gl. (3.2.16) schließlich die nichtlineare Differentialgleichung

$$\frac{d\varphi}{dt} + \omega_S \cdot \sin\varphi = \Delta\Omega \tag{3.2.19}$$

für die Phasendifferenz φ. Darin ist $\Delta\Omega$ die Verstimmung des VCO. Im synchronisierten Zustand muss

$$\frac{d\varphi}{dt} = 0 \tag{3.2.20}$$

gelten. Ob bei Erfüllung dieser Forderung der Zustand auch stabil ist, lässt sich allerdings nur an Hand der Trajektorien in der Phasenebene beurteilen. Eine Trajektorie der DGL (3.2.19) mit einer geeigneten gewählten Anfangsbedingung $\Delta\Omega$ ist in der Phasenebene in Abb. 3.2.5 dargestellt.

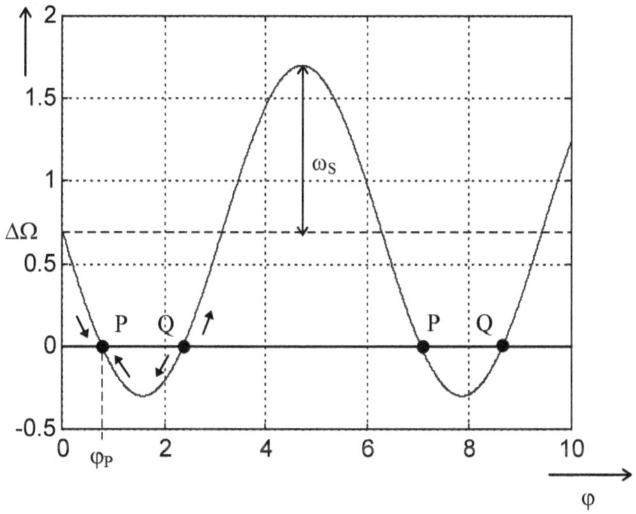

Abb. 3.2.5: Trajektorienverlauf des filterlosen Kreises

In der Phasenebene gilt:

$$\text{Für } \omega = \frac{d\varphi}{dt} > 0\,, \tag{3.3.21}$$

also in der oberen Phasenebene, nimmt φ zu, d.h. die Trajektorie ist von links nach rechts orientiert.

$$\text{Für } \omega = \frac{d\varphi}{dt} < 0\,, \tag{3.2.22}$$

also in der unteren Phasenebene, nimmt φ ab, d.h. die Trajektorie ist von rechts nach links orientiert. Folglich ist der synchrone Zustand P in der Phasenebene stabil, weil die Trajektorien aus beiden Hälften zu dem Punkt gerichtet sind. Dagegen ist der synchrone Zustand Q instabil, weil die Trajektorien von ihm weg gerichtet sind. Die Phasendifferenz φ_P im stabilen Synchronisationspunkt P beträgt nach Gl. (3.2.16)

$$\varphi_P = arcsin\frac{\Delta\Omega}{\omega_S} \tag{3.2.23}$$

Mit zunehmender Verstimmung $\Delta\Omega$ wächst φ_P unter Aufrechterhaltung der Synchronisation bis $\varphi_{Pmax} = \pi/2$ an der Grenze des Haltebereiches. Hier wird im Phasendiagramm die Abszisse von der Trajektorie gerade noch berührt. Frequenzmäßig gilt somit für den Haltebereich $\Delta\Omega_H$ der Nachlaufsynchronisation bei sinusförmiger Diskriminatorkennlinie und ohne Filter

$$\Delta\Omega_H = \pm\omega_S\,. \tag{3.2.24}$$

Darüber hinaus ist der Haltebereich auch zugleich der Fangbereich.

Im realen Fall ist beispielsweise ein TP 1.Ordnung zur Unterdrückung des Sinussignals mit der doppelten Referenzfrequenz erforderlich. Dann wird der Zusammenhang zwischen u_3 und u_0 durch eine DGL 1.Ordnung und die Nachlaufsynchronisation durch eine nichtlineare DGL 2. Ordnung anstelle von Gl. (3.2.19) beschrieben. Für diese nichtlineare DGL 2. Ordnung lässt sich analytisch weder eine Lösung noch ein Trajektorienverlauf angeben. Hier ist eine Simulation erforderlich, um festzustellen, wie die Parameter der Synchronisationsschaltung auf den Halte- bzw. Fangbereich einwirken. Die theoretisch ermittelten Werte werden dabei als Startwerte verwendet die ggf. nachjustiert werden müssen.

Entwurf des Demodulators

Es wird davon ausgegangen, dass das empfangene FSK-Signal von dem im vorangegangenen Abschnitt beschriebenen Modulator ausgesandt wurde. Folglich besitzt es die Trägerfrequenzen f_{min}= 400 Hz und f_{max}=500 Hz. bzw. ω_{min}= 2513 s^{-1} und ω_{max}=3141 s^{-1} sowie die aufmodulierten seriellen Daten mit der Datenrate 40bit/s.

Das PLL-System entsprechend der Abb. 3.2.4 wird mit Simulink und mit einem Multiplizierer als Diskriminator realisiert, siehe rechts in Abb. 3.2.6. Zur Unterdrückung des Störers mit der doppelten Frequenz wird ein Tiefpass 2. Ordnung mit der Eigenkreisfrequenz ω_0=1000 s^{-1} und der Dämpfung D=1eingesetzt. Der VCO (gestrichelt eingerahmt) besteht im Wesentlichen aus einem Sinus-Signalgeber und einem Integrierer zur Bildung der Eingangsphase aus dem Steuersignal. Das demodulierte Signal v(t) wird beim VCO vor dem Integrierer abgegriffen.

Bei der Festlegung der Paramameter des PLL-Systems werden die im vorangegangenen Abschnitt hergeleiteten Beziehungen als Richtlinien zugrunde gelegt. Für die Freilauffrequenz Ω_{20} des VCO wird etwa der Mittelwert von ω_{min} und ω_{max} gewählt:

$$\Omega_{20} \approx \frac{\omega_{min} + \omega_{max}}{2} = \frac{2513 + 3141}{2} s^{-1} = 2800 s^{-1} .$$

Der Haltebereich wird festgelegt zu

$$\Delta\Omega_H = \pm\omega_S = \pm 500 s^{-1}$$

Damit folgt mit u_{10}=u_{20}=1 für die Oszillatorsteilheit

$$K_0 = \frac{\omega_S}{0{,}5 u_{10} u_{20}} = \frac{500 s^{-1}}{0{,}5 \cdot 1 \cdot 1} = 1000 .$$

Das demodulierte Signal v(t) wird zur Rückgewinnung der Bitfolge x(t) noch mit einem Komparator mit der Beziehung

$$x(t) = \begin{cases} 1 \text{ für } v(t) >= 2800 \\ 0 \text{ für } v(t) < 2800 \end{cases}$$

bewertet. In der Abb. 3.2.6 ist außerdem der Modulator vom vorangegangenen Abschnitt mit der Datenquelle eingefügt, um eine Datenübertragung simulieren zu können.

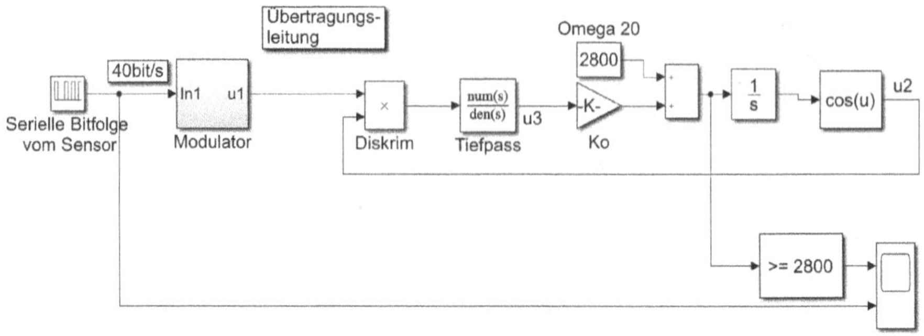

Abb. 3.2.6: Modulator mit PLL-System zur Demodulation (demodulator.slx)

Das Ergebnis der Simulation einer Datenübertragung ist in Abb. 3.2.7. dargestellt. Die Bitfolge $x(kT_S)$ wird exakt zurückgewonnen, jedoch mit einer geringen Zeitverzögerung von ca. 0,1 T_S.

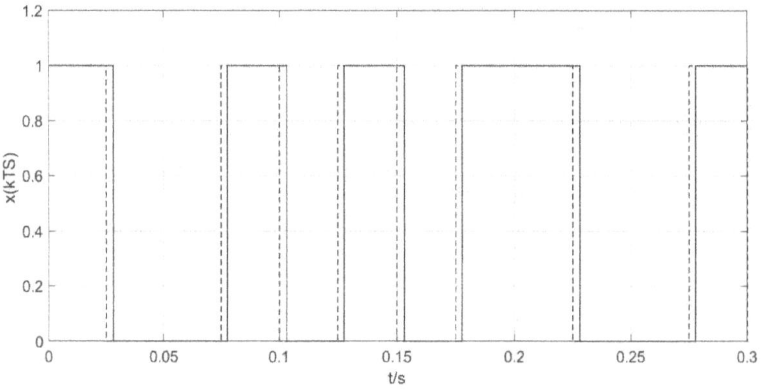

Abb. 3.2.7: Gesendete (gestrichelt) und empfangene (ausgezogen) Bitfolge

3.2.3 Automatic Gain Control

Automatic Gain Control (AGC) wird häufig beim Empfang von frequenz- oder phasenmodulierten Signalen benötigt, um den negativen Einfluss schankenden Pegels auf die Demodulation zu verhindern.

Ein AGC besteht aus einem in seiner Verstärkung veränderbaren Empfangsverstärker, dessen Ausgangsamplitude trotz schwankender Eingangsamplitude auf einem festen Wert geregelt wird. Die Ausgangsamplitude wird durch Betragsbildung und TP-Filterung ermittelt. Sie wird mit einem Sollwert verglichen und einem PI-Regler zugeführt. Die Ausgangsgröße s(t) des PI-Reglers wird mit dem Steuergang des Empfangsverstärkers verbunden und beeinflusst seine Verstärkung, siehe Abb. 3.2.8. Beim Empfangsverstärker ist der Zusammenhang zwischen Ein-und Ausgangssignal sowie dem Steuersignal s(t) gegeben mit

$$u_a(t)=\left[1+u_S(t)\right]u_e(t). \qquad (3.2.25)$$

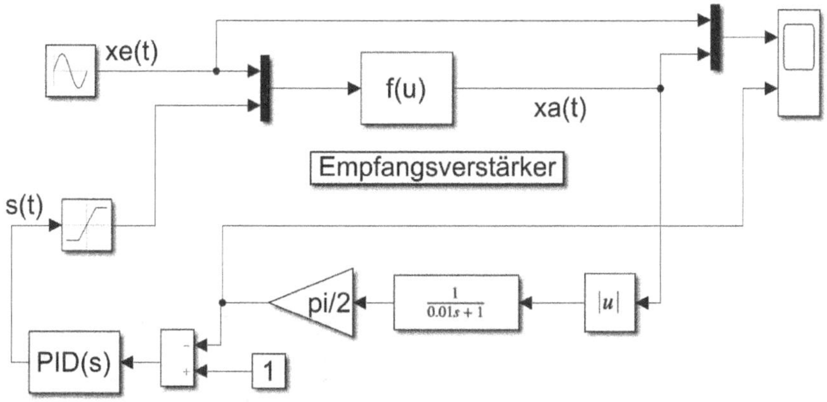

Abb. 3.2.8: AGC-Modell (agc.slx)

Im AGC-Modell hat das Empfangssignal eine Frequenz von f=400 Hz und eine um den Wert 1 schwankende Amplitude u_{e0}, die auf den Wert u_{a0}=1 geregelt wird. Als Tiefpass wird nur ein Verzögerungsglied 1.Ordnung mit der Eckfrequenz ω_e=100 s^{-1} bzw. f_e=16 Hz verwendet. Mit dem Faktor pi/2 nach dem TP wird aus dem Mittelwert der Amplitudenwert gebildet. Der Begrenzer nach dem PI-Regler sorgt dafür, dass die Verstärkung des Empfangsverstärkers nicht negativ werden kann. Die Nachstellzeit des PI-Reglers wurde gleich dem halben Wert der TP-Zeitkonstante gewählt: T_N=0,005 s. Die Reglerverstärkung mit K_R=5 wurde experimentell bestimmt, da wegen des nichtlinearen Übertragungsverhaltens lineare Entwurfsmethoden nicht angewendet werden können.

Mit dem AGC-Modell wurden zwei Simulationen durchgeführt, einmal mit der größeren Eingangsamplitude u_{e0}=1,5 (Abb. 3.2.9) und einmal mit der kleineren Eingangsamplitude u_{e0}=0,5 (Abb. 3.2.10).

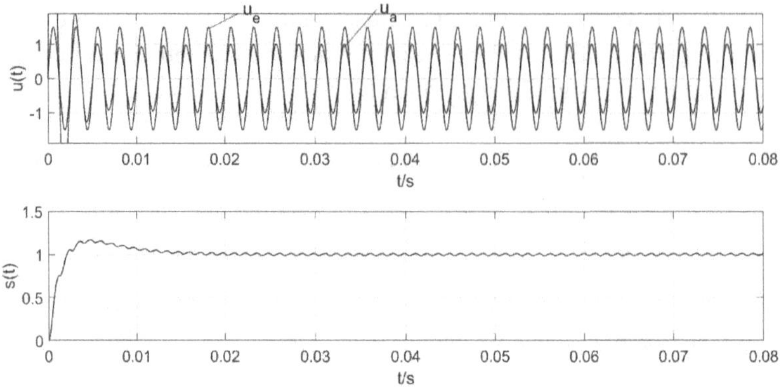

Abb. 3.2.9: AGC-Simulation mit u_{e0}=1,5; oben: Ein-und Ausgangssignal; unten; Steuersignal

Der Verlauf des Ausgangssignal $u_a(t)$ zeigt, dass der Sollpegel u_{a0}=1 in kurzer Zeit eingeregelt wird. Die Restwelligkeit in s(t) liegt an der nicht ausreichenden Dämpfung des TP's 1.Ordnung. Sie beeinträchtigt jedoch nicht die Demodulation. Auch bei zu kleiner Amplitude u_{e0}=0,5 wird in kurzer Zeit der Sollpegel u_{a0}=1 eingeregelt, was Abb. 3.2.10 zeigt.

Vergleicht man s(t) in den Abb. 3.2.9 und Abb. 3.2.10 miteinander, so erkennt man, dass sich bei größerem Eingangspegel eine bessere Dynamik ergibt. Das liegt daran, dass die Eingangsamplitude proportional in die Kreisverstärkung eingeht.

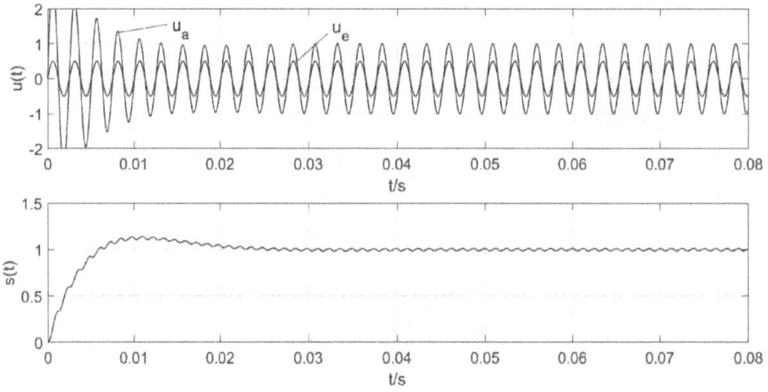

Abb. 3.2.10: AGC-Simulation mit u_{e0}=0,5; oben: Ein-und Ausgangssignal; unten; Steuersignal

3.3 Pseudozufallszahlengenerator

Sehr häufig werden in der Technik Zufallszahlen benötigt, z.B. zur Untersuchung von dynamischen Systemen, zum Testen vom RAM-Speichern, für kryptographische Verfahren usw.

Zufallsfolgen können mit einem taktgesteuerten linear rückgekoppelten Schieberegister erzeugt werden[3], wobei sich deren Zufallswerte nach einer bestimmten Anzahl N wiederholen, weshalb sie Pseudozufallsfolgen genannt werden. Mit jedem Taktimpuls wird der Registerinhalt um eine Binärstelle in Richtung höherer Wertigkeit verschoben und es werden bestimmte Binärstellen des Registers XOR-verknüpft auf die Binärstelle niedrigster Ordnung zurückgeführt. Bei n Bit breiten Schieberegistern ergibt sich eine maximale Periodenlänge von $N=2^n-1$. Bei einem 8 Bit breiten Schieberegister müssen die Binärstellen 8, 6, 5 und 4 XOR-verknüpft zurückgeführt werden und das niederwertigste Bit mit dem Wert 1 starten (nach Leonardo Fibonacci), um eine maximal lange Zufallsfolge mit einer Periode von N=255 Werten zu erhalten.

Das 8 Bit Schieberegister enthält die Zufallszahl als 8 Bit Dualzahl Z_2 . Um die zugehörige Dezimalzahl Z_{10} zu erhalten, müssen die jeweiligen Binärstellen k mit 2^{k-1} gewichtet und zu Z_{10} aufaddiert werden. Den mit Simulink modellierten Zufallszahlengenerator für Dezimalzahlen zeigt Abb. 3.3.1. Mit dem flankengetriggerten Subsystem vor dem 1. D-FlipFlop wird dafür gesorgt, dass das erste FlipFlop mit dem Wert 1 startet.

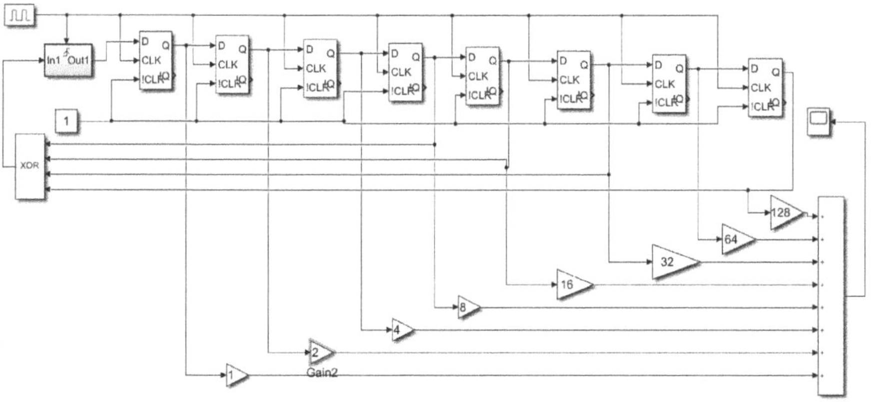

Abb. 3.3.1: 8 Bit Pseudozufallszahlengenerator (random.slx)

3 Z.B.: https://de.wikipedia.org/wiki/Pseudozufallszahlen.

Die Zufallszahlen werden mit dem Scope aufgezeichnet und in Abb. 3.3.2 in Form eines Balkendiagrammes dargestellt. Man erkennt, dass nach 255 Werten eine neue Periode beginnt.

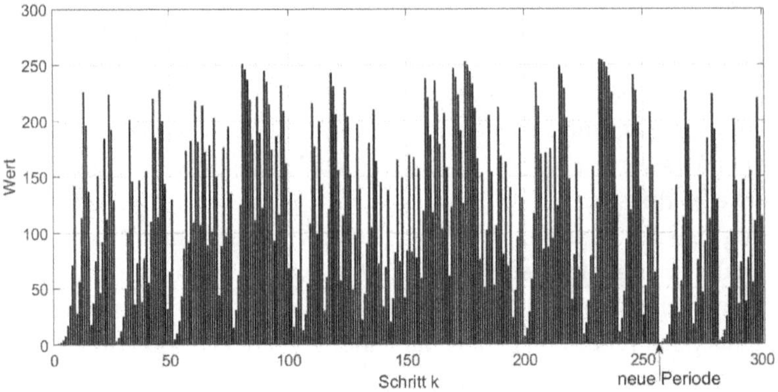

Abb. 3.3.2: Zufallswerte eines 8 Bit Pseudozufallszahlengenerators

4 Modellbildung und Simulation hybrider Systeme

Neben den kontinuierlichen Systemen, die in den voran gegangenen Kapiteln behandelt wurden, sind ereignisdiskrete Systeme häufig Teil eines mechatronischen Systems. Bilden kontinuierliche und ereignisdiskrete Systeme eine Einheit, spricht man von hybriden Systemen. Bevor diese modelliert werden können, werden im nachfolgenden Kapitel zunächst ereignisdiskrete Systeme beschrieben.

4.1 Beschreibung ereignisdiskreter Systeme

Wesentlich bei kontinuierlichen Systemen ist, dass die Information eines Signals stets in der Amplitude liegt, die es zu bestimmten Zeitpunkten aufweist. Ganz anders verhält es sich bei den ereignisdiskreten Systemen. Dort liegt die Information im Auftreten eines bestimmten Ereignisses. Dabei ist es nicht von Bedeutung wie Ereignisse kodiert werden, ob mit Namen oder Symbolen, meist jedoch werden sie mit Binärvektoren kodiert. Die Ereignisse treten zu vorab nicht bekannten Zeitpunkten auf, die meist auch nicht von Interesse sind. Von Bedeutung ist vielmehr die Reihenfolge der Ereignisse. In nachfolgender Tabelle 3 werden Signale und Beschreibungsformen kontinuierlicher und ereignisdiskreter Systeme gegenübergestellt.

Tab. 3: Gegenüberstellung von kontinuierlichen und ereignisdiskreten Systemen

	Kontinuierlich	**Ereignisdiskret**
Signalart:	Analoge und digitale Signale	diskrete Signalzustände
Informationsträger des Signals:	Amplitude zu bestimmten Zeitpunkten	Auftreten eines bestimmten Ereignisses
Art der Modellierung:	Differential- und Differenzengleichungen	Boolesche Logik, endliche Automaten usw.

Als Ereignis wird der Wechsel zwischen zwei diskreten Signalwerten bezeichnet. Das Modell eines ereignisdiskreten Systems (siehe Abb. 4.1.1) soll beschreiben, wie sich der Zustand z und der Ausgang w des Systems in Abhängigkeit vom Anfangszustand z_0 und von der Eingangsfolge v(k) verändern.

https://doi.org/10.1515/9783110738018-005

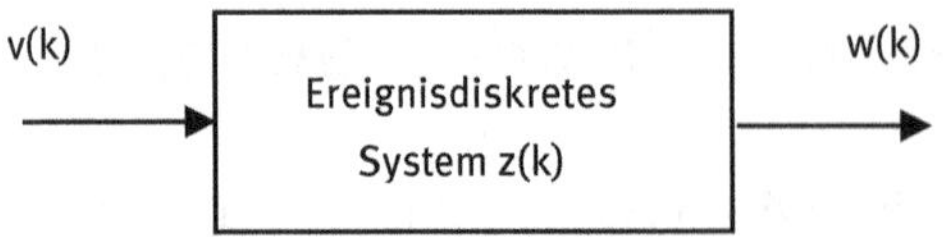

Abb. 4.1.1: Ereignisdiskretes System mit üblichen Bezeichnungen

Das Modell verwendet die diskrete Zeitachse, auf der durch den Zähler k die Zustandsübergänge durchnummeriert sind. Es wird in Analogie zur Beschreibung kontinuierlicher Systeme im Zustandsraum beschrieben durch das Gleichungssystem (aus [3])

$$z(k+1) = G\big(z(k), v(k)\big), \text{ mit } z(0) = z_0 \tag{4.1.1}$$

$$w(k) = H\big(z(k), v(k)\big). \tag{4.1.2}$$

Das Modell beschreibt, in welchen Nachfolgezustand z(k+1) das System übergeht, wenn es zum Zeitpunkt k im Zustand z(k) ist und die Eingabe v(k) erhält. Außerdem beschreibt es, welche Ausgabe w(k) durch das System erzeugt wird. Neben den Ein- und Ausgangssignalen kann auch der Zustand z(k) nur diskrete Werte annahmen.
Leider kann man für die Komponenten der Gleichungen (4.1.1) und (4.1.2) keine funktionalen Zusammenhänge wie bei kontinuierlichen Systemen aufstellen. Daher müssen für die Modellierung folgende Schritte ausgeführt werden:

1. Es werden die diskreten Wertemengen des Eingangs, des Zustands und des Ausgangs definiert.
2. Es werden alle Zustandsübergänge in Abhängigkeit von der aktuellen Eingabe ermittelt.
3. Den Zustandsübergängen werden die Ausgaben zugeordnet.

In den Schritten 2 und 3 werden *Automaten* und *Petrinetze* für die Beschreibung der Funktionen *G* und *H* eingesetzt.

Beispiele für ereignisdiskrete Systeme sind: Personenaufzug, Getränkeautomat, Parkuhr, Bestückungsautomat, Roboter, usw. mit den zugehörigen Steuereinrichtungen.

Anstelle einer manuellen Auswertung aufgestellter Automatenmatrizen bzw. Automatengrafen oder Petrinetze bietet das Tool *Stateflow* von *Simulink* eine Lösung durch Simulation an. Desweiteren kann mit *Stateflow* auch die bei *Speicherprogrammiebarer Steuerung* (SPS) verwendete *Schrittkette* implementiert werden. In der Automatisierungstechnik wird die SPS erfolgreich eingesetzt, jedoch für kleinere Steuerungsaufgaben der Mechatronik ist sie i.A. zu mächtig.

Da *Stateflow* ein Teil von *Simulink* ist, kann neben dem ereignisdiskreten System ggf. noch ein zu steuerndes kontinuierliches System modelliert werden.

4.2 Modellierung und Simulation ereignisdiskreter Systeme

4.2.1 Funktionsüberwachung eines Motors.

Der Motor kann folgende Zustände einnehmen:

Tab. 4: Beschreibung der Motorzustände

Zustand z	Beschreibung
steht	Motor steht vor und nach dem Ein-und Ausschalten
dreht	Motor läuft nach Einschalten
unrund	Motor läuft unrund
heiss	Motor läuft überhitzt
defekt	Motor wird defekt

Der Motor wird gesteuert mit folgenden Eingangsvariablen:

Tab. 5: Beschreibung der Eingangsvariablen

Eingangsvariablen	Beschreibung
v1	Motor ein- und ausschalten mit v1=1/0
v2	Drehzahlsensor v2=1/0 für dreht nicht/dreht
v3	Unwucht-Sensor v4=1/0 für mit Unwucht/ohne
v4	Temperatursensor v3=1/0 für zuheiß/normal

Die Zustandsmeldung erfolgt mit der Ausgangsvariablen w mit folgenden Werten:

Tab. 6: Bedeutung der Werte der Ausgangsvariablen

Ausgangsvariable w	Bedeutung
1	Motor aus
2	Motor dreht
3	Motor läuft unrund
4	Motor läuft heiss
5	Motor defekt

Beschreibung derZustände mit ihren Übergängen mit einem Automatengraf

Die Kreise kennzeichnen die Zustände, die Grafen die Zustandsübergänge, die erfolgen, wenn die Übergangsbedingung durch die Eingangsgrößen erfüllt ist. Die Eingangsgrößen wurden als boolesche Variablen festgelegt, so dass ihr Wert selbst darüber entscheidet, ob die Übergangsbedingung erfüllt ist oder nicht. Dabei bedeutet der Operand **~** vor einer Eingangsvariablen ihre Negation.

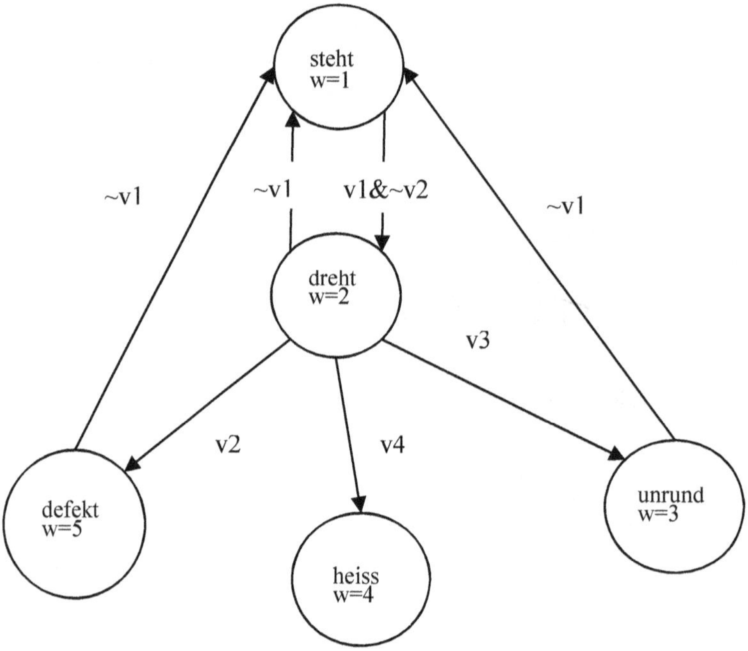

Abb. 4.2.1: Automatengraf mit den Motorzuständen

Nachfolgende Abbildung zeigt die Umsetzung des Automatengrafen von Abb. 4.2.1 in ein Stateflowchart.

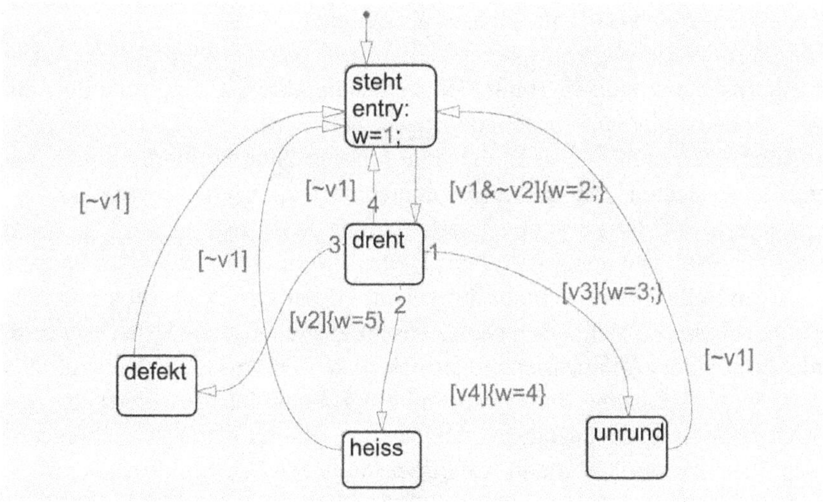

Abb. 4.2.2: Automatengraf als Stateflow-Chart

Das Stateflow-Chart wird eingebettet in nachfolgend dargestellter Simulinkumgebung.

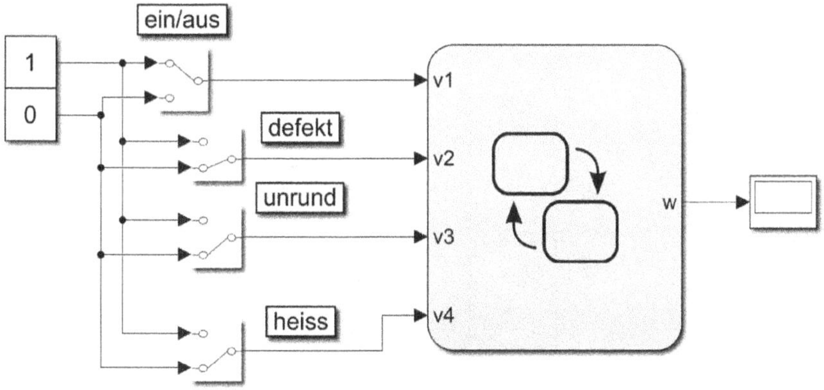

Abb. 4.2.3: Simulinkmodell mit Stateflow-Chart (automat1.slx)

Mit dieser Simulinkumgebung lassen sich alle Zustände des Automaten simulieren und damit die Korrektheit der Funktionsüberwachung überprüfen.

4.2.2 Modellierung eines Ziffernschlosses als Automat

Bei dem Ziffernschloss, modelliert mit *Simulink* (siehe Abb. 4.2.4), werden über ein Tastenfeld nacheinander eine bestimmte Anzahl Ziffern v(1), v(2), ..., v(n) eingegeben. Das Ziffernschloss öffnet, wenn die eingegebenen Ziffern in der richtigen Reihenfolge mit festgelegten Werten übereinstimmen: v(1)=k_1, v(2)=k_2, ..., v(n)=k_n.

Im vorliegenden Fall ist n=4 und es gelten folgende Werte: k_1=5, k_2=7, k_3=1 und k_4=9. Nach dem Betätigen der START-Taste ist das Ziffernschloss bereit zur Eingabe der Ziffern. Sind alle Ziffern richtig eingegeben, erfolgt die Aktivierung des Ausgangs v zum Öffnen des Magnetschlosses. Anschließend muss die END-Taste betätigt werden, um in den Anfangszustand zurück zu kehren. Aus Sicherheitsgründen dürfen in einem bestimmten Eingabezustand nur zweimal falsche Ziffern eingegeben werden ohne dass der Zustand verlassen wird. Bei der dritten Falscheingabe erfolgt der Übergang zurück in den Anfangszustand. Die Leuchte (Ausgang a) im Tastenfeld wird grün nach Betätigung von START und rot, nach dreimaliger Falscheingabe. Das Display Freigabestufe (Ausgang d) zeigt den jeweils belegten Eingabezustand an. Es dient hier zur Kontrolle, ist jedoch in der Praxis nicht vorhanden. Die Leuchte Türschloss ist mit dem Ausgang v verbunden. Die Eingabezustände mit ihren Übergängen sind in einem *Chart* modelliert, das in dem Simulinkmodell in Abb. 4.2.4 eingebunden ist.

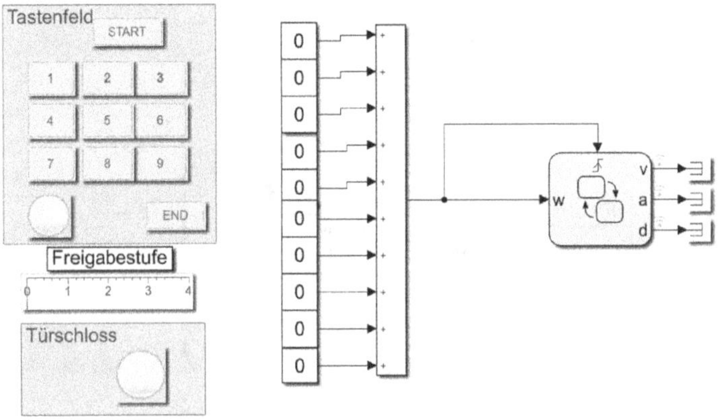

Abb. 4.2.4: Ziffernschloss (ziffernschloss.slx)

Der Automatengraf im *Chart* ist in Abb. 4.2.5 dargestellt. Alle Zustandsübergänge erfolgen *event*-gesteuert mit ansteigender Flanke durch Tastenbetätigung. Dabei müssen außerdem noch die durch Tastenwerte vorgegebene Bedingungen erfüllt werden, siehe Abb. 4.2.5. So erfolgt beispielsweise der Wechsel von Zustand Z1 nach Z2 nur, wenn die Taste 5 betätigt wurde. Werden andere Tasten gedrückt, wird die

Rückführschleife durchlaufen und die Falscheingaben gezählt (mit Variable c). Die Zustandswechsel von Z2 nach Z3 und nach Z4 erfolgen in analoger Weise. Die meisten Zustandsübergänge sind mit Wertzuweisungen verknüpft, siehe Abb.4.2.5. Die *event* Steuerung ist erforderlich, um beliebig häufige Schleifendurchläufe bei den Rückführungen zu vermeiden. Die fehlerfreie Funktion wurde mit Simulationen überprüft.

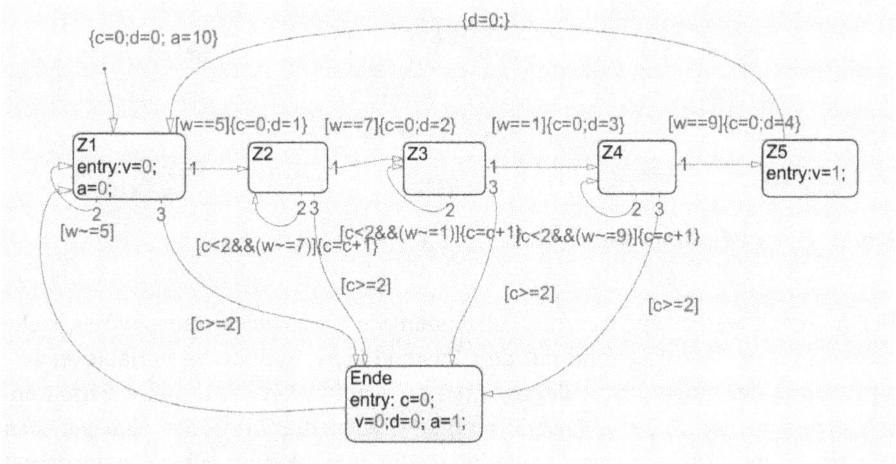

Abb. 4.2.5: Chart Ziffernschloss

4.2.3 Modellierung einer Parkuhr

Die Parkuhr stellt ein weiteres Beispiel für einen Automaten dar. Dabei handelt es sich um einen taktgesteuerten Automaten.

Der Automat wird mit einem *Chart* von *Stateflow* realisiert, eingebettet in einer *Simulink*-Umgebung, bestehend aus Tasten für die Münzeingabe und Parkscheinanforderung, siehe Abb. 4.2.6. Außerdem erfolgt mit dem Baustein *Clock* die Taktvorgabe. Zur Überwachung der Funktionsweise wird der eingezahlte Betrag und der Zeitverlauf nach der Parkscheinanforderung in Minuten angezeigt.

Die Einzahlung erfolgt mit 10ct, 20ct, 50ct und 1 EUR Münzen. Für 2 EUR erhält man die maximal zulässige Parkzeit von 120 min. Ein zu viel eingezahlter Betrag wird einbehalten.

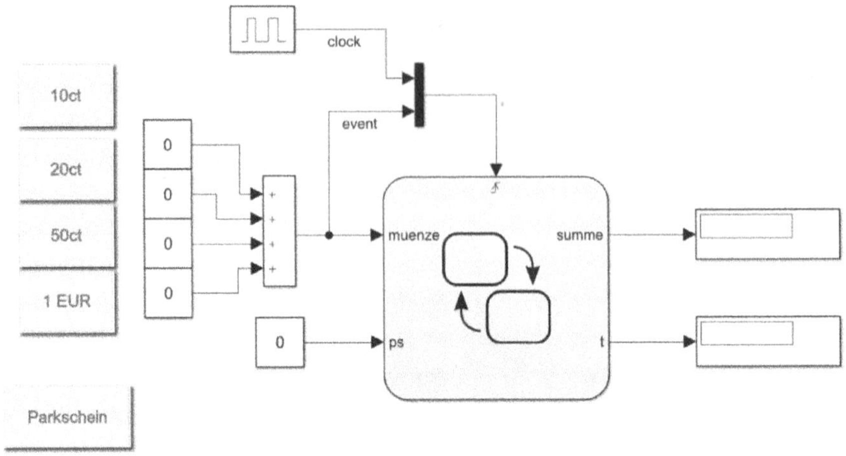

Abb. 4.2.6: Parkuhr (parkuhr.slx)

Der Automat besteht aus den drei Zuständen *Start*, *Einzahlen* und *Laufzeit*, siehe Abb. 4.2.7. Der Ablauf beginnt mit dem Zustand *Start*, in dem die Variable *summe* zur Bildung des eingezahlten Betrages mit null initialisiert wird, und wechselt anschließend in den Zustand *Einzahlen*. Hier werden die Werte der eingegebenen Münzen in der Variablen *summe* aufaddiert. Die Eingabe einer Münze ist gekoppelt mit einem flankengetriggerten *event*. Mit ihm wird dafür gesorgt, dass bei jeder Münzeingabe der Zustand *Einzahlen* zunächst verlassen wird, um anschließend mit dem Wert der neuen Münze zurück zu kehren. Übersteigt der eingegebene Betrag 200 ct, wird *summe* auf diesen Wert begrenzt. Mit Betätigen der Taste *Parkschein* wechselt der Automat in den Zustand *Laufzeit*, wobei die Laufzeitvariable t mit der bezahlten Parkzeit initialisiert wird. Der Takt wird über den *event*-Eingang *clock* zugeführt. Mit jedem Takt wechselt der Zustand *Laufzeit* zu sich selbst, sofern t>0. Dabei wird jeweils die Laufzeit um 1 min vermindert. Ist die Parkzeit abgelaufen (t=0), so erfolgt über den Zustand *Start* die Rückkehr in den Zustand Einzahlen.

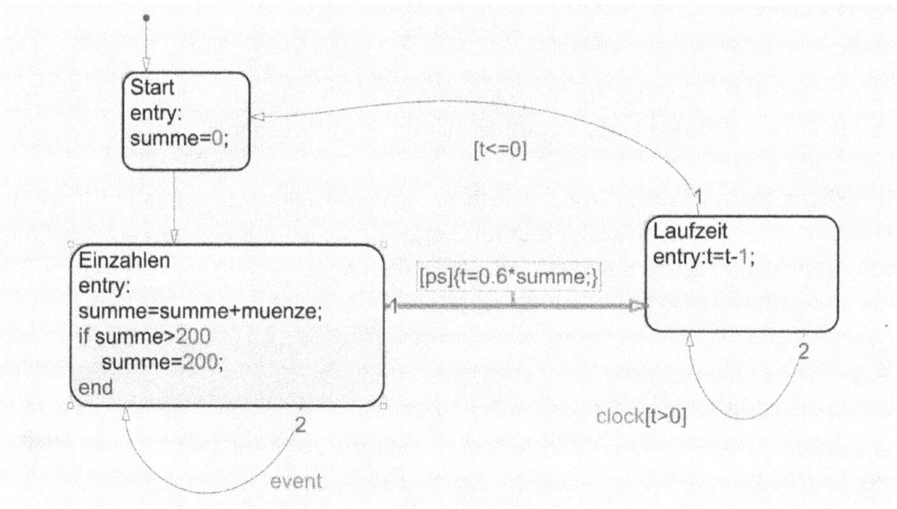

Abb. 4.2.7: Chart Parkuhr

4.3 Ereignisdiskrete Steuerung

Eine ereignisdiskrete Steuereinrichtung wird zur Steuerung kontinuierlicher oder ereignisdiskreter Strecken verwendet, siehe Abb. 4.3.1. Dabei muss sie die mit einem Steueralgorithmus gegebene Spezifikationen erfüllen.

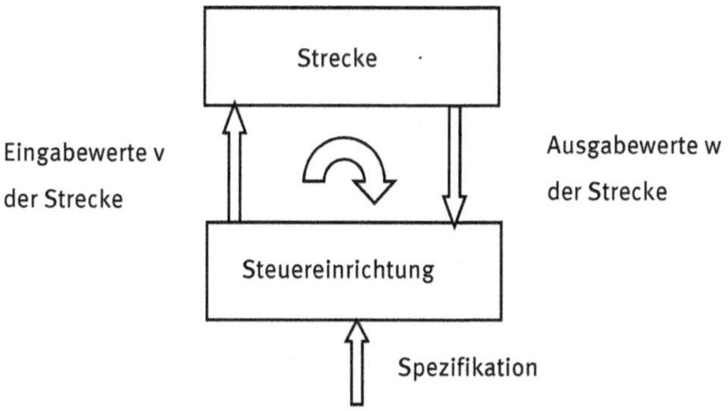

Abb. 4.3.1: Darstellung der Wirkung einer Steuerung auf die Strecke

Die Abb. 4.3.1 macht deutlich, dass die Steuerung im geschlossenen Wirkungskreis abläuft. Bildet die Steuereinrichtung für seine Eingangswertefolge w(k) die Ausgangsfolge v(k) mit der Beziehung

$$v(k) = s(w(k)), \tag{4.3.1}$$

so enthält sie keine dynamischen Elemente, d.h. die aktuelle Ausgabe hängt nur von der letzten Eingabe ab. Derartige Steuerungen bezeichnet man als *Verknüpfungssteuerungen.*

Häufig muss die Steuerung jedoch dynamische Elemente enthalten, um das Steuerungsziel zu verwirklichen. Dann hängt die aktuelle Ausgabe v(k) nicht nur von der letzten Eingabe, sondern auch von vorherigen Eingaben ab und es gilt

$$v(k) = s(w(k), w(k-1), w(k-2)...). \tag{4.3.2}$$

Damit die vorherigen Werte zur Verfügung stehen, müssen sie abgespeichert werden. Bei dieser Form der Steuerung spricht man von einer *Ablaufsteuerung*. Sie benötigt Speicherelemente.

Bei den weiteren Ausführungen sei die Strecke als technische Einrichtung gegeben. Für den Entwurf der Steuerung wird von ihr zuvor ein Abbild in Form eines mit *Matlab/Simulink/Stateflow* erstellten Modells entwickelt.

4.3.1 Verknüpfungssteuerung

Bei einer Verknüpfungssteuerung setzt sich die Eingabe meist aus mehreren Signalen $w_1(k)$, $w_2(k)$, $w_3(k)$ usw. zusammen, die von der Steuerung zum Wert der Ausgabe, die ebenfalls aus mehreren Signalen $v_1(k)$, $v_2(k)$, $v_3(k)$ usw. bestehen kann, *verknüpft* werden müssen. Beschreibt man die Eingabe als Vektor

$$\underline{w}(k) = [w_1(k), w_2(k), w_3(k)...w_n(k)] \tag{4.3.3}$$

mit den Komponenten $w_1(k)$, $w_2(k)$, $w_3(k)$ usw.und die Ausgabe als Vektor

$$\underline{v}(k) = [v_1(k), v_2(k), v_3(k)...v_m(k)] \tag{4.3.4}$$

mit den Komponenten $v_1(k)$, $v_2(k)$, $v_3(k)$ usw.so lautet das Steuergesetz Gl. (4.3.1) genauer

$$\underline{v}(k) = \underline{s}(\underline{w}(k)). \qquad (4.3.5).$$

Wenn die Signalwerte binär sind, kann man das Steuergesetz $\underline{S}$ als einen Booleschen Ausdruck schreiben oder es kann mit einer kombinatorischen Schaltung realisiert werden. Häufig wird das das Steuergesetz $\underline{S}$ als Tabelle, sogenannte Wertetabelle, formuliert.

Ist das Steuergesetz als Wertetabelle formuliert, kann man daraus eine Boolesche Funktion bilden. Hierbei werden üblicherweise disjunktive oder konjunktive Normalformen in methodischer Weise erstellt.
Technische Realisierungen der Normalformen mit Schaltnetzen sollten mit möglichst wenigen Gattern auskommen. Da die Normalformen meist eine reduntante Anzahl von Verknüpfungen enthalten, kann man diese mit Methoden der *Minimierung* entfernen.

Wird jedoch die Steuerung mit einem Rechner realisiert und das Steuergesetz programmiert, spielt die Länge des Boolschen Ausdrucks i.A. eine untergeordnete Rolle und man verzichtet auf eine Minimierung, um eventuell hierbei auftretende Fehler zu vermeiden.

In nachfolgenden Kapiteln soll an Hand von Fallbeispielen gezeigt werden, wie mit Hilfe von Simulationen Verknüpfungssteuerungen auf ihre Funktionstüchtigkeit hin untersucht werden können.

4.3.1.1 Dualzahlgenerator

Um Schaltnetze auf ihre Funktionstüchtigkeit hin überprüfen zu können, wird für die Eingangsgröße ein binärer Vektor $\underline{W}$ benötigt. Ein Simulinkmodell, das einen binären Vektor mit der Dimension 4 und den Werten [0 0 0 0] bis [1 1 1 1] zur Verfügung stellt, zeigt Abb. 4.3.2. Es ist so aufgebaut, dass bei Bedarf die Vektorlänge problemlos erweitert werden kann.

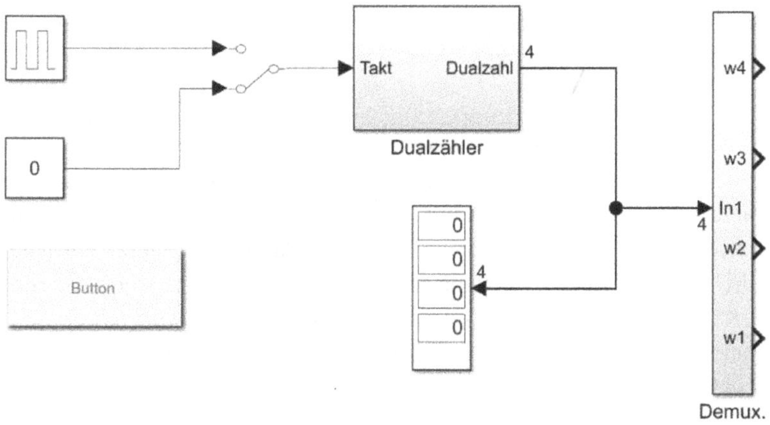

Abb. 4.3.2: Dualzahlgenerator (dualzahl.slx)

Der Dualcodezähler im Modell zählt von 0 bis 15 im Dualzahlencode. Er ist aufgebaut mit vier in Kette geschalteten J-K-Flipflops, siehe Abb. 4.3.3.

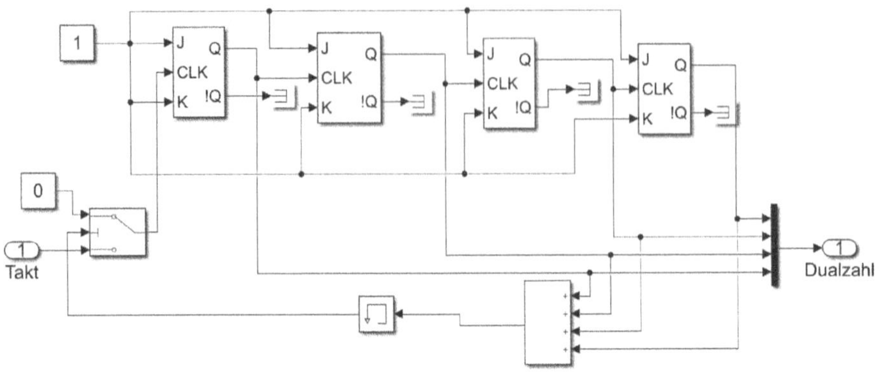

Abb. 4.3.3: JK-FlipFlop-Kette

Das erste Flipflop wechselt seinen Zustand mit der Periode des Taktes, das 2. Flipflop mit der doppelte Periode, das 3. Flipflop mit der vierfachen Periode usw.. Es handelt sich hierbei um den aus der Digitaltechnik gut bekannten Binäruntersetzer. Er kann bei Bedarf durch Hinzufügen von Flipflops erweitert werden.

Der Takteingang des Dualzählers wird entweder mit dem *Pulsgenerator* oder mit *Button* verbunden. Im ersten Fall werden mit einer Simulation alle Werte von [0 0 0 0] bis [1 1 1 1] durchlaufen. Eine schrittweise Weiterschaltung der Dualzahl erreicht man mit dem Taster *Button*. Damit der Zähler nur einmal bis zum Wert [1 1 1 1] zählt, wird beim Erreichen dieses Wertes der Takteingang auf null gesetzt. Der Demultiplexer liefert am Ausgang den benötigten Dualzahlencode [w1 w2 w3 w4], an dem ein zu untersuchendes Schaltnetz angeschlossen werden kann.

4.3.1.2 Untersuchung einer Verriegelungsschaltung

Eine Transportanlage mit 4 Zulieferbändern beliefert ein Ausgabeband, das nur die doppelte Kapazität eines Zulieferbandes hat. Daher darf kein weiteres Band liefern, wenn bereits zwei Bänder das Ausgabeband beladen. Das soll mit einer Verriegelung verhindert werden, indem ein Band nur dann eingeschaltet werden kann, wenn ein Sperrsignal v nicht eins ist. Ein eingeschaltetes Band k wird mit dem Signal w_k=1 gemeldet. Mit einem Schaltnetz soll ein Sperrsignal v erzeugt werden, das auf 1 gesetzt wird, wenn bereits zwei Zulieferbänder beladen werden, was in der Wertetabelle Tab. 7 spezifiziert ist.

Tab. 7: Wertetabelle der Verriegelung

w_1	w_2	w_3	w_4	v
0	0	0	0	0
1	0	0	0	0
0	1	0	0	0
1	1	0	0	1
0	0	1	0	0
1	0	1	0	1
0	1	1	0	1
1	1	1	0	x
0	0	0	1	0
1	0	0	1	1
0	1	0	1	1
1	1	0	1	x
0	0	1	1	1
1	0	1	1	x
0	1	1	1	x
1	1	1	1	x

Für w-Wertekonstellationen, die nicht vorkommen, wird v=x eingetragen. Die Wertetabelle wird mit der Methode der *Disjunktiven Normalform* realisiert. Damit erhält man die Ausgangswerte mit der logischen Funktion

$$v = w_1 w_2 \overline{w}_3 \overline{w}_4 + w_1 \overline{w}_2 w_3 \overline{w}_4 + \overline{w}_1 w_2 w_3 \overline{w}_4 + w_1 \overline{w}_2 \overline{w}_3 w_4 + \overline{w}_1 w_2 \overline{w}_3 w_4 + \overline{w}_1 \overline{w}_2 w_3 w_4 \quad (4.3.6)$$

Verkürzt man diesen Ausdruck mit der *Mintermmethode*, so erhält man

$$v = w_1 w_2 + w_2 w_3 + w_1 w_4 + w_2 w_4 + w_1 w_3 + w_3 w_4 \quad (4.3.7)$$

Bei der Minimierung wurde für die nicht vorkommenden w-Werte v=1 mit Vorteil eingesetzt. Die logische Funktion (4.3.7) wird mit einem Schaltnetz im Simulinkmodell der Abb. 4.3.4 realisiert.

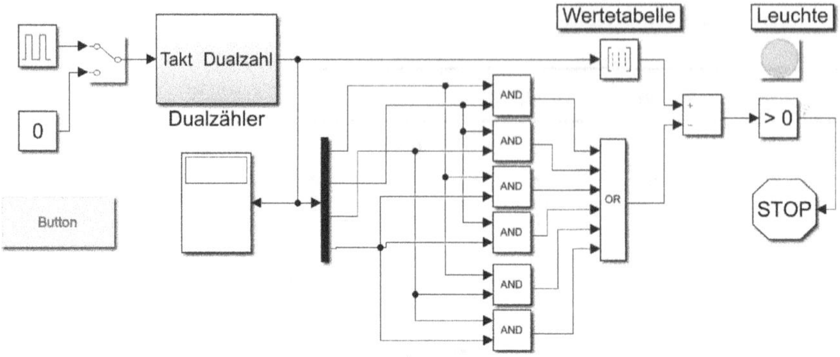

Abb. 4.3.4: Modell zur Simulation der Verriegelung (verriegelung.slx)

Am Ausgang des Dualzählers ist das Schaltnetz angeschlossen, siehe Abb. 4.3.4. Die Ausgangswerte des Schaltnetzes sollen auf ihre Korrektheit hin überprüft werden. Hierfür wird ein Vergleich mit dem Ausgangswerten der Wertetabelle vorgenommen. Die Wertetabelle wird realisiert mit dem Funktionsbaustein *Combinatorial Logic.* Beim Eintragen der v-Werte muss auch hier anstelle von v=x der Wert v=1 gesetzt werden.

Ist das Schaltnetz nicht fehlerfrei, weicht seine Ausgabe ab von der der Wertetabelle, die Simulation wird angehalten und die Leuchte geht auf rot.

4.3.1.3 Sperrsignal zur Verhinderung falscher 7-Segment-Anzeige

Es sollen Werte in 4 Bit-Darstellung mit einer 7-Segment-Anzeige ausgegeben werden. Um zu verhindern, dass nicht darstellbare Werte w>9 zur Anzeige kommen, soll ein Sperrsignal v mit der Festlegung

$$v = \begin{cases} 1, wenn\ w > 9 \\ 0\ wenn\ w \leq 9 \end{cases}$$

gebildet werden. Alle Dualzahlen, für die v=1 werden muss, sind in Tabelle 8 dargestellt

Tab. 8: Wertetabelle für das Sperrsignal

w_1	w_2	w_3	w_4	v
0	1	0	1	1
1	1	0	1	1
0	0	1	1	1
1	0	1	1	1
0	1	1	1	1
1	1	1	1	1

Die Bildung der disjunktiven Normalform mit anschließender Minimierung ergibt für das Sperrsignal v die logische Funktion

$$v = w_4\left(w_2 \vee w_3\right) \tag{4.3.8}$$

Die logische Funktion (4.3.8) wird realisiert mit einem Schaltnetz im Simulinkmodell der Abb. 4.3.5

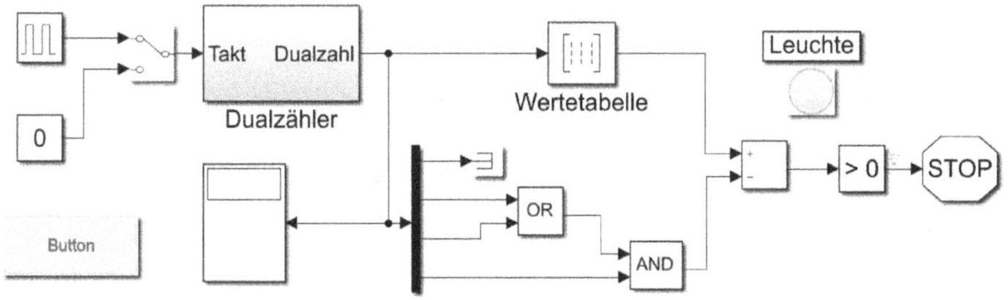

Abb. 4.3.5: Modell zur Simulation der Sperrschaltung (sperrsignal.slx)

Die komplette Wertetabelle ist im Funktionsbaustein *Combinatorial Logic* eingetragen. Bei der Simulation werden alle Eingangswerte durchlaufen. Kommt es zur Abweichung zwischen den Ausgangswerten der Wertetabelle und der logischen Schaltung, stoppt die Simulation und die Leuchte geht auf rot.

4.3.1.4 Verknüpfung von Zuständen mit Aktionen

Mit vier binären Sensoren w_1, w_2, w_3 und w_4 werden die Zustände eines automatischen Prozesses erfasst und abhängig vom jeweiligen Zustand die Aktuatoren v_1 und v_2 ein-bzw. ausgeschaltet gemäß Tab. 9.

Tab. 9: Wertetabelle für die Aktuatoren

w_1	w_2	w_3	w_4	v_1	v_2
0	0	0	0	0	0
1	0	0	0	0	0
0	1	0	0	0	0
1	1	0	0	0	1
0	0	1	0	0	0
1	0	1	0	1	1
0	1	1	0	0	1

w_1	w_2	w_3	w_4	v_1	v_2
1	1	1	0	1	1
0	0	0	1	0	0
1	0	0	1	0	1
0	1	0	1	0	1
1	1	0	1	0	1
0	0	1	1	0	0
1	0	1	1	1	0
0	1	1	1	0	0
1	1	1	1	1	0

Das Schaltnetz zur Erfüllung der Wertetabelle Tab. 9 besteht aus den logischen Funktionen:

$$v_1 = w_1 w_3 \tag{4.3.9}$$

und

$$v_2 = w_1 w_2 \overline{w}_4 \vee w_1 w_3 \overline{w}_4 \vee w_2 w_3 \overline{w}_4 \vee w_1 \overline{w}_3 w_4 \vee w_2 \overline{w}_3 w_4 . \tag{4.3.10}$$

Mit dem Simulinkmodell in Abb. 4.3.6 werden beide logische Funktionen mit logischen Schaltungen realisiert und es wurde mit einer Simulation ihre korrekte Funktionsweise überprüft.

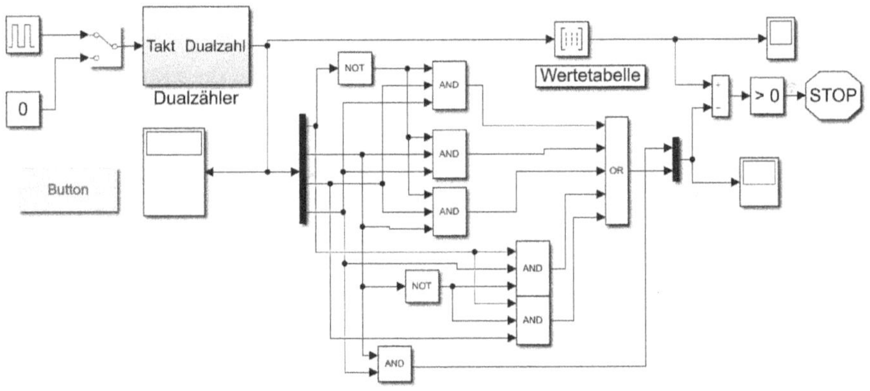

Abb. 4.3.6: Simulinkmodell zur Überprüfung der logischen Funktionen (zustand_aktion.slx)

4.3.1.5 Ansteuerung einer 7-Segment-Anzeige

Für die optische Ausgabe von Dezimalziffern wird häufig eine 7-Segment-Anzeige verwendet. Den Aufbau der 7 Segmente zeigt Abb. 4.3.7.

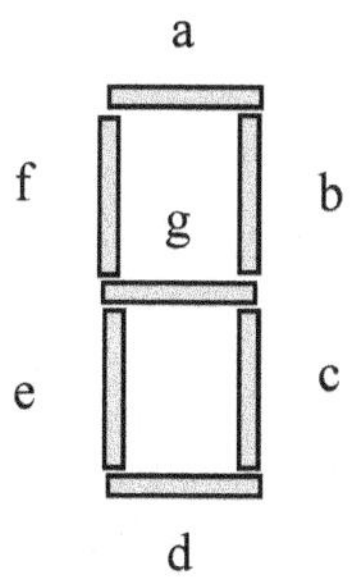

Abb. 4.3.7: Aufbau der 7 Segmente

Welche Segmente bei welchen Ziffern erleuchten sollen, ist in der Wertetabelle Tab. 10 jeweils mit eins angegeben.

Tab. 10: Wertetabelle für die Segmentansteuerung

Ziffer	w_1	w_2	w_3	w_4	a	b	c	d	e	f	g
0	0	0	0	0	1	1	1	1	1	1	0
1	1	0	0	0	0	1	1	0	0	0	0
2	0	1	0	0	1	1	0	1	1	0	1
3	1	1	0	0	1	1	1	1	0	0	1
4	0	0	1	0	0	1	1	0	0	1	1
5	1	0	1	0	1	0	1	1	0	1	1
6	0	1	1	0	1	0	1	1	1	1	1
7	1	1	1	0	1	1	1	0	0	0	0
8	0	0	0	1	1	1	1	1	1	1	1
9	1	0	0	1	1	1	1	1	0	1	1

Für jedes Segment a, b, c ... oder g wird ein Schaltnetz benötigt, das die Verknüpfung zwischen den Eingangswerten w_1, w_2, w_3 und w_4 und dem Segment herstellt. Betrachtet man die Wertetabelle, so fällt auf, dass pro Segment die Eins deutlich häufiger vorkommt als die Null. Folglich wird für die Minimierung die konjunktive Normalform, d.h. die konjunktive Verknüpfung aller Maxterme verwendet. Dabei wurden auch die Pseudotetraden (d.h. die Werte 10, 11, 12, 13, 14 und 15) mit dem

Wert null mit einbezogen. Damit erhält man für die jeweiligen Segmente folgende logische Funktionen:

$$a=(\bar{w}_1 \vee w_2 \vee w_3 \vee w_4)(w_1 \vee w_2 \vee \bar{w}_3) \tag{4.3.11}$$

$$b=(\bar{w}_1 \vee w_2 \vee \bar{w}_3)(w_1 \vee \bar{w}_2 \vee \bar{w}_3) \tag{4.3.12}$$

$$c=w_1 \vee \bar{w}_2 \vee w_3 \tag{4.3.13}$$

$$d=(\bar{w}_1 \vee \bar{w}_2 \vee \bar{w}_3)(w_1 \vee w_2 \vee \bar{w}_3)(\bar{w}_1 \vee w_2 \vee w_3 \vee w_4) \tag{4.3.14}$$

$$e=\bar{w}_1(w_2 \vee \bar{w}_3) \tag{4.3.15}$$

$$f=(\bar{w}_1 \vee \bar{w}_2)(\bar{w}_2 \vee w_3)(\bar{w}_1 \vee w_3 \vee w_4) \tag{4.3.16}$$

$$g=(\bar{w}_1 \vee \bar{w}_2 \vee \bar{w}_3)(w_2 \vee w_3 \vee w_4) \tag{4.3.17}$$

Im Simulinkmodell Abb. 4.3.9, das die Ansteuerung der 7-Segment-Anzeige zeigt, wird für jedes Segment die logische Funktion mit einer logischen Schaltung realisiert und in einem Submodell zusammengefasst wie beispielsweise die Funktion Gl. (4.3.11) für Segment a mit dem Submodell *Schaltnetz für a* und der logischen Schaltung Abb. 4.3.8.

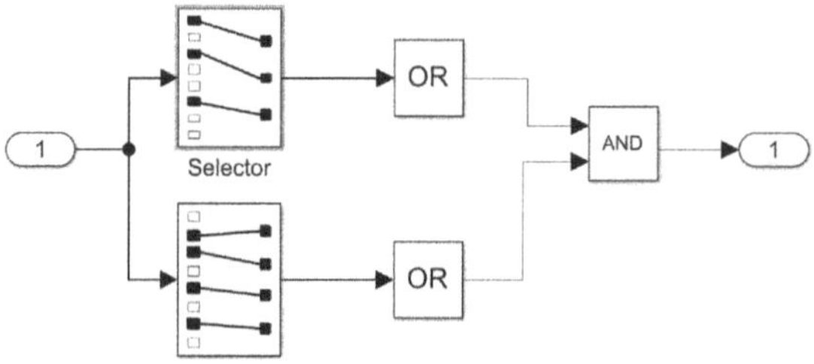

Abb. 4.3.8: Logische Schaltung zu Gl. (4.3.11)

Mit einem *Selector* in Abb. 4.3.8 werden dem *OR*-Baustein die entsprechenden Komponenten aus dem Vektor $[w_1\ \bar{w}_1\ w_2\ \bar{w}_2\ w_3\ \bar{w}_3\ w_4\ \bar{w}_4]$ zugeführt. Die 7-Segment-Anzeige in Abb. 4.3.9 setzt sich aus 15 Bausteinen *Lamp* aus der library *dashboard* zusammen. Sie sind in der erforderlichen Weise verknüpft mit den Ausgängen der Submodelle *Schaltnetz für a* bis *Schaltnetz für g*. Mit Simulationen wurde die korrekte Funktion der Schaltnetze überprüft. Das Simulationsergebnis mit der Eingabe der Ziffer 3 ist in Abb. 4.3.9 dargestellt.

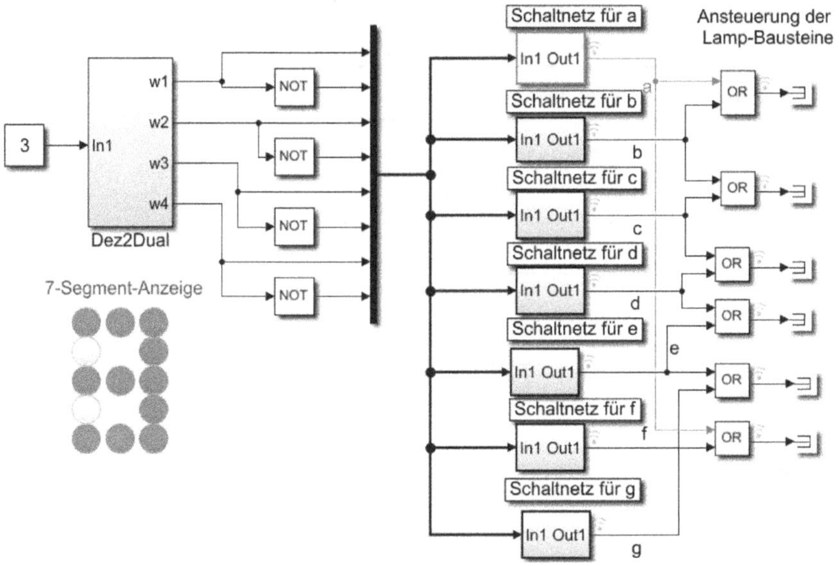

Abb. 4.3.9: Simulinkmodell zur Überprüfung des Schaltnetzes der 7-Segmentanzeige (SiebenSegment.slx)

4.3.1.6 Lampensteuerung mit drei Schaltern

Eine Leuchte L soll durch 3 Schalter S_1, S_2 und S_3 ausgeschaltet (L=0) und eingeschaltet (L=1) werden können, so dass jede Änderung eines Schalters eine Änderung des Beleuchtungzustands bewirkt. Dabei ist im Anfangszustand S_1=S_2=S_3=0 die Leuchte ausgeschaltet. Für die Lampensteuerung ist ein Schaltnetz anzugeben, siehe Abb. 4.3.10.

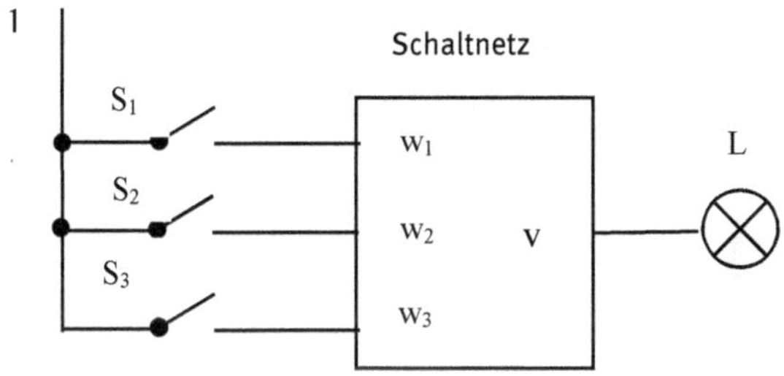

Abb. 4.3.10: Lampensteuerung mit 3 Schaltern

Zur Erfüllung dieser Aufgabe muss das Schaltnetz die Wertetabelle Tab. 11 erfüllen.

Tab. 11: Wertetabelle für die Lampensteuerung

w_1	w_2	w_3	v
0	0	0	0
1	0	0	1
0	1	0	1
1	1	0	0
0	0	1	1
1	0	1	0
0	1	1	0
1	1	1	1

Die Betrachtung der Wertetabelle ergibt, dass v=1 immer dann und nur dann ist, wenn die Anzahl der eingeschalteten Schalter ungerade ist. Folglich kann die Steuerung mit der Exclusiv-ODER-Verknüpfung

$$v = xor([w_1 \; w_2 \; w_3]) \tag{4.3.18}$$

vorgenommen werden. Mit dem Simulinkmodell von Abb. 4.3.11 wird die Funktionsweise der Steuerung auf Korrektheit überprüft, nachdem in den Baustein *Wertetabelle* die Ausgabewerte v der Tab. 12 eingetragen wurden. Bei der Simulation mit allen Eingangskonstellationen stimmt die Ausgabe des Schaltnetzes mit der der Wertetabelle überein.

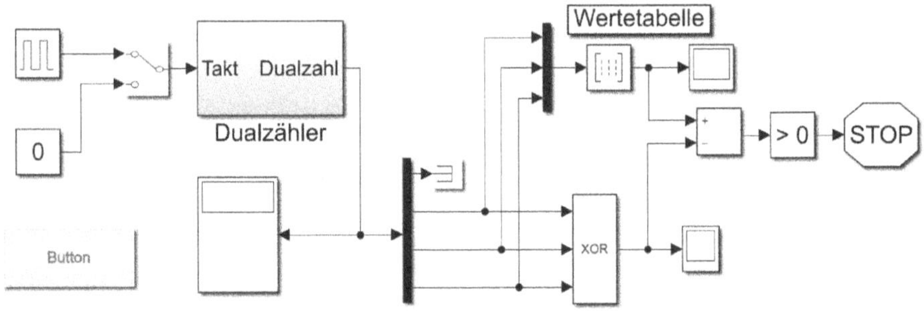

Abb. 4.3.11: Simulinkmodell zum Test der Leuchtensteuerung (leuchtensteuerung1.slx)

In der Simulinklibrary gibt es den Ordner *Dashboards* mit ein paar grafischen Elementen. Mit den Elemente *Toggle Switch* und *Lamp* wird nun noch ein Modell gebildet, um die Leuchtensteuerung anschaulich zu machen, siehe Abb. 4.3.12

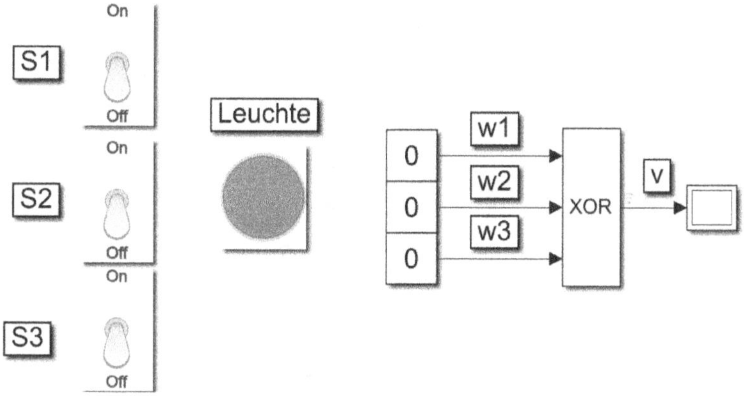

Abb. 4.3.12: Leuchtensteuerung (leuchtensteuerung2.slx)

Die Schalter S1 bis S3 werden mit den *Constant*-Blöcken (von oben nach) und die *Leuchte* mit dem Ausgang des XOR-Bausteins verknüpft. Auf anschauliche Weise kann man sich nun noch mit einer Simulation des Modells Abb. 4.3.12 von der Korrektheit der Steuerung überzeugen.

4.3.1.7 Steuerung einer Verteilerstation

Eine Verteileranlage soll auf einem Transportband ankommende Gegenstände mit 7 Weichen auf 8 Ausgabeplätze verteilen. Eine Weiche besteht aus einem Eingang und zwei Ausgängen, siehe Abb. 4.3.13.

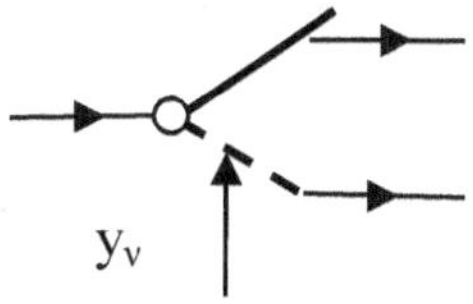

Abb. 4.3.13: Weiche

Die Struktur der Verteileranlage zeigt Abb. 4.3.14. Die Ansteuerung der 7 Weichen erfolgt mit den 7 binären Steuersignalen y_1, y_2, y_3, y_4, y_5, y_6, y_7 Dabei gilt mit ν=1 bis 7: Für

- $y_\nu=0$ ist die Weiche ν in der gestrichelten Stellung und für
- $y_\nu=1$ ist die Weiche ν in der ausgezogenen Stellung von Abb. 4.3.13.

Mit einem Barcodeleser wird der Barcode eines zu verteilenden Gegenstandes (z.B. Paket) eingelesen und seine Zieladresse im Dualcode (x_0 x_1 x_2) bestimmt. Anschließend werden mit einem Logikplan die Werte für y_1 bis y_7 ermittelt, die die Weichen für den gewünschten Pfad zum Ziel μ (mit μ=1 bis 8) entsprechend einstellen.

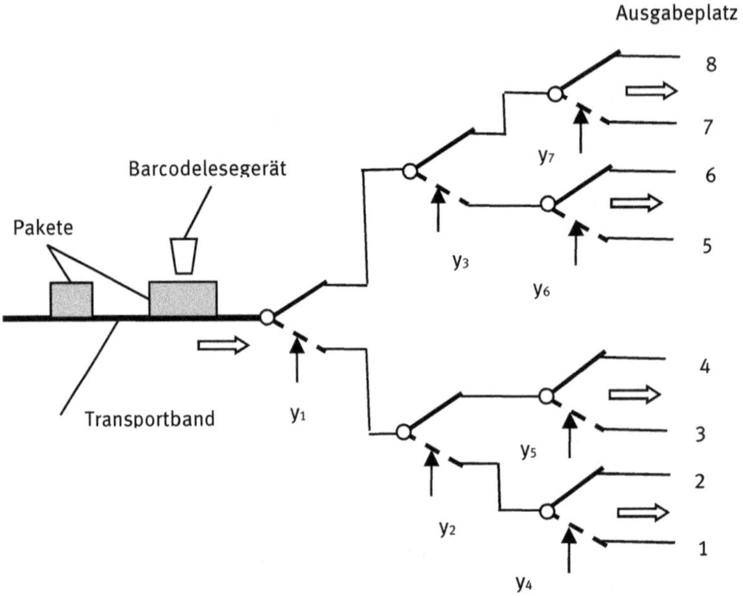

Abb.4.3.14: Schematische Darstellung der Verteileranlage

Zur Ermittlung der logischen Verknüpfungen für die Steuersignale y_1 bis y_7 wird eine Wertetabelle aufgestellt, sie Tab. 12.

Tab. 12: Wertetabelle für die Verteileranlage

Ziel	x_0	x_1	x_2	y_1	y_2	y_3	y_4	y_5	y_6	y_7
1	0	0	0	0	0	0	0	0	0	0
2	1	0	0	0	0	0	1	0	0	0
3	0	1	0	0	0	1	0	0	0	0
4	1	1	0	0	0	1	0	1	0	0
5	0	0	1	1	0	0	0	0	0	0
6	1	0	1	1	0	0	0	0	1	0
7	0	1	1	1	1	0	0	0	0	0
8	1	1	1	1	1	0	0	0	0	1

Aus der Wertetabelle mit anschließender Minimierung ergeben sich folgende logische Verknüpfungen für die Steuersignale

$$y_1 = x_2\,, \tag{4.3.19}$$

$$y_2 = x_1 x_2\,, \tag{4.3.20}$$

$$y_3 = x_1 \overline{x}_2\,. \tag{4.3.21}$$

Wegen der hiermit festgelegten vorangegangenen Pfade werden die Weichen 4 bis 7 nur noch mit dem niederwertigen Bit x_0 ausgewählt. Damit gilt:

$$y_4 = x_0\,, \tag{4.3.22}$$

$$y_5 = x_0\,, \tag{4.3.23}$$

$$y_6 = x_0\,, \tag{4.3.24}$$

$$y_7 = x_0\,. \tag{4.3.25}$$

Für die Weiche gibt es leider keinen Funktionsbaustein bei Simulink. Sie wird daher mit dem Baustein *Matlab Function* und einer entsprechenden Funktion gebildet. Die implementierte Funktion mit dem Steuereingang s und dem Materialeingang x lautet:

```
function y = fcn(s,x)
u1=0;
u2=0;
if s==1
u1=x;
else
u2=x;
end
y = [u1 u2];
```

Der vektorielle Funktionsausgang muss noch auf zwei Ausgänge aufgeteilt werden, wofür ein Demultiplexer verwendet wird. Insgesamt wird daher eine Weiche durch das Sybsystem in Abb. 4.3.15 realisiert.

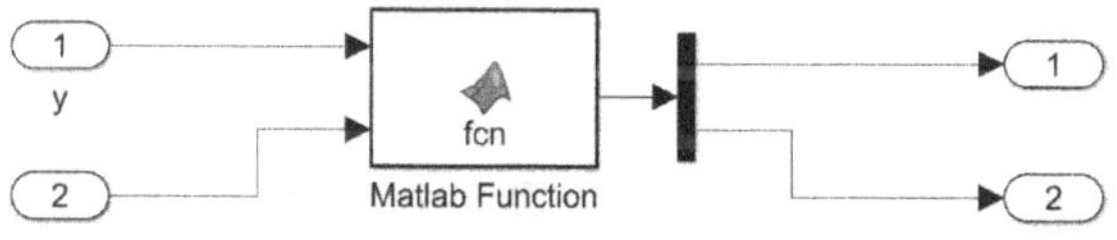

Abb. 4.3.15: Subsystem Weiche

Die Adresse des Ausgabeplatzes (Zieladresse) wird dezimal angegeben. Das Schaltnetz benötigt jedoch den Dualcode. Hierfür wird ein Subsystem *Dez2Dual* gebildet, siehe Abb. 4.3.16.

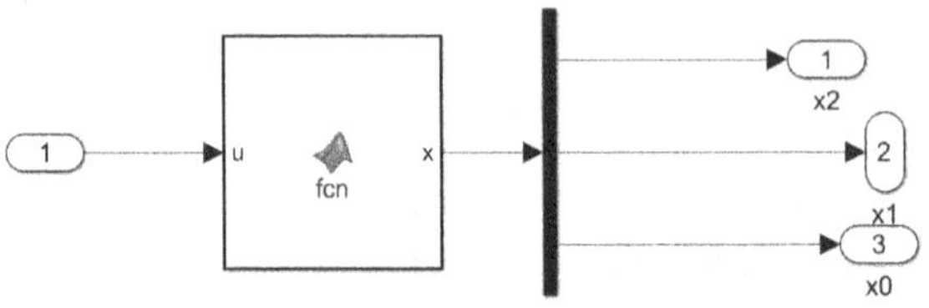

Abb. 4.3.16: Subsystem Dez2Dual

Der Dualcode wird mit nachfolgender Funktion realisiert:

```
function x = fcn(u)
a=[0 0 0;0 0 1;0 1 0;0 1 1;1 0 0;1 0 1;1 1 0;1 1 1];
z = a(u,:);
x =logical(z);
```

Die Überprüfung der Steuerung erfolgt mit dem Simulinkmodell Abb. 4.3.17.

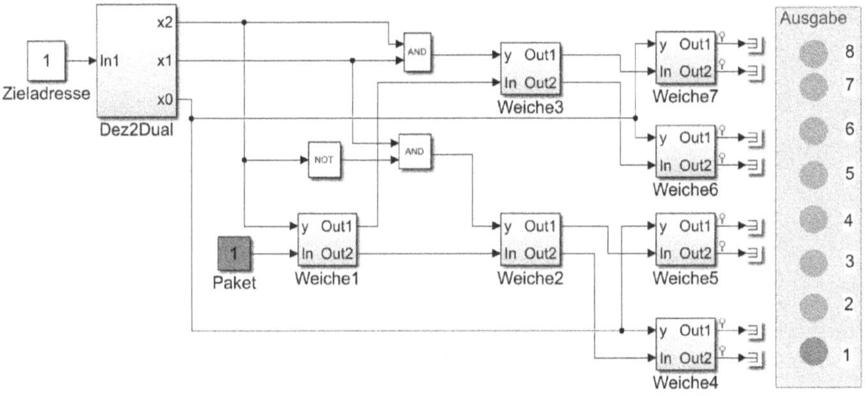

Abb. 4.3.17: Simulinkmodell der Verteileranlage (verteiler.slx)

Die Simulation des Modells der Verteileranlage mit allen Zieladressen bestätigt die Korrektheit der logischen Verknüpfungen für die Steuersignale. Dargestellt ist der Fall mit der Zieladresse 1. Der angelieferte Ausgabeplatz wird mit der roten Leuchte angezeigt. Nicht belieferte Plätze werden grün angezeigt.

4.3.2 Analyse von Schaltnetzen

Neben der Synthese von Schaltnetzen kann es auch notwendig sein, bestehende Schaltnetze dahingehend zu untersuchen, welche Werte sie generieren. Dabei kann ein Schaltnetz als logische Funktion oder als logische Schaltung gegeben sein.

Beispiel 1
Gegeben ist die logische Funktion

$$v=\left(\mathrm{w1} \,\&\, \overline{\mathrm{w2}} \vee \mathrm{w3} \,\&\, \overline{(\mathrm{w2} \vee \mathrm{w4})} \right) \vee \left(\overline{\mathrm{w4}} \,\&\, (\mathrm{w2} \vee \overline{\mathrm{w3}}) \right) \tag{4.3.26}$$

Benötigt wird die zugehörige Wertetabelle. Die Wertetabelle wird mit einer Simulation ermittelt. Hierfür wird das Modell von Abb. 4.3.2 verwendet und am Ausgang des Dualzählers der Baustein *Matlab Function* angeschlossen, siehe Abb. 4.3.18. In diesen Baustein wird die nachfolgende logische Funktion eingetragen

```
function y = fcn(u)
w1=u(1);
w2=u(2);
w3=u(3);
w4=u(4);
v = (w1 & ~w2 | w3 & ~(w2 | w4)) | (~w4 & (w2 | ~w3));
```

Die Simulation erfolgt mit dem Modell in Abb. 4.3.18, wobei der Schalter in der oberen Stellung steht.

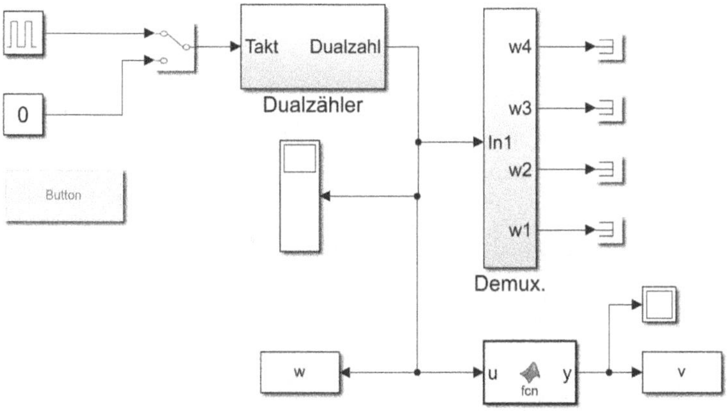

Abb.4.3.18: Simulinkmodell zur Generierung einer Wertetabelle von einer logischen Funktion (analyse1.slx)

Mit dem Baustein *To Workspace* werden die x- und y-Werte in den Workspace übertragen, um mit ihnen und der Matlabfunktion

```
xlswrite(‚tab.xls',[w+0  v+0])
```

die Wertetabelle Tab. 13 als Excel-Tabelle zu erstellen. (Hinweis: Mit der Addition mit 0 bei w und v erfolgt eine notwendige Formatumwandlung von logical nach dezimal).

Tab. 13: Generierte Wertetabelle

w_4	w_3	w_2	w_1	v
0	0	0	0	1
0	0	0	1	0
0	0	1	0	1
0	0	1	1	0
0	1	0	0	1
0	1	0	1	0
0	1	1	0	1
0	1	1	1	0
1	0	0	0	1
1	0	0	1	1
1	0	1	0	1
1	0	1	1	1
1	1	0	0	1
1	1	1	0	1
1	1	1	1	0

Beispiel 2

Gegeben ist die logische Schaltung in Abb. 4.3.19.

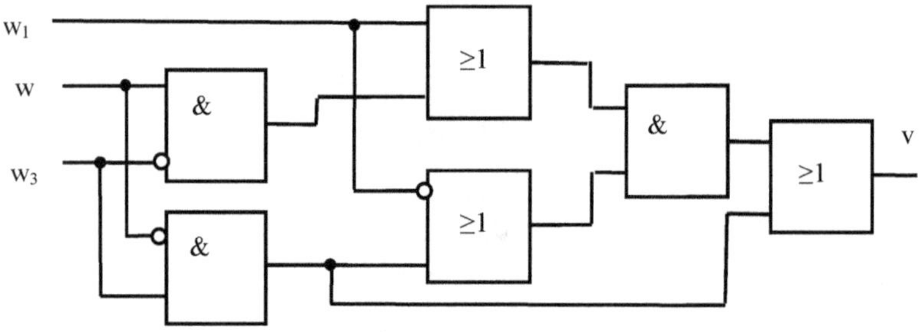

Abb. 4.3.19: Logische Schaltung

Benötigt wird die zugehörige Wertetabelle. Die Wertetabelle wird mit einer Simulation ermittelt. Hierfür wird das Modell von Abb. 4.3.2 verwendet und am Ausgang des Demultiplexers die zu untersuchende logische Schaltung angeschlossen, siehe Abb. 4.3.20.

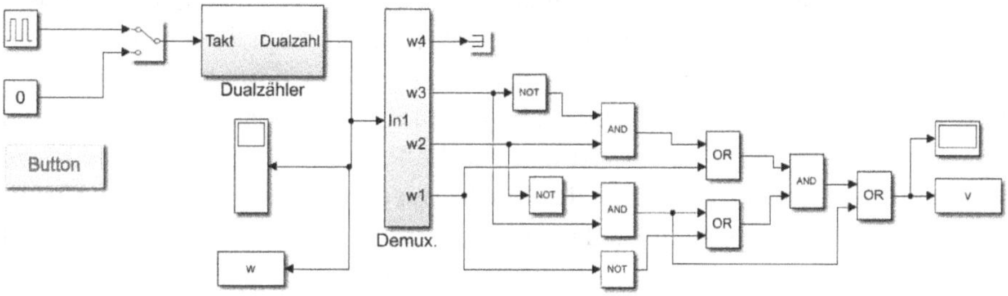

Abb. 4.3.20: Simulinkmodell der logischen Schaltung mit Ansteuerung (analyse2.slx)

Mit dem Baustein *To Workspace* werden die w- und v-Werte in den Workspace übertragen, um mit ihnen und der Matlabfunktion

```
xlswrite(‚tab2.xls‘,[w+0  v+0])
```

die Wertetabelle Tab. 14 als Excel-Tabelle zu erstellen.

Tab. 14: Generierte Wertetabelle

w_3	w_2	w_1	v
0	0	0	0
0	0	1	0
0	1	0	1
0	1	1	0
1	0	0	1
1	0	1	1
1	1	0	0
1	1	1	0

4.4 Ablaufsteuerungen

4.4.1 Steuerung der Position eines Roboterarms

Beschreibung der Anlage

Mit einem Roboter, dessen Lastarm entlang einer Kreisbahn horizontal bewegt werden kann, sollen Bauteile von einem Startplatz zu einem Zielplatz transportiert werden. Die Start- und Zielplätze befinden sich beliebig in den Positionen mit den Winkeln 0°, 30°, 60°, 90°, ... ,300°, 330°, siehe Abb. 4.4.1. Der Roboterarm kann sich im Uhrzeigersinn oder entgegengesetzt drehen. Die Richtung soll dabei stets für den kürzesten Weg gewählt werden. Ist der Roboterarm über einem angelieferten Bauteil angekommen, wird das Bauteil aufgenommen. Anschließend dreht der Roboter auf dem kürzesten Weg zur Zielposition. Hier angekommen, wird das Bauteil abgesetzt. Der Roboterarm bleibt in dieser Position stehen, bis ein weiterer Transportvorgang gewünscht wird.

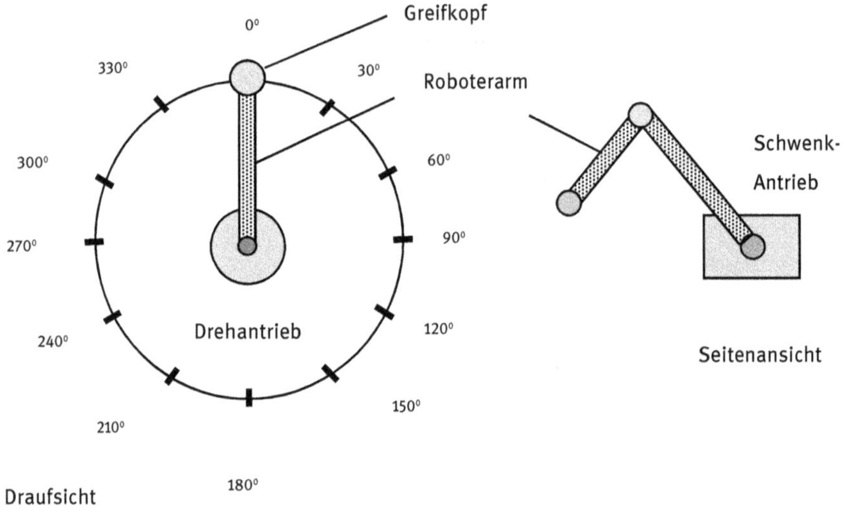

Abb. 4.4.1: Schematische Roboterdarstellung

Steuerung der Position des Roboterarms

Der Drehantrieb des Roboters ist positionsgeregelt. Aufgabe der Steuerung ist es, bei gegebenen Start-und Zielwinkel φ_{St} und φ_{Z} dem Drehantrieb den kürzesten Drehweg Φ vorzugeben.

Steueralgorithmus

Der kürzeste Drehweg ist

$$\Phi = \begin{cases} \Delta\varphi - 360^0, wenn\ \Delta\varphi > 180^0 \\ \Delta\varphi \\ \Delta\varphi + 360^0, wenn\ \Delta\varphi < -180^0 \end{cases} \quad . \qquad (4.4.1$$

mit

$$\Delta\varphi = \varphi_Z - \varphi_{St} \qquad (4.4.2)$$

und folgender Festlegung für die Drehrichtung: Ist

- $\Phi > 0$, dann Drehung im Uhrzeigersinn bzw. ist
- $\Phi < 0$, dann Drehung engegen dem Uhrzeigersinn.

Der Steueralgorithmus Gl.(4.4.1) vom Zustand *Start* zum Zustand *Ziel* wird in einem Stateflow-Chart implementiert, siehe Abb. 4.4.2. Im Zustand *Start* wird die Winkeldifferenz entsprechend Gl. (4.4.2) gebildet mit den Bezeichnungen $z \triangleq \varphi_Z$, $q \triangleq \varphi_{St}$ und $dp \triangleq \Delta\varphi$. Im Zustand *zw* wird die neue Startposition q ermittelt, die sich aus der alten Position q1 plus Robotordrehung a ergibt. Mit der Eingabe eines neuen Ziels erfolgt ein Zustandswechsel von *zw* nach *Start*.

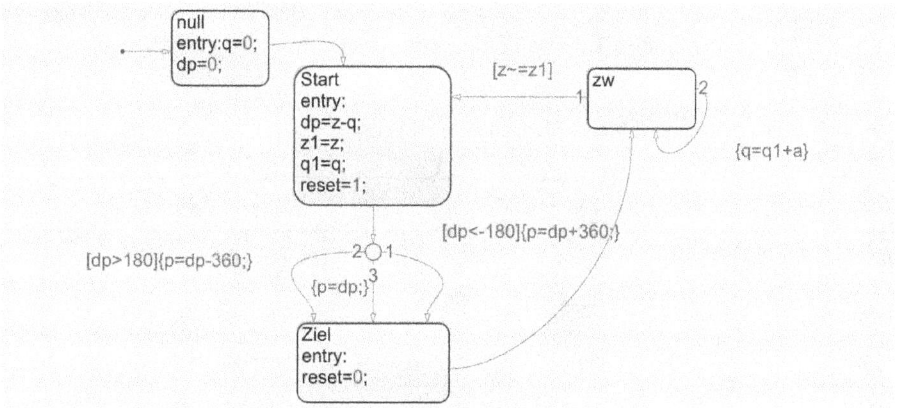

Abb. 4.4.2: Steueralgorithmus

Für das Übertragungsverhalten des Drehantriebs wird ein PT1-Glied gewählt, realisiert mit einem über 1/T rückgekoppelter Integrierer, der ein Rücksetzen ermöglicht, das bei erneutem Start des Roboters erforderlich ist. Hierfür wird das *reset*-Signal im Chart gebildet.

Der Drehweg wird mit einem xy-Graph aufgezeichnet. Mit dem Vorfaktor k erfolgt eine Umrechnung von *grad* in *radiant*. Anschließend werden für die Aufzeichnung die x-y-Koordinaten mit den Funktionsblöcken *sin* und *cos* gebildet. Das Simulinkmodell zur Simulation der Drehwinkel zeigt Abb. 4.4.3.

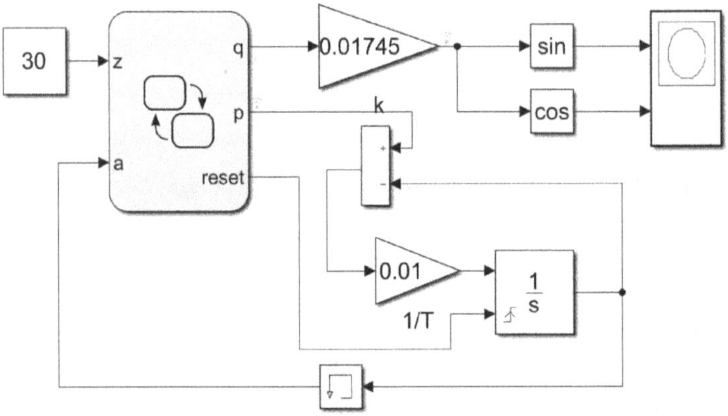

Abb. 4.4.3: Chart mit Simulation des Drehwinkels (robot.slx)

Mit dem Simulinkmodell Abb. 4.4.3 werden 4 Fälle simuliert, um zu überprüfen, ob die entwickelte Steuerung die Forderung hinsichtlich des kürzesten Drehwegs erfüllt. Für die 4 Fälle sind in Tabelle 15 die kürzesten Drehrichtungen angegeben.

Tab. 15: Tabelle mit kürzesten Drehrichtungen

Start	Ziel	Kürzeste Drehrichtung
30^0	180^0	Uhrzeigersinn
300^0	210^0	Gegenuhrzeigersinn
300^0	30^0	Uhrzeigersinn
270^0	120^0	Gegenuhrzeigersinn

Aufgezeichnet werden die 4 Fälle mit dem Block *XY Graph*. Die Abb. 4.4.4 zeigt die ersten zwei Fälle, Abb. 4.4.5 die weiteren zwei Fälle. In allen Fällen wird der kürzeste Drehweg gewählt, was sich leicht an Hand der Aufzeichnungen überprüfen lässt.

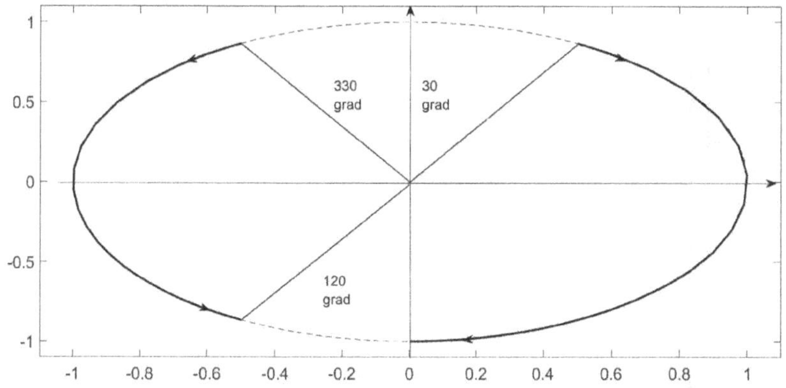

Abb. 4.4.4: Drehwege des Roboterarms für die Fälle 1 und 2

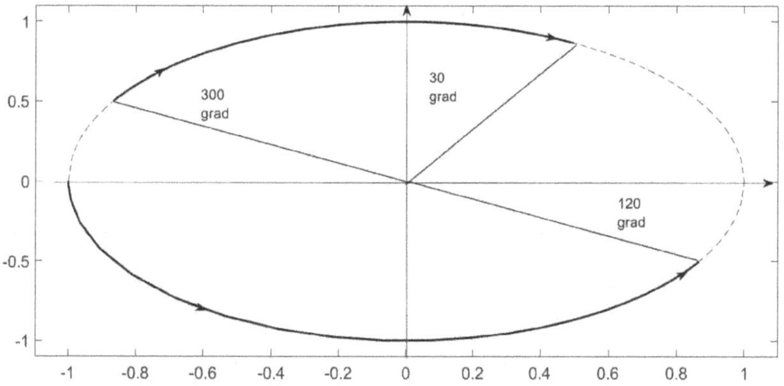

Abb. 4.4.5: Drehwege des Roboterarms für die Fälle 3 und 4

4.4.2 Steuerung einer Rolltreppe

Die Rolltreppe, siehe Abb. 4.4.6; wird von einem Elektromotor M angetrieben. Der Eingang der Rolltreppe ist mit einer Lichtschranke LS ausgestattet. Wird die Rolltreppe von einer Person betreten, wird die Lichtschranke unterbrochen und die Rolltreppe eingeschaltet. Sie bleibt für eine sogenannte Laufzeit, die ausreicht bis die Person die Rolltreppe verlässt, eingeschaltet. Betreten zwischenzeitlich weitere Personen die Rolltreppe, so beginnt die Zeitrechnung für die Laufzeit mit jeder Unterbrechung der Lichtschranke von neuem.

Die Rolltreppe besitzt einen Klemmschutz in Form eines Stromsensors beim Motor. Bei einer Klemmung zieht der Motor zu viel Strom, was der Stromsensor mit dem Signal *Stop* meldet. Dann wird der Motor sofort ausgeschaltet.

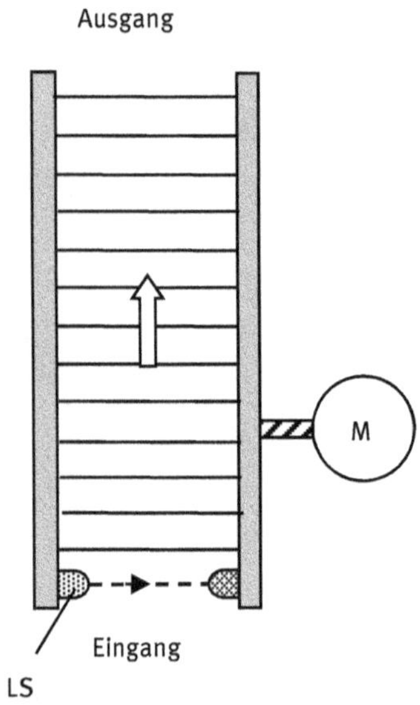

Abb. 4.4.6: Schematische Darstellung der Rolltreppe

Tab. 16: Meldung der Eingangsgrößen

Eingang	Meldung
LS	Lichtschranke mit/ohne Unterbrechung LS=0/1
Stop	Stromsensor meldet Klemmung/keine Klemmung mit Stop=1/0

Tab. 17: Aktion der Ausgangsgröße

Ausgang	Aktion
motor	Motor für Rolltreppe ein/aus mit motor = 1/0

Die zeitdiskrete Steuerung wird mit einem *Chart* von *Stateflow* vorgenommen, siehe Abb. 4.4.7. Sie besteht aus den Zuständen *Treppe_aus*, *Treppe_ein* und *Uhr*. Wird die Lichtschranke unterbrochen erfolgt ein Zustandswechsel von *Treppe_aus* nach *Treppe_ein* mit dem Einschalten des Motors und weiter zum Zustand *Uhr*, wobei die Zeitvariable t=0 gesetzt wird. Der Zustand *Uhr* erfährt *selfloops* im Takte des Events *takt*. Bei jedem *selfloop* wird die Zeitvariable t inkrementiert bis das Ende der Laufzeit (hier 60) erreicht ist. Dann erfolgt die Rückkehr zum Zustand *Treppe_aus* wobei der Motor ausgeschaltet und t zurückgesetzt wird. Dieser Wechsel erfolgt außerdem bei *stop*=1.

Wird während der Laufzeit die Lichtschranke unterbrochen, erfolgt ein Wechsel von *Uhr* nach *Treppe_ein* und zurück zu *Uhr*, wobei t=0 gesetzt wird. Der Takt wird dem *Chart* von außen zugeführt.

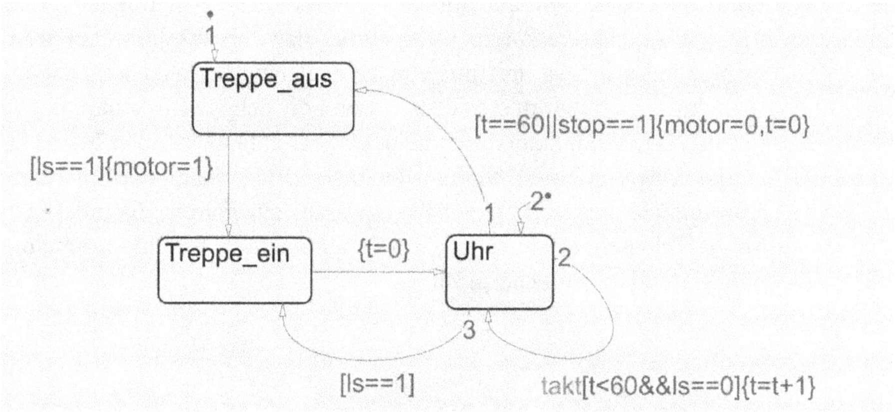

Abb. 4.4.7: Steuerung der Rolltreppe

Die Simulink-Umgebung des Charts zeigt Abb.4.4.8. Der Takt kommt vom Baustein *clock*. Eine Unterbrechung der Lichtschranke und ein Klemmfall werden mit den Tasten LS und Stop simuliert. Der Betrieb des Motors und damit der Rolltreppe wird mit einer Leuchte *Motor* angezeigt. Die korrekte Funktionsweise der Steuerung kann durch Simulation nachvollzogen werden.

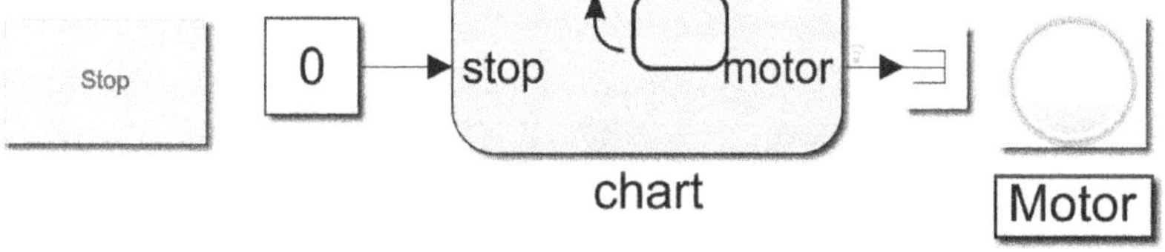

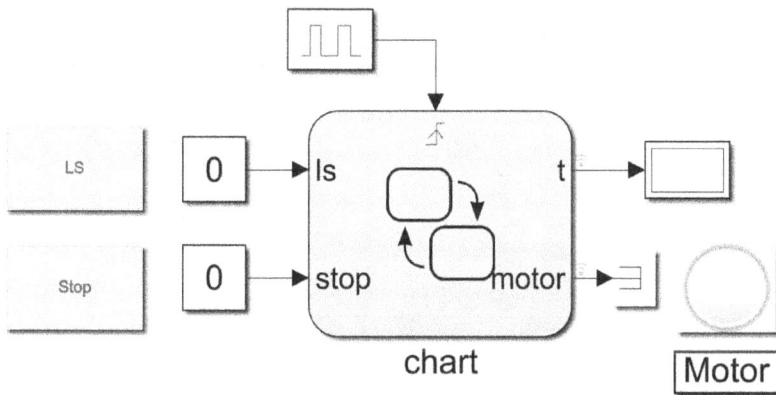

Abb. 4.4.8: Modell zur Überprüfung der Rolltreppensteuerung (rolltreppe.slx)

4.4.3 Schleuse zur Desinfektion

Vor dem Betreten oder Verlassen einer Intensivstation müssen die Besucher eine Schleuse durchlaufen, in der sie desinfiziert werden. Die Desinfektionsschleuse besteht aus einem Raum, der von der Außenwelt durch die Tür 1 zu betreten und durch die Tür 2 zur Intensivstation zu verlassen ist bzw. umgekehrt, siehe Abb. 4.4.9. Die Desinfektionsschleuse darf nur von einer Person betreten werden. Mit einer Kontrollleuchte wird mit grün signalisiert, wenn die Schleuse frei und mit rot, wenn sie besetzt ist. Der Raum kann durch Betätigen der entsprechenden Tasten an den Türen betreten oder verlassen werden. Bei Tastendruck werden die motorgetriebenen Türen aufgefahren und zeitverzögert wieder zugefahren. Befindet sich eine Person im geschlossenen Raum, so wird sie automatisch für eine bestimmte Zeit mit einem Desinfektionsmittel besprüht.

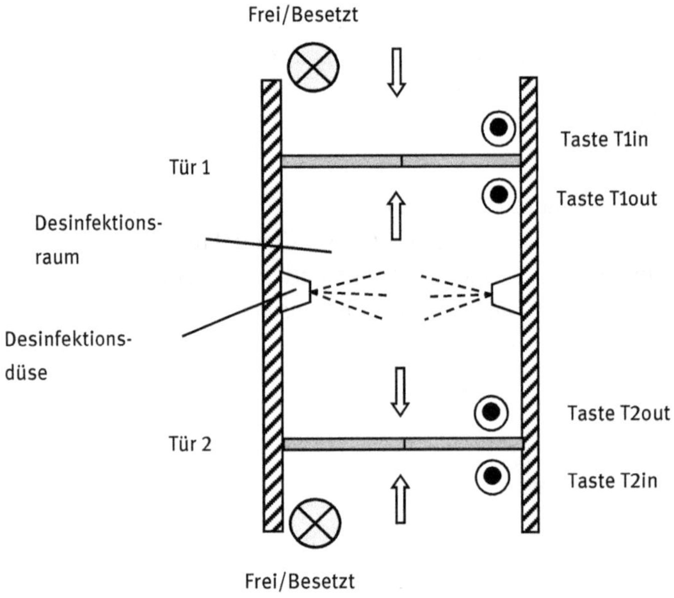

Abb. 4.4.9: Schematische Darstellung der Schleuse

Für den sicheren Betrieb der Schleuse sorgt eine Steuerung. Dabei sind die Tastensignale, die Schließkontakte der Türen und das Bestätigungssignal für die Desinfektion Eingangsgrößen der Steuerung. Die Türmotoren, die Desinfektionsbrause und die Meldeleuchte Frei/Besetzt werden von Ausgangsgrößen der Steuerung betrieben. Bezeichnung und Bedeutung der Ein- und Ausgangsgrößen sind in nachfolgenden Tabellen aufgelistet.

Tab. 18: Meldung der Eingangsgrößen

Eingang	Meldung
T1in	Tür 1 auffahren mit T1in=1
T1out	Tür 1 auffahren mit T1out=1
T2in	Tür 2 auffahren mit T2in=1
T2out	Tür 2 auffahren mit T2out=1
T1close	Tür 1 geschlossen mit T1close=1
T2close	Tür 2 geschlossen mit T2close=1
clean	Ende des Besprühens clean=1

Tab. 19: Aktionen der Ausgangsgrößen

Ausgang	Aktion
m1	Motor für Tür 1 einschalten mit m1=1
m2	Motor für Tür 2 einschalten mit m2=1
besetzt	Frei/Besetzt mit gün/rot: besetzt=0/1
desinf	Desinfektion starten mit desinf=1

Die Steuerung der Schleuse wird als Automat beschrieben und mit *Stateflow* modelliert, siehe Abb. 4.4.10. Die einzelnen Zustände und die Zustandsübergänge sind so benannt, dass weitere Erklärungen nicht erforderlich sind. Die so gewählten Zustände mit ihren Übergängen gewährleisten, dass eine Person die Schleuse durchlaufen **muss**, d.h. nicht umkehren kann und dass der besetzte Raum nicht betreten werden kann, was durch Simulationen überprüft wurde.

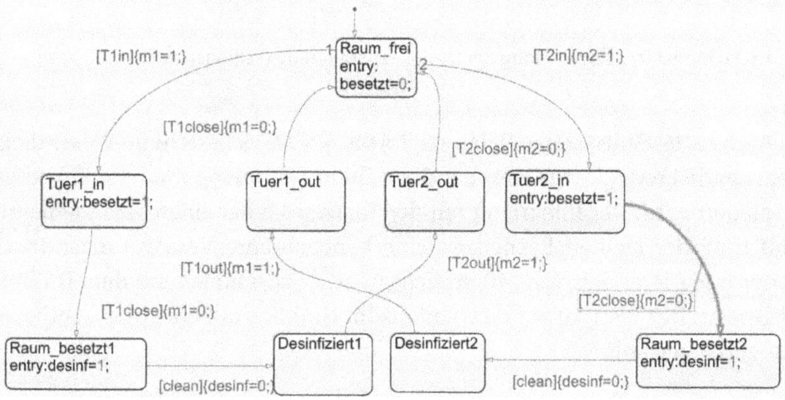

Abb. 4.4.10: Steuerung der Schleuse

Das *Stateflowchart* von Abb. 4.4.10 ist in dem Simulinkmodell Abb. 4.4.11 eingebettet. Die Taster TÜR1_in, TÜR1_out usw. bedienen die Eingänge T1in, T1out usw. Die Ansteuerungssignale m1 und m2 für die Motoren werden hier auf *Delay*-Bausteine geführt, die stellvertretend für die Motoren eine gewisse Verzögerungszeit für das Auf- und Zufahren der Türen simulieren. Das Ende der Verzögerungszeit bedeutet, dass die betreffende Tür geschlossen ist. Daher werden die Ausgänge der Delay-Bausteine auf die Eingänge T1close und T2close geführt. Über den Ausgang *desinf* wird ein weiterer *Delay*-Baustein zur Simulation der Desinfektionszeit angesteuert. Sein Ausgang meldet die abgeschlossene Desinfektion und ist daher mit dem Eingang *clean* verbunden.

Im Simulinkmodell sind zur Beobachtung bei der Sinulation noch drei weitere Leuchten für Tür 1, Tür 2 und Desinfizieren eingefügt, die im betriebenen Zustand rot leuchten.

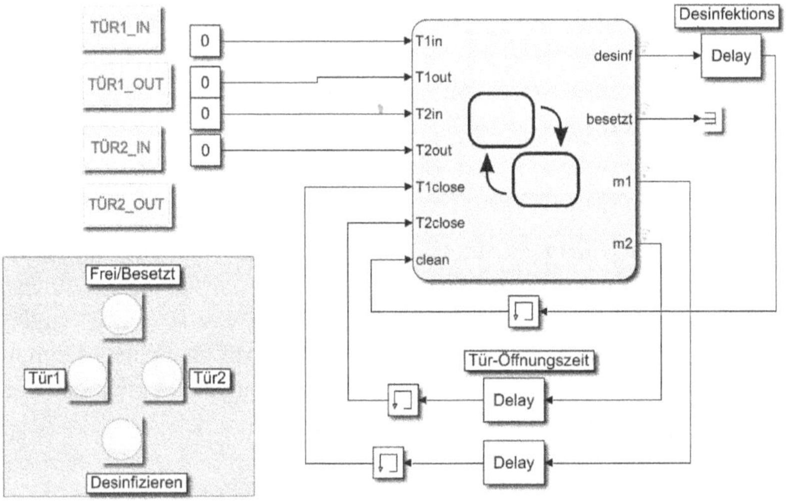

Abb. 4.4.11: Modell zur Überprüfung der Schleusensteuerung (schleuse.slx)

Den Aufbau des Subsystems *Delay* zeigt Abb. 4.4.12. Es besteht im Wesentlichen aus einem zeitdiskreten Integrierer, der über einen D-FlipFlop mit dem Eingangswert 1 angesteuert wird. Der Integrierer mit der Tastzeit 1 s hat einen sehr kleinen K-Wert, damit trotz der kleinen Rechenzeit eine beobachtbare Verzögerungszeit entsteht. Hat der Integrierer den Wert 40 erreicht, wird er zusammen mit dem D-FlipFop zurückgesetzt. Der Wert 40 wurde ebenfalls im Hinblick auf eine beobachtbare Verzögerungszeit gewählt.

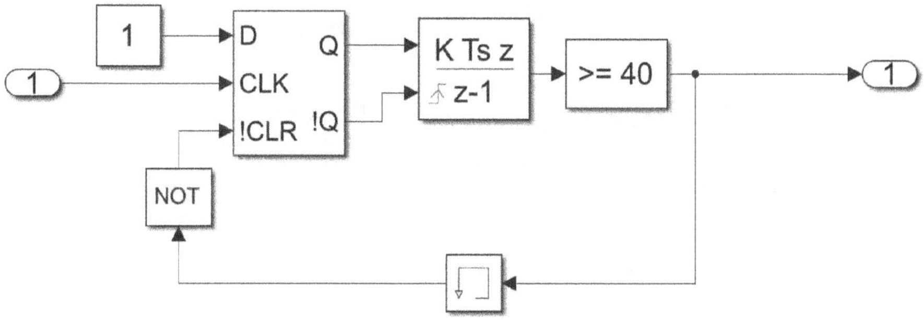

Abb. 4.4.12: Aufbau des Subsystems *Delay*

4.4.4 Zweigleisige Eisenbahnstrecke mit eingleisigem Tunnel

Eine zweigleisige Eisenbahnstrecke wird eingleisig durch einen Tunnel geführt. Der Bahnverkehr ist dergestalt, dass Züge aus beiden Richtungen etwa zur selben Zeit eintreffen können, um durchzufahren. Aus einer Richtung jedoch folgen die Züge in so großem zeitlichem Abstand aufeinander, dass nicht mehr als ein Zug in einer Richtung vor dem Tunnel warten muss. Auf beiden Seiten des Tunnels sind Weichen, Eisenbahnsignale und Induktionsschleifen eingerichtet, die auf der linken Seite mit 1 und auf der rechten Seite mit 2 gekennzeichnet werden, siehe Abb. 4.4.13. Mit einer Steuerung wird für eine kollisionsfreie Durchfahrt gemäß nachfolgender Beschreibung gesorgt.

Zu Beginn stehen die Signale für beide Richtungen auf „Halt". Nähert sich ein Zug dem Tunnel, was mit der Induktionsschleife erkannt wird, und ist kein weiterer Zug zwischen bzw. auf den Weichen, so werden die Weichen entsprechend gestellt und das für ihn gültige Signal geht auf „freie Fahrt" Während der Durchfahrt geht das Signal wieder auf „Halt". Kommt während der Durchfahrt eines Zuges ein weiterer Zug, so muss er warten bis der Tunel frei geworden ist. Hierfür wird der Impuls von der Induktionsschleife mit einem D-FlipFlop gespeichert.

Die Weichen werden jeweils mit einem Motor in die gewünschte Position gebracht. Die nach oben fahrenden Motoren M1 und M2 stellen die Weichen für eine Durchfahrt von links nach rechts. Die nach unten fahrenden Motoren M1 und M2 stellen die Weichen für eine Durchfahrt von rechts nach links. Das Erreichen der jeweiligen Endlagen der Weichen wird mit den Sensoren S11 und S12 sowie S21 und S22 erfasst, siehe Abb. 4.4.13.

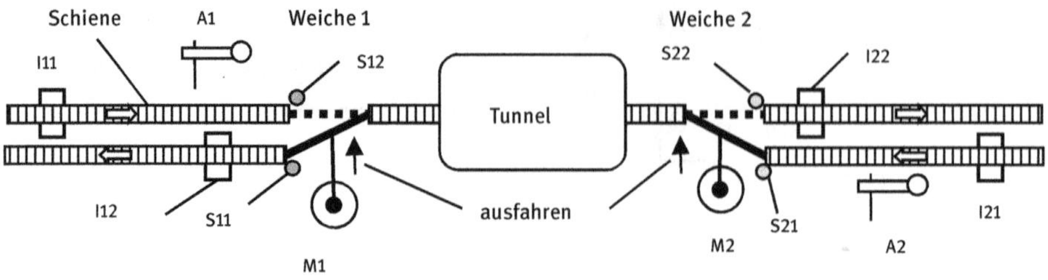

Abb. 4.4.13: Schematische Darstellung der Zugführung

Die Bedeutung der Eingangs- und Ausgangssignale ist in den Tabellen Tab. 20 und Tab. 21 angegeben.

Tab. 20: Meldungen der Eingangsgrößen

Eingang	Meldung
i11	Induktionsschleife i11: Zug kommt von links/kein Zug mit i11= 1/0
I22	Induktionsschleife i22: Zug weg rechts/kein Zug mit i12= 1/0
I21	Induktionsschleife I21: Zug kommt von rechts/kein Zug mit i21= 1/0
I12	Induktionsschleife I12: Zug weg links/kein Zug mit i12= 1/0
S11	Motor M1 ganz eingefahren mit Sensor S11: S11=1 sonst S11=0
S12	Motor M1 ganz ausgefahren mit Sensor S12: S12=1 sonst S12=0
	Motor M2 ganz eingefahren mit Sensor S21: S21=1 sonst S21=0
S22	Motor M1 ganz eingefahren mit Sensor S22: S22=1 sonst S22=0

Tab. 21: Aktionen der Ausgangsgrößen

Ausgang	Aktion
A1	Eisenbahnsignal A1 auf „freie Fahrt/Halt“ mit a1 = 1/0
A2	Eisenbahnsignal A2 auf „freie Fahrt/Halt“ mit a2 = 1/0
M1	Motor M1 nach oben/unten fahren mit M1 = 1/-1 sonst 0
M2	Motor M2 nach oben/unten fahren mit M2 = 1/-1 sonst 0

Die Steuerung wurde mit einem Chart von Stateflow realisiert, siehe Abb. 4.4.14.

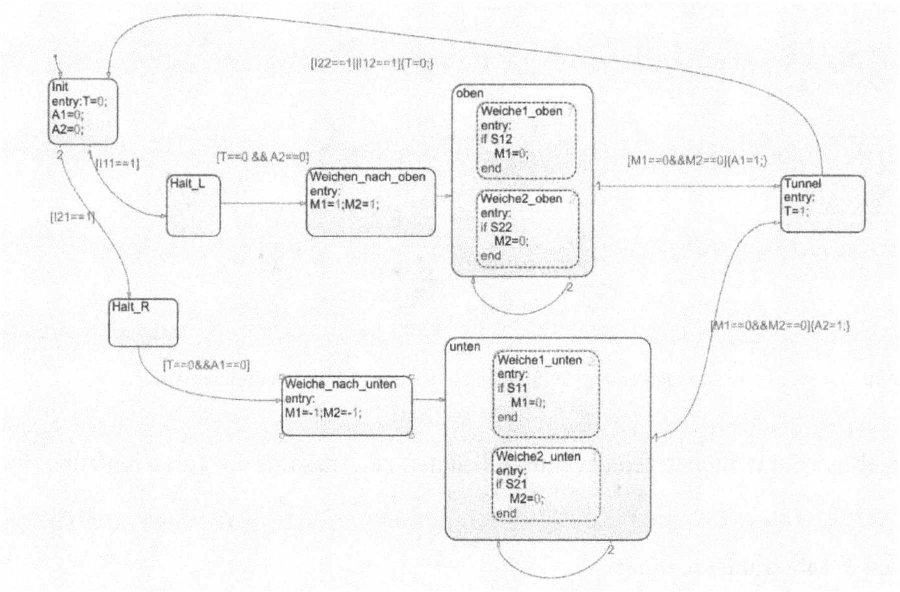

Abb. 4.4.14: Steuerung der Tunneldurchfahrt

Die einzelnen Zustände der Steuerung sind mit selbsterklärenden Namen versehen. Die Positionierung der Weichen erfogt mit *Superstates mit Parallelzuständen*, um zu gewährleisten, dass dies gleichzeitig erfolgt. Die Belegung des Tunnels wird mit der lokalen Variablen T mit der Bedeutung

- T=0 für „Tunnel frei" und
- T=1 für „Tunnel belegt"

beschrieben. In der Simulinkumgebung des Chart (siehe Abb. 4.4.15) werden mit Tastern die Impulse der Induktionsschleifen manuell erzeugt und gespeichert in D-FlipFlops. Sie werden nach der Durchfahrt mit den Impulsen der entsprechenden Induktionsschleifen zurückgesetzt. Die Verzögerungszeit für die Positionierung der Weichen wird mit digitalen Integrierern mit nachgeschalteten Komperatoren realisiert. Die Signalisierung und die Tunnelbelegung erfolgt mit dem *Dashboard*-Baustein *lamp*.

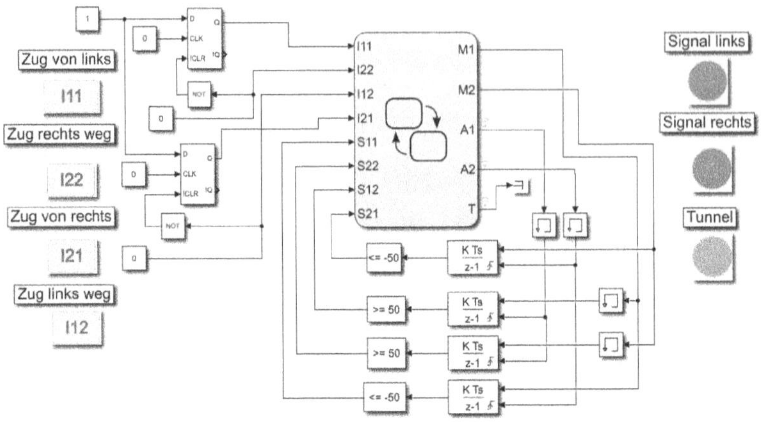

Abb. 4.4.15: Simulationsumgebung der Streckensteuerung (Streckenaufteilung.slx)

Mehrere Simulationen zeigten eine kollisionsfreie Steuerung der Tunnelnutzung.

4.4.5 Fahrstuhlsteuerung

Funktionsbeschreibung

Es wird ein Fahrstuhl für ein Etagenhaus mit 4 Etagen betrachtet. Für die Nutzung eines Fahrstuhls gibt es Ruftasten außerhalb des Fahrstuhls in den Etagen, um die Kabine zu holen, und Zieltasten innerhalb der Kabine, um sie zu einer Zieletage zu schicken. Um den Aufwand in Grenzen zu halten, werden im Modell nur 4 Etagentasten verwendet. Bei ihrer Betätigung fährt die Kabine in die gewählte Etage. Die Fahrstuhltür in einer Etage öffnet bei Ankunft der Fahrstuhlkabine automatisch, sie muss jedoch per Tastendruck auf Taste *close* geschlossen werden.

Die Fahrstuhlsteuerung wird mit einem *stateflow chart* realisiert, siehe Abb. 4.4.16. Jede Etage wird durch einen Zustand *etageN* mit *N=1 bis 4* und jede Etagentür durch zwei Zustände *TuerNo* und *TuerNz* für „Tür offen“ und „Tür zu“ repräsentiert. Die verwendeten Variablen sind in Tabelle 22 aufgeführt.

Tab. 22: Bedeutung der Variablen

Input	Output	Local	Bedeutung
	t1		Tür auf: 1, Tür zu: 0
	t2		Tür auf: 1, Tür zu: 0
	t3		Tür auf: 1, Tür zu: 0
	t4		Tür auf: 1, Tür zu: 0
	r		Motorposition halten mit 1, sonst 0
y			Sollposition der Kabine (entspricht Nummer der gewählten Etage)
z			Istposition der Kabine
c			Tür schließen mit c=1, sonst 0
		m	Steuert den Zustandswechsel zu den Türen

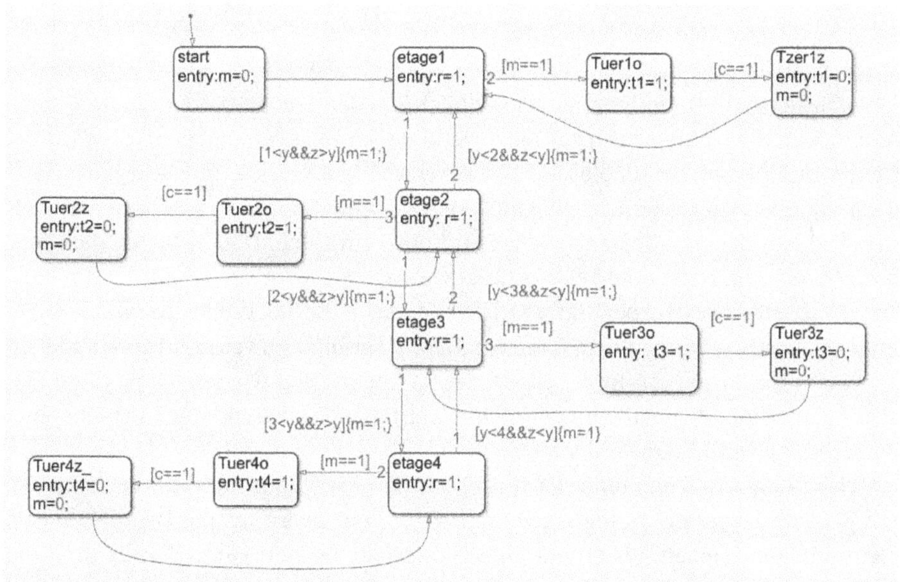

Abb.4.4.16: Fahrstuhlsteuerung

Das *chart* ist eingebettet in einer Simulinkumgebung bestehend aus einem Bedien- und Kontrollfeld, einem *Tastenspeicher* einer Funktion *Auswahl* und einem Baustein *Motor*, siehe Abb. 4.4.17.

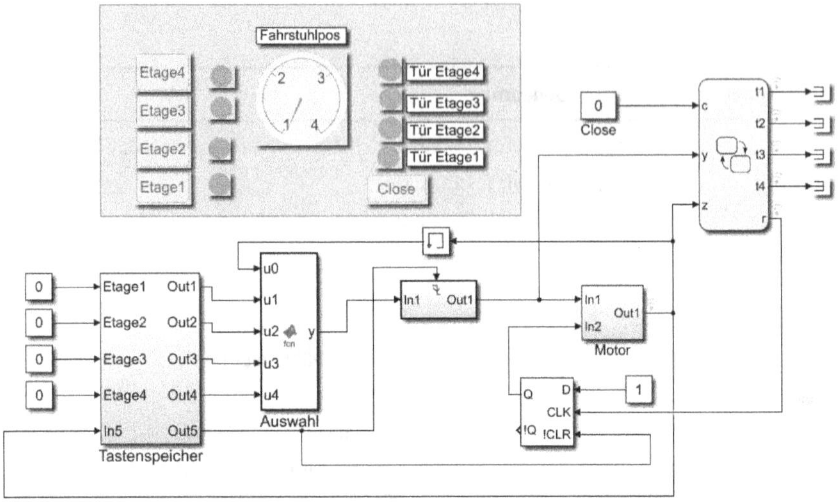

Abb. 4.4.17: Bedien- und Anzeigeelemente für die Fahrstuhlsteuerung (Fahrstuhl.slx)

Tastenspeicher

Jeder Taste ist ein D-FlipFlop nachgeschaltet, um den Eingabewert zu halten, siehe Abb. 4.4.18. Sie werden zurückgesetzt, wenn die jeweilige Etage angefahren wurde. Da die D-FlipFlops nur Boolesche Werte verarbeiten, müssen ihre Ausgangswerte noch mit den entsprechenden Etagenwerten mit *gain*-Bausteinen multipliziert werden. Mit dem Baustein Tastenspeicher wird noch ein Signal *Out5* gebildet, das von 1 nach 0 wechselt, wenn eine Taste betätigt wurde.

Da mehrere Tasten betätigt werden können, muss noch eine Auswahl vorgenommen werden, was mit dem Baustein *Auswahl* erfolgt. Abweichend von der Realität dürfen die Tasten nur im Stillstand der Kabine betätigt werden. Ohne diese Einschränkung, müsste noch ein Weiterleiten der Eingabe während der Fahrt mit einer Verriegelung verhindert werden.

Nach dem Erreichen einer gewünschten Etage wird der Ausgang von *Auswahl* auf eins zurückgesetzt. Andererseits muss der Etagenwert für die Bearbeitung im *chart* erhalten bleiben, bis erneut eine Etagentaste betätigt wird. Hierfür sorgt der dem Baustein *Auswahl* nachgeschaltete Triggerbaustein in Verbindung mit dem Triggersignal *Out5*.

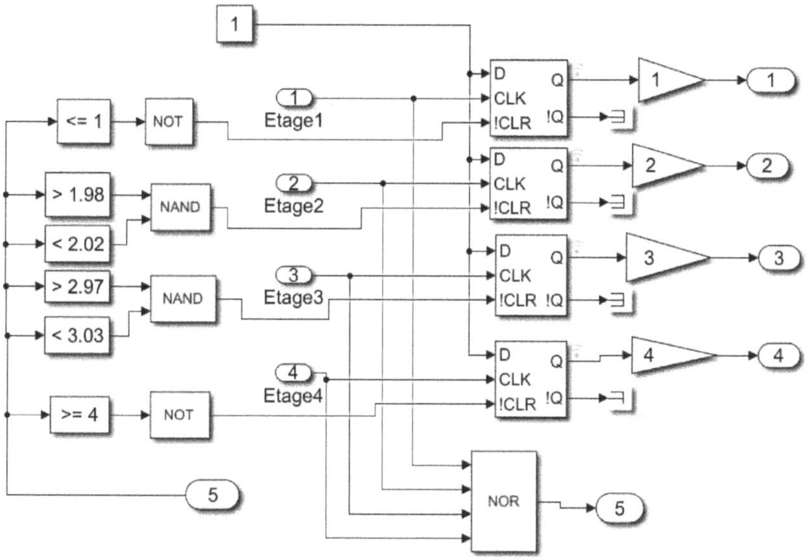

Abb. 4.4.18: Tastenspeicher

Etagenansteuerung
Bei der Steuerung eines Fahrstuhls zu den Etagen eines mehrstöckigen Hauses gewinnt die Energieersparnis zunehmend an Bedeutung. Treten während der Fahrt des Fahrstuhls zu einer Etage e_μ oder im unbenutzten Fall Anforderungen aus mehreren Etagen e_ν (ν=1, 2, ...) auf, so stellt sich die Frage, welche Etage e_ν als nächste angefahren wird, nachdem der Fahrstuhl die Etage e_μ erreicht hat oder in dieser steht.

Wählt man das Prinzip „Wer zuerst ruft wird auch zuerst bedient“, so fährt der Fahrstuhl möglicherweise nicht zur nächstgelegenen Etage. Wird hingegen stets die nächstgelegene Etage angefahren, ist man sicher energieeffizienter. Dann kann es aber vorkommen, dass eine Anforderung unzumutbar lange warten muss. Diese Situation kann jedoch vermieden werden, indem man bei jeder Anforderung die Wartezeit misst und bei Erreichen eines Maximalwertes den Fahrstuhl zu der zugehörigen Anforderung schickt.

Hier wird ein Steueralgorithmus dargestellt, mit dem stets die nächstgelegene Etage bei mehreren Anforderungen ausgewählt wird. Er ist als MATLAB-Skript nachfolgend formuliert und in dem Baustein *MATLAB function* mit dem Namen *Auswahl*, siehe Abb.4.4.17, implementiert. Dabei wurde eine Beschränkung auf vier Etagen vorgenommen. Mit dem Eingang u0 wird die Etage eingelesen, bei der sich der Fahrstuhl befindet. Mit den Eingängen u1 bis u4 die anfordernden Etagen 1 bis 4.

```
function y = fcn(u0,u1,u2,u3,u4)
z=[u1 u2 u3 u4];
d=4;
```

```
k=0;
v=u0;
for n=1:4
if (z(n)>0 && abs(z(n)-u0)<d)
d=abs(z(n)-u0);
k=n;
end
end
if k>0
v=z(k);
end
y=v;
end
```

Eine Zeitüberwachung, die verhindern soll, dass eine Anforderung zu lange warten muss, ist hier nicht mit berücksichtigt. Bedenkt man, dass in der Praxis die Steuerlogik auf einem Mikrocomputer implementiert wird, so kann die Zeitüberwachung mit vorhandenen Timern problemlos realisiert werden. Die korrekte Funktion des Bausteins *Auswahl* kann mit dem Simulinkmodell von Abb. 4.4.17 durch Betätigung mehrerer Tasten getestet werden.

Modell des Fahrstuhlmotors

Der Motor ist als PT_2-System mit einer Dämpfung von $D \approx 0{,}7$ modelliert, wobei die Kreisfrquenz so gewählt wurde, dass eine Simulation der Kabinenfahrt sichtbar gemacht werden kann, siehe Abb.4.4.19. Beim Erreichen einer Etage muss die Motorposition gehalten werden. Das wird erreicht, indem der 1. Integrierer des Motors mit dem Steuersignal r über den Eingang 2 zurück gesetzt wird.

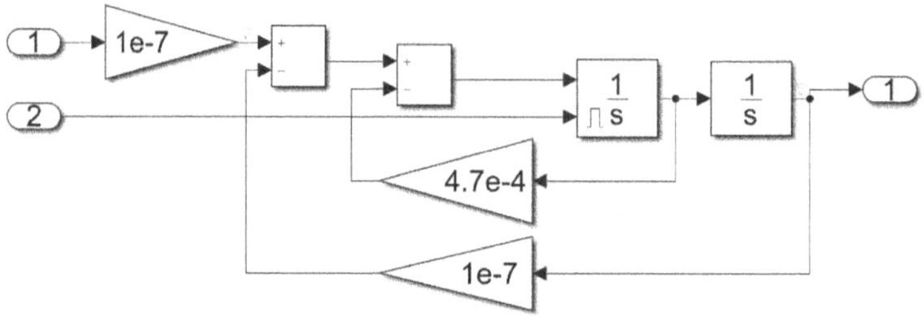

Abb. 4.4.19: Motormodell

Mit mehreren Testfahrten des Fahrstuhls mit dem Simulinkmodell von Abb. 4.4.17 konnte die korrekte Funktionsweise nachgewiesen werden.

5 Übungsaufgaben mit Lösungen

5.1 Übungsaufgaben

5.1.1 Aufgaben mit dynamischen Systemen

Aufgabe 1

Es soll der Bremsweg eines PKWs mit einem Modell ermittelt werden. Dabei gelten folgende Werte:

- Geschwindigkeit v = 120km/h,
- Masse m=900kg,
- Fahrbahn: Trockener bzw. nasser Asphalt mit dem Haftreibungskoeffizienten μ=1,1 bzw. 0,85.

Die Bremskraft ergibt sich zu

$$F_B = \mu \cdot m \cdot g$$

mit der Erdbeschleunigung g=9,81m/s². Ferner wirkt ein Luftwiderstand

$$F_L = \frac{1}{2} c_W \rho_L A v^2$$

mit

- dem Luftwiderstandsbeiwert c_W=0,3,
- der Luftdichte ρ_L=1,2 kg/m³ und
- der Frontfläche: A=2 m².

Erstellen Sie ein Simulink-Modell und zeichnen Sie den Bremsweg auf bei trockener und nasser Fahrbahn.

Aufgabe 2

Zwei miteinander über die Querschnittsengstelle 2 verbundene Druckbehälter werden aus einer Druckluftquelle p_e ebenfalls über eine Querschnittsengstelle 1 gespeist, siehe Abb. 5.1.1.

An den Engstellen 1 und 2 liegt eine laminare Strömung mit den Strömungswiderständen W_1 und W_2 vor. Die Behälter 1 und 2 besitzen die Speicherkapazitäten K_1 und K_2.

3https://doi.org/10.1515/9783110738018-006

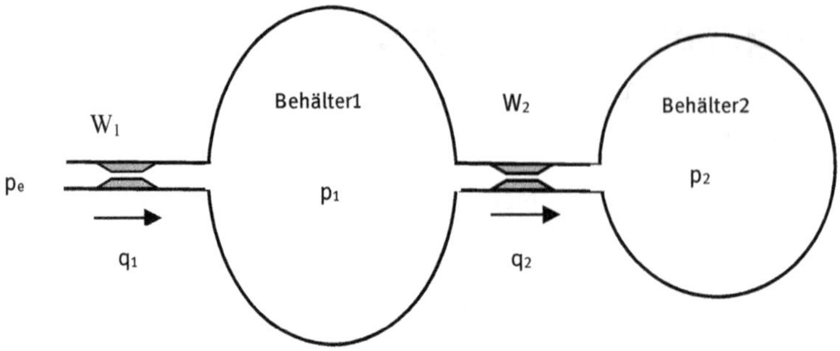

Abb. 5.1.1: Gekoppelte Druckbehälter

Erstellen Sie mit Hilfe der Grundgleichungen 1.5.23 und 1.5.22 aus dem Kapitel 1.5.3 ein Gleichungssystem für die Drücke p_1 und p_2 in den Behältern 1 und 2. Entwickeln Sie anschließend daraus ein Strukturbild für die Drücke p_1 und p_2 mit Integrierern.

Aufgabe 3
Auf einem mit einem elektrischen Motor angetriebenen Zylinder mit dem Radius r soll Kunsstofffolie mit der Dicke d aufgewickelt werden. Dabei soll sich die Folie mit konstanter Geschwindigkeit v_0 bewegen.

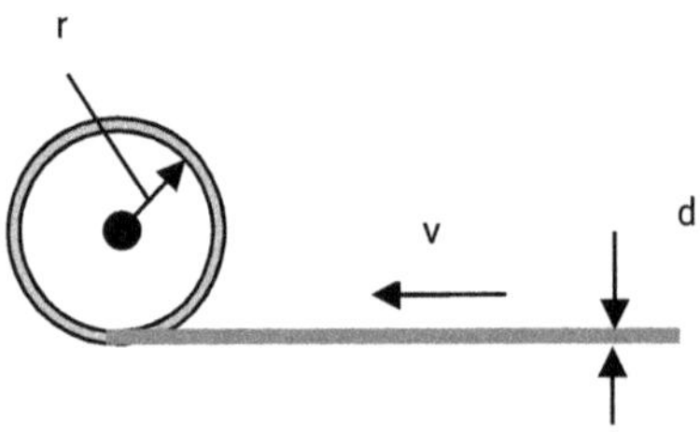

Abb. 5.1.2: Zylinder mit einer Lage Folie

3.1 Geben Sie für die Geschwindigkeit einen formelmäßigen Zusammenhang v=f(ω) mit der Kreisfrequenz ω des Motors und den Prametern r und d an.
3.2 Die konstante Geschwindigkeit soll mit einem Regelkreis mit PI-Regler realisiert werden. Der Motor mit der Eingangsspannung U hat die Übertragungsfunktion

$$G_M(s) = \frac{\omega}{U} = \frac{10}{1+4s}.$$

Der Zylinder hat den Radius r=0,05 m und die Folie die Dicke d=0,002 m. Da der Zusammenhang v=f(ω) nicht linear ist, ist eine analytische Reglerdimensionierung nicht möglich. Die Reglerverstärkung K_R soll so gewählt werden, dass mit v_0=5 m/s die Eingangsspannung des Motors maximal U_{max}=10 V beträgt. Mit der Nullstelle des PI-Reglers wird üblicherweise ein dominanter Streckenpol abgedeckt. So wird hier auch verfahren und die Nachstellzeit gleich der Verzögerungszeit des Motors gewählt.

Entwickeln Sie ein Simulinkmodell für v=f(ω) und bilden Sie damit und dem Motor sowie dem PI-Regler den Reglkreis. Simulieren Sie das Regelverhalten und zeichnen Sie es auf. Der Wickelvorgang soll nach 200 Lagen beendet werden.

Aufgabe 4

Mit einem Spindelantrieb, siehe Abb. 5.1.3, werden Gegenstände mit der Masse m in x-Richtung transportiert.

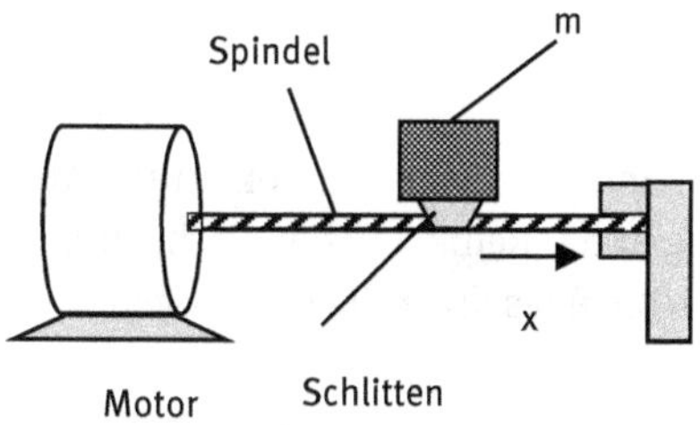

Abb. 5.1.3: Spindelantrieb

Von dem Spindelantrieb soll ein Modell erstellt werden, mit dem die Positionierung der Gegenstände simuliert werden kann. Von dem Motor mit Spindel ohne Last ist das Modell in Abb.5.1.4 gegeben.

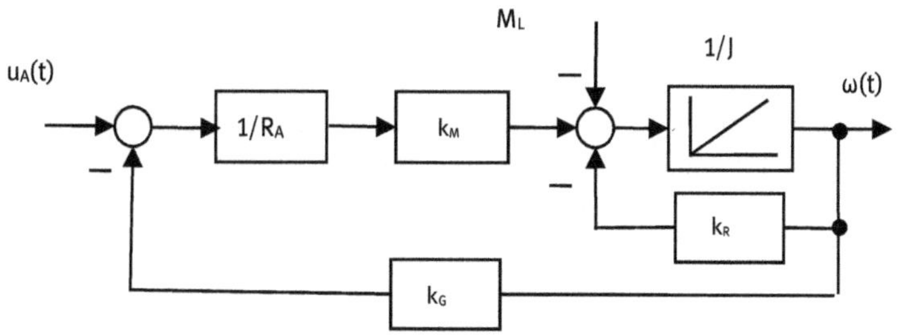

Abb. 5.1.4: Spindelantrieb ohne Gewicht

Von dem Motor sind die Parameter R_A, k_M und k_G bekannt. Unbekannt sind der Reibkoeffizient k_R und das Trägheitsmoment J.

Von der Spindel sind bekannt
- der Steigungswinkel $\alpha=4^0$ und
- der Reibwiderstandskoeffizient $\mu=0{,}2$.

Beim Spindelantrieb ist der Zusammenhang zwischen dem Drehmoment M_L und der Kraft F in x-Richtung gegeben durch

$$F = \frac{1-\mu \tan\alpha}{\mu + \tan\alpha} \cdot \frac{M_L}{r}$$

mit dem Nennradius r der Spindel. Zwischen der Schlittengeschwindigkeit v=dx/dt und Winkelgeschwindigkeit ω des Motors besteht der Zusammenhang

$$v = \omega \cdot r \cdot \tan\alpha\,.$$

4.1 Mit Hilfe experimentell ermittelter Werte u_{A0} und ω_0 sowie den bekannten Motorparametern soll mit entsprechenden Gleichungen der Reibkoeffizient k_R bestimmt werden. Dabei ist u_{A0} die zu einer stationären Winkelgeschwindigkeit ω_0 gehörige Ankerspannung.
4.2 Desweiteren ist J zu bestimmen. Hierfür wurde eine Sprungantwort des Motors, die einen PT_1-Verlauf hat, aufgezeichnet und daraus die Zeitkonstante T_1 bestimmt. Stellen Sie die Führungsübertragungsfunktion auf und bilden Sie daraus einen formelmäßigen Ausdruck für T_1. Die Formel wird nach J umgestellt und J mit der gemessenen Zeitkonstante berechnet.
4.3 Erweitern Sie das Modell des Motors unter Berücksichtigung der zu transportierenden Masse m.
Hinweis zur Lösung: Mit der Masse m wird lediglich das Trägheitsmoment des Motors vergrößert.

Aufgabe 5
Modellieren Sie das Verhalten eines elastischen Balles, der von einer bestimmten Höhe y_0 aus senkrecht fallengelassen wird. Auf den Ball wirkt die Erdbeschleunigung $g=9{,}81\ m/s^2$ und der Luftwiderstand

$$F_L(v) = -\frac{1}{2} c_W \rho_L A v^2 sign(v)\,,$$

siehe Aufgabe 1. Im Modell soll

$$\frac{F_L(v)}{m} = -0{,}05 v^2 sign(v)$$

(mit Masse m des Balles) eingesetzt werden, ohne auf die einzelnen Parameter des Luftwiderstandes einzugehen. Aufgrund seiner Elastizität bewegt sich der Ball nach einem Aufprall auf dem Boden bei y=0 mit 90 % der Aufprallgeschwindigkeit senkrecht zurück. Zeichnen Sie die Position y(t) und die Geschwindigkeit dy(t)/dt auf.

5.1.2 Ereignisdiskrete Aufgaben

Aufgabe 1

Implementieren Sie das Schaltnetz Abb. 5.1.5 in das Simulinkmodell *dualzahl* und ermitteln Sie durch Simulation die vom Schaltnetz erzeugte Wertetabelle.

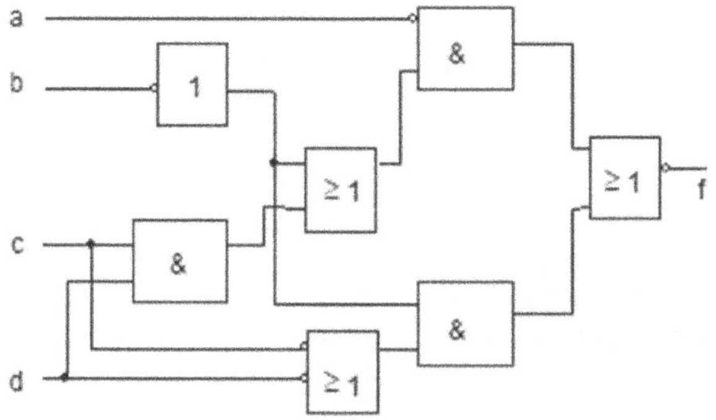

Abb. 5.1.5: Schaltnetz

Aufgabe 2

In einem Schaltschrank sollen die binären Werte derTasten T_1,T_2 bis T_9 mit einem Schaltnetz in einen 4 Bit-Dualcode umgewandelt werden, um sie mit weniger Leitungen zu einem Mikrocomputer zu übertragen, siehe Abb. 5.1.6

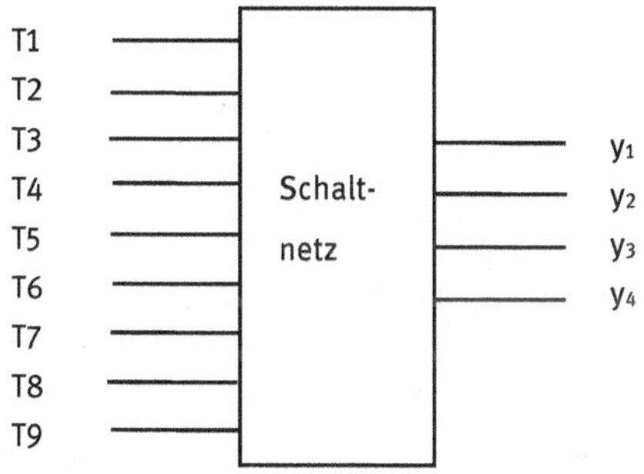

Abb. 5.1.6: Schaltnetz

In der Tabelle 23 wird mit dem Zeichen x angezeigt, welche Binärstellen von welchen Signalen beeinflusst werden.

Tab. 23: Wertetabelle

Tasten	y_1	y_2	y_3	y_4
T1	x			
T2		x		
T3	x	x		
T4			x	
T5	x		x	
T6		x	x	
T7	x	x	x	
T8				x
T9	x			x

Aufgabe 3

Bei einer Materialprüfung werden Länge und Breite eines gefertigten Teiles daraufhin untersucht, ob sie einen Maximalwert überschreiten oder einen Minimalwert unterschreiten mit folgenden Sensoren

$$w_1 = \begin{cases} 1, \textit{ wenn } \text{Länge } \textit{zu groß} \\ 0, \textit{ sonst} \end{cases}$$

$$w_2 = \begin{cases} 1, \textit{ wenn } \text{Länge } \textit{zu klein} \\ 0, \textit{ sonst} \end{cases}$$

$$w_3 = \begin{cases} 1, \textit{ wenn } \text{Breite } \textit{zu groß} \\ 0, \textit{ sonst} \end{cases}$$

$$w_4 = \begin{cases} 1, \textit{ wenn } \text{Breite } \textit{zu klein} \\ 0, \textit{ sonst} \end{cases}$$

Sind Länge oder Breite zu groß und keine Abmessung zu klein, wird v_1=1 gesetzt und damit eine Weiterleitung des Teiles zur Nachbearbeitung veranlasst. Sind Länge oder Breite zu klein, wird, v_2=1 gesetzt und damit das Teil aussortiert. Mit einem Schaltnetz mit den Eingängen w_1, w_2, w_3 und w_4 sollen die Ausgänge v_1 und v_2 gebildet werden

3.1 Stellen Sie eine Wertetabelle für das Schaltnetz auf.

3.2 Ermitteln Sie die logischen Funktionen für v1 und v2 mit minimalen Verknüpfungen. Implementieren Sie die logische Funktion als Schaltnetz in das Simulinkmodell *dualzahl* und überprüfen Sie mit einer Simulation die Korrektheit des Schaltnetzes durch Vergleich mit der Wertetabelle.

Aufgabe 4

Mit der Auswertung der Signale w_1 und w_2 zweier Lichtschranken soll die Fahrtrichtung von Fahrzeugen festgestellt werden.

4.1 Die Lichtschranken liegen hinreichend weit auseinander, jedoch so nah beieinander, dass beide gleichzeitig vom Fahrzeug unterbrochen werden können. Entwickeln sie eine logische Schaltung mit Simulink, die nachstehende Wertetabelle mit den Ausgangsvariablen v_1 und v_2 erfüllt.

Tab. 24: Wertetabelle

w_1	w_2	v_1	v_2	**Kommentar**
0	0	0	0	Kein Fahrzeug
1	0	1	0	Fahrzeug von links
0	1	0	1	Fahrzeug von rechts
1	1	1	1	Fahrzeug

Implementieren Sie das Schaltnetz in das Simulinkmodell *dualzahl.slx* und überprüfen Sie mit einer Simulation die Korrektheit des Schaltnetzes.

4.2 Die Lichtschranken liegen so weit auseinander, dass ein Fahrzeug stets nur eine Lichtschranke unterbricht. Entwickeln sie das Simulinkmodell mit D-FlipFlops. Nach der Durchfahrt eines Fahrzeugs müssen die D-FlipFlops zurück gesetzt werden. Verwenden Sie hierfür $w_3=0$. Überprüfen Sie mit einer Simulation die Korrektheit des Modells.

Aufgabe 5

Messing-Werkstücke in T-Form werden zur Weiterbearbeitung auf einen Bearbeitungstisch geschoben. Die Anlieferung kann dabei in den in Abb. 5.1.7 dargestellten zwei Positionen erfolgen (Draufsicht). Für die Weiterbearbeitung ist die Kenntnis der jeweiligen Position erforderlich. Die Ermittlung geschieht mit 4 Lichtschranken L1, L2, L3 und L4, deren Leuchtdioden unterhalb der Bodenplatte bei den 4 Bohrlöchern angebracht sind. Für die Lichtschranken gilt (mit *x=1, 2, 3* oder *4*):

$$Lx = \begin{cases} = 0 \text{ bei unterbrochener Lichtschranke} \\ = 1 \text{ bei geschlossener Lichtschranke} \end{cases}$$

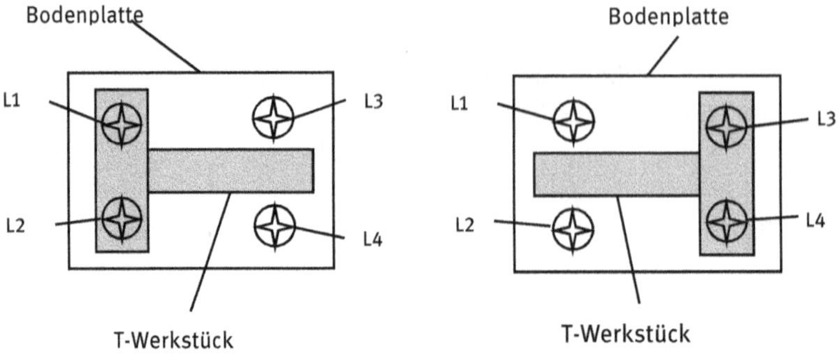

Abb. 5.1.7: Draufsicht auf die Werkstücke

Für die Werkstückorientierung sollen die binären Ausgangsgrößen lo und ro mit den Festlegungen lo=1 bei Linksorientierung und ro=1 bei Rechtsorientierung gebildet werden. Es kann vorkommen, dass eine vom Werkstück nicht unterbrochene Lichtschranke durch Verschmutzung unterbrochen wird, wobei dennoch die Orientierung eindeutig feststellbar.

5.1 Stellen Sie die den logischen Zusammenhang zwischen den Eingängen L1 bis L4 und den Ausgängen lo und lo in einer Funktionstabelle dar.

5.2 Geben Sie für die Ausgänge lo und ro jeweils eine minimierte logische Funktion an.

5.3 Implementieren Sie die logische Funktion als Schaltnetz in das Simulinkmodell *dualzahl.slx* und überprüfen Sie mit einer Simulation die Korrektheit des Schaltnetzes durch Vergleich mit der Wertetabelle.

Aufgabe 6

Entwickeln Sie mit einem Chart von Stateflow eine Ampelsteuerung für eine Kreuzung mit zwei Fahrtrichtungen A und B. Die Ampeln rot, gruen und gelb werden für die Fahrtrichtung A mit den Ausgangsvariablen ar, ag und ay und für die Fahrtrichtung B mit den Ausgangsvariablen br, bg und by mit den Werten 1 für den Zustand *ein* und 0 für den Zustand *aus* angesteuert. Das Chart wird mit ansteigender Flanke ereignisgesteuert (*takt*), wofür ein Rechtecksignal *Clock* verwendet wird. Die Zeitintevalle für die Schaltzustände der Ampeln sind mit Zählschleifen bei den Schaltzuständen zu realisieren. Beachten Sie, dass beim Schalten von einer Grünphase zur Rotphase eine kürzere Gelbphase dazwischen liegen muss, beim Schalten einer Rotphase zur Grünphase jedoch nicht. Zur Überprüfung der Steuerung sind die Ampeln mit dem Baustein *Lamp* aus der Bibliothek *Dashboard* zu simulieren.

Aufgabe 7

Am Ende einer Verpackungsrollbahn erhalten die Pakete einen Aufdruck. Die Pakete rollen über die Rollenrutsche vor die Druckeinrichtung auf drei gummierte Rollen, die mit dem Motor M1 angetriebene werden können, siehe Abb. 5.1.8. Die Ankunft eines Paketes wird mit einer Lichtschranke L1, die unterbrochen wird, signalisiert. Daraufhin soll der Motor M1 eingeschaltet werden, damit das Paket mit Hilfe der drei reibenden Rollen in die Druckeinrichtung geschoben wird. Dabei schließt erst L1, dann wird die Lichtschranke L2 unterbrochen. L2 schließt erst, nachdem das Paket mittig in der Druckvorrichtung liegt. Dann muss der Motor M1 ausgeschaltet werden. Eine senkrecht über dem Paket befindliche Druckeinrichtung (nicht dargestellt) drückt nach dem Einschalten ein Stempelkissen aufs Paket. Nach dem Aufdruck soll der Motor M2 das Paket vor die abwärts geneigte Rollenbahn zum Versand schieben. Dabei hat das Paket die gewünschte Position erreicht, nachdem die Lichtschranke L3 zunächst unterbrochen und anschließend wieder verbunden ist. Zum Schluss wird mit dem Motor M3 das Paket auf die Rollenbahn zum Versand geschoben. Auch hier erreicht das Paket erst die Rollenbahn, nachdem die Lichtschranke L4 erst unterbrochen und anschließend wieder geschlossen wird. Die Motoren M1, M2 und M3 werden nach dem Ausfahren und anschließendem Ausschalten durch Federdruck in ihre Ausgangslage zurückgesetzt.

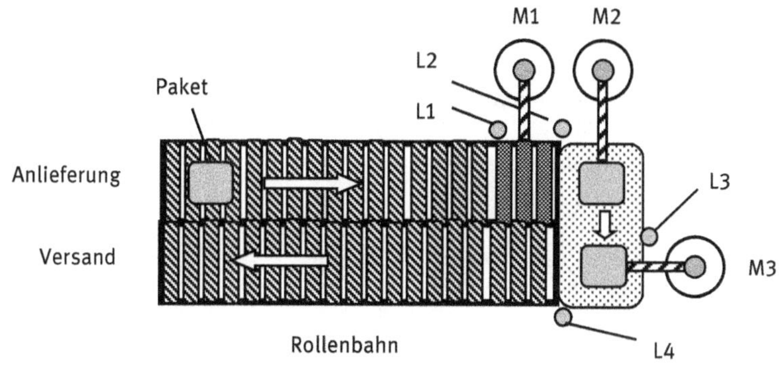

Abb. 5.1.8: Schematische Darstellung der Draufsicht

Die Bedeutung der Ein- und Ausgangssignale ist in nachfolgenden Tabellen angegeben.

Tab. 25: Meldungen der Eingangsgrößen

Eingang	Meldung
L1	Lichtschranke unterbrochen: L1= 1 sonst 0
L2	Lichtschranke unterbrochen: L2= 1 sonst 0
L3	Lichtschranke unterbrochen: L3= 1 sonst 0
L4	Lichtschranke unterbrochen: L4= 1 sonst 0
q	Quittiert Aufdruck mit q=1

Tab. 26: Aktionen der Ausgangssignale

Ausgang	Aktion
M1	Motor ein mit M1 = 1
M2	Motor ein mit M2 = 1
M3	Motor ein mit M3 = 1
dr	Druckvorrichtung einschalten mit dr=1

Entwickeln Sie eine Steuerung mit dem Zustandsdiagramm Chart und testen Sie die Funktion mit einer entsprechenden Simulinkumgebung. Dabei sind für die Lichtschranken Schalter und für die Motoren Display-Bausteine zu verwenden.

5.2 Lösungen

5.2.1 Lösungen von dynamischen Systemen

Lösung 1
Der Abbremsvorgang wird beschrieben mit

$$m \cdot \ddot{x}(t) = -F_L - F_B$$

$$m \cdot \ddot{x}(t) = -\frac{1}{2} c_W \rho_L A \dot{x}^2 - \mu m g$$

$$\ddot{x}(t) = -\frac{A c_W \rho_L}{2m} \dot{x}^2 - \mu g$$

$$\ddot{x}(t) = -\lambda \dot{x}^2 - \mu g$$

mit

$$\lambda = \frac{A c_W \rho_L}{2m} = \frac{2 \cdot 0{,}3 \cdot 1{,}2}{2 \cdot 900} = 4 \cdot 10^{-4}$$

Die DGL wird in eine Integralgleichung umgewandelt und mit dem Wert für λ in das Strukturbild Abb. 5.2.1 umgesetzt. Der Integrierer bekommt dabei den Anfangswert v_0 =33,33m/s (≙ 120km/h).

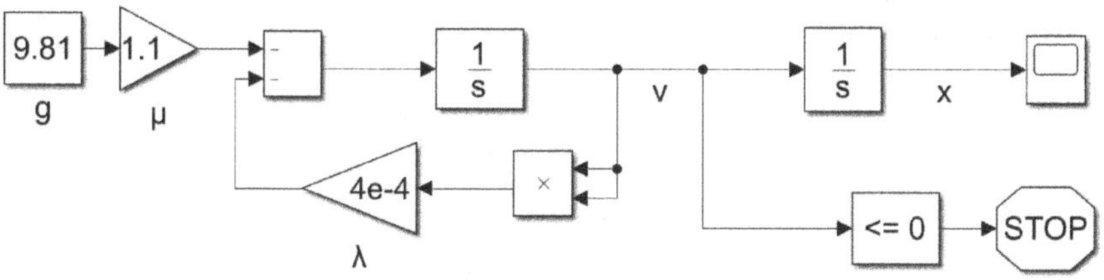

Abb. 5.2.1: Modell zur Simulation des Bremsweges eines Pkws (bremsweg.slx)

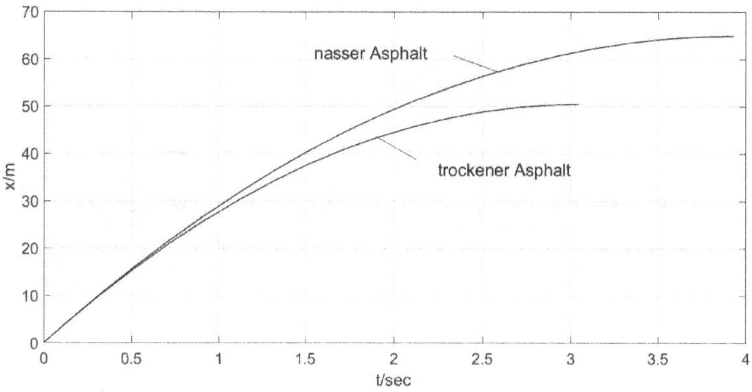

Abb. 5.2.2: Bremsweg

Lösung 2

Für die Volumenströme in die Behälter gelten die Beziehungen

$$q_1(t) = \frac{1}{W} \cdot \left[p_e(t) - p_1(t) \right]$$

und

$$q_2(t) = \frac{1}{W} \cdot \left[p_1(t) - p_2(t) \right].$$

Daraus folgt in den Behältern ein Druckanstieg gemäß

$$\frac{dp_1(t)}{dt} = \frac{1}{K_1} \cdot \left[q_1(t) - q_2(t) \right]$$

und

$$\frac{dp_2(t)}{dt} = \frac{1}{K_2} \cdot q_2(t) .$$

Integration über die beiden DGLen ergibt

$$p_1(t) = \frac{1}{K_1} \cdot \int_0^t \left[q_1(\tau) - q_2(\tau) \right] d\tau$$

und

$$p_2(t) = \frac{1}{K_2} \cdot \int_0^t q_2(\tau) d\tau \,.$$

Das Strukturbild zur Simulation der Druckverläufe zeigt Abb. 5.2.3.

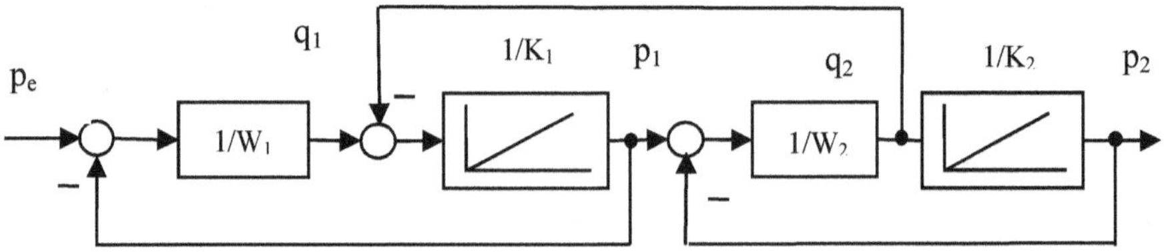

Abb. 5.2.3: Strukturbild

Lösung 3

3.1 Es ist

$$v = \omega \left(r + \frac{d}{2\pi} \int_0^t \omega(\tau) d\tau \right)$$

3.2 Es wird angenommen, dass die Motorspannung bei t=0 maximal wird, was bei der Simulation noch zu überprüfen ist. Aufgrund der Verzögerung des Motors ist bei t=0 die rückgeführte Geschwindigkeit v(t=0) = 0 und es gilt

$$U_{max} = K_R v_0 \,.$$

Damit folgt

$$K_R = \frac{U_{max}}{v_0} = \frac{10}{5} = 2 \,.$$

Simulink-Modell:

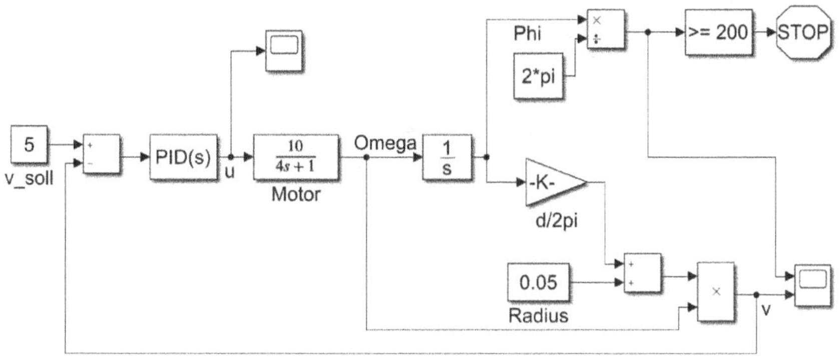

Abb. 5.2.4: Modell zur Regelung der Foliengeschwindigkeit (aufwickeln.slx)

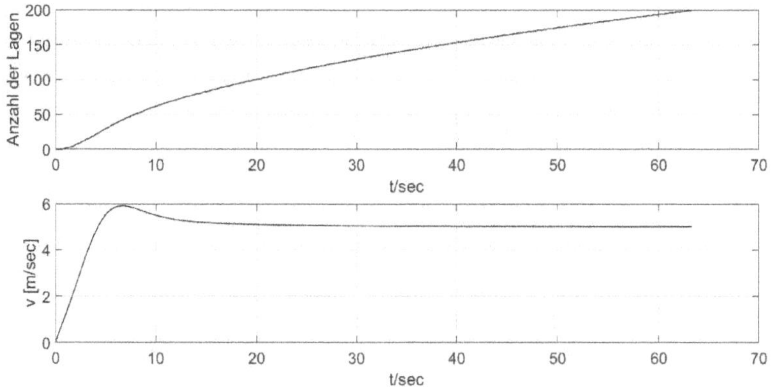

Abb. 5.2.5: Anzahl der Lagen (oben) und Foliengeschwindigkeit (unten)

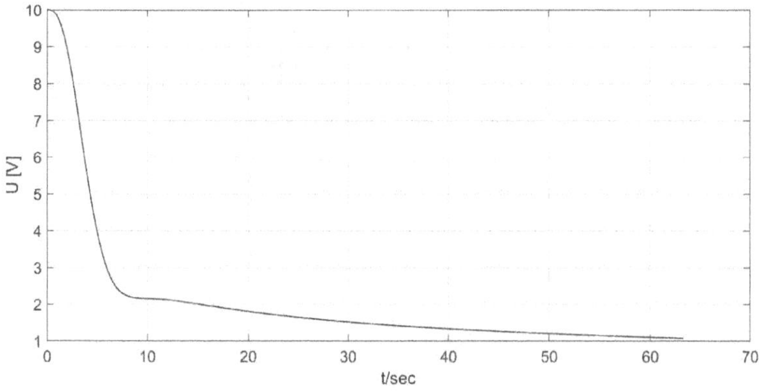

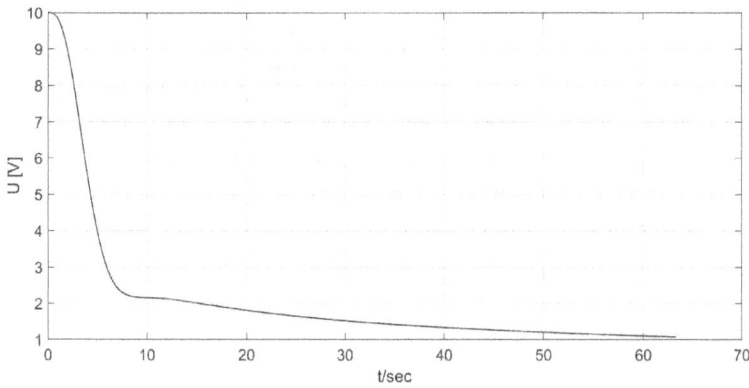

Abb. 5.2.6: Motorspannung

Lösung 4

4.1 Ermittlung des Reibkoeffizienten k_R:

$$i_A = \frac{u_{A0} - k_G \omega_0}{R_A}$$

$$i_A k_M = \omega_0 k_R$$

und damit

$$k_R = \frac{i_A k_M}{\omega_0}.$$

4.2 Ermittlung des Trägheitsmomentes J:

$$G_W(s) = \frac{\omega(s)}{u_A(s)} = \frac{\frac{k_M}{R_A} \cdot \frac{1}{Js}}{1 + \frac{k_M}{R_A} \cdot \frac{1}{Js}\left(k_G + \frac{k_R}{k_M / R_A}\right)},$$

$$G_W(s) = \frac{\frac{k_M}{R_A}}{Js + \frac{k_M}{R_A}\left(k_G + R_A \frac{k_R}{k_M}\right)}$$

und

$$G_W(s) = \frac{1}{k_G + R_A \frac{k_R}{k_M}} \cdot \frac{1}{\frac{J}{\frac{k_M}{R_A}\left(k_G + R_A \frac{k_R}{k_M}\right)} s + 1}.$$

Mit

$$T_1 = \frac{J}{\frac{k_M}{R_A}\left(k_G + R_A \frac{k_R}{k_M}\right)}$$

folgt

$$J = T_1 k_M \left(\frac{k_G}{R_A} + \frac{k_R}{k_M}\right)$$

und

$$G_W(s) = \frac{1}{k_G + R_A \dfrac{k_R}{k_M}} \cdot \frac{1}{T_1 s + 1}.$$

4.3 Mit der Kraft F wird die Masse m beschleunigt

$$m \cdot \dot{v}(t) = F.$$

Hierfür erzeugt der Motor das Drehmoment

$$M_L = \frac{\mu + \tan\alpha}{1 - \mu \tan\alpha} rF = \frac{\mu + \tan\alpha}{1 - \mu \tan\alpha} rm\dot{v}(t).$$

Mit $v = r \cdot \omega$ folgt

$$M_L = \tan\alpha \frac{\mu + \tan\alpha}{1 - \mu \tan\alpha} r^2 m \cdot \dot{\omega}(t)$$

und

$$M_L = k_{Sp} \cdot \dot{\omega}(t)$$

mit

$$k_{Sp} = \tan\alpha \frac{\mu + \tan\alpha}{1 - \mu \tan\alpha} r^2 m.$$

Nun wird der Einfluss des Lastmoments auf den Integrierer gemäß nachfolgender Struktur berücksichtigt.

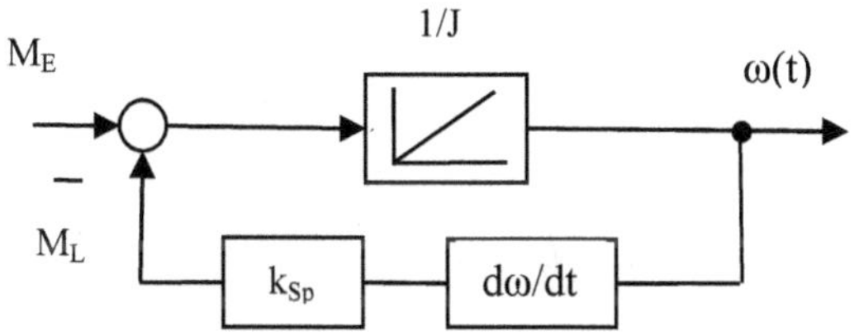

Abb. 5.2.7: Einfluss des Lastmoments auf den Integrierer

Hierfür ergibt sich folgende Ersatz-Übertragungsfunktion

$$G_E(s)=\frac{\omega(s)}{M_E(s)}=\frac{\frac{1}{Js}}{1+\frac{1}{Js}k_{Sp}s}=\frac{1}{Js+k_{Sp}s}=\frac{1}{s\left(J+k_{Sp}\right)}.$$

Die Ersatz-Übertragungsfunktion ist wiederum ein Integrierer mit dem vergrößerten Trägheitsmoment

$$\tilde{J}=J+k_{Sp}=J+\tan\alpha\frac{\mu+\tan\alpha}{1-\mu\tan\alpha}r^2m$$

und mit Zahlenwerten.

$$\tilde{J}=J+0{,}026\cdot r^2m.$$

Das Ergebnis zeigt, dass mit dem Auflegen der Masse das Trägheitsmoment und damit die Zeitkonstante des Antriebs vergrößert wird.

Lösung 5

Die vertikale Postion y(t) des Balles wird beschrieben durch die Dgl.

$$\ddot{y}(t)=-g-\frac{1}{m}F_L(v)$$

mit

$$\frac{F_L(v)}{m}=\frac{1}{2m}c_W\,\rho_L Av^2 sign(v)$$

vom Anfangswert y_0.

Die Ermittlung von y(t) erfolgt durch abschnittsweise Integration mit unterschiedlichen Anfangswerten y_0 und $\dot{y}_0$.

Abschnitt 1 mit $y_0>0$ und $\dot{y}_0=0$ bis zum 1. Aufprall zum Zeitpunkt t_1:

$$y(t)=\int_0^{t_1}\left\{-\int_0^{t_1}\left[g+0{,}01v^2(\tau)\right]d\tau\right\}d\tau+y_0.$$

Weitere Abschnitte mit $y_0=0$ und $\dot{y}_0>0$:

Erfolgt der Aufprall zum Zeitpunkt t_k (k=1,2, usw.) mit der Geschwindigkeit v_k, so ist die Geschwindigkeit unmittelbar nach dem Aufprall $-v_k$. Dann folgt zwischen einem Aufprall zum Zeitpunkt t_k und dem nächten Aufprall zum Zeitpunkt t_{k+1}:

$$y(t) = \int_{t_k}^{t_{k+1}} \left\{ -\int_{t_k}^{t_{k+1}} \left[g + 0{,}01 v^2(\tau) \right] d\tau + 0{,}9 v_k \right\} d\tau$$

Die Modellierung der abschnittsweisen Integration mit Simulink zeigt Abb. 5.2.8.

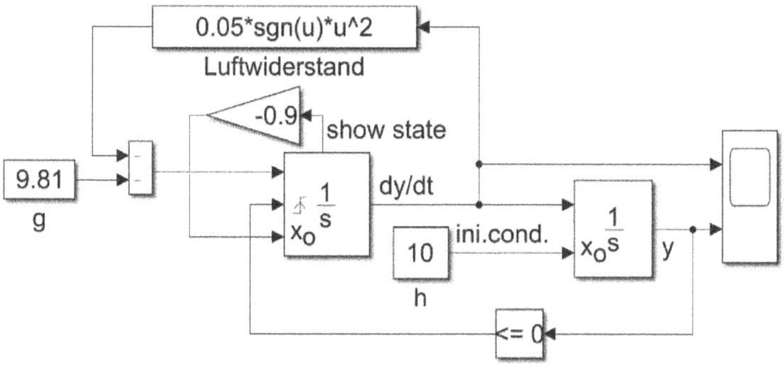

Abb. 5.2.8: Modell zur Simulation der senkrechten Ballbewegung (ball.slx)

Der Integrationsblock für die Beschleunigung wird zurückgesetzt, wenn y==0 ist. Dabei muss er als Anfangswert x_0 die Rückprallgeschwindigkeit erhalten. Sie erhält man über den Ausgang *state port* des Integrierers, der in der Eingabemaske des Integrierers zu wählen ist. Der Integrationsblock für die Geschwindigkeit erhält den Anfangswert y_0=10. Die Aufzeichnung einer Simulation der Ballbewegung zeigt Abb. 5.2.9.

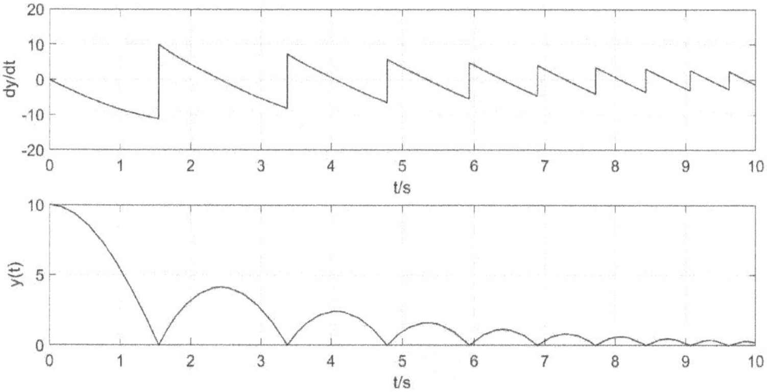

Abb. 5.2.9: Ballgeschwindigkeit (oben) und Ballposition (unten) über der Zeit dargestellt

5.2.2 Lösungen von ereignisdiskreten Systemen

Lösung 1

Simulinkmodell

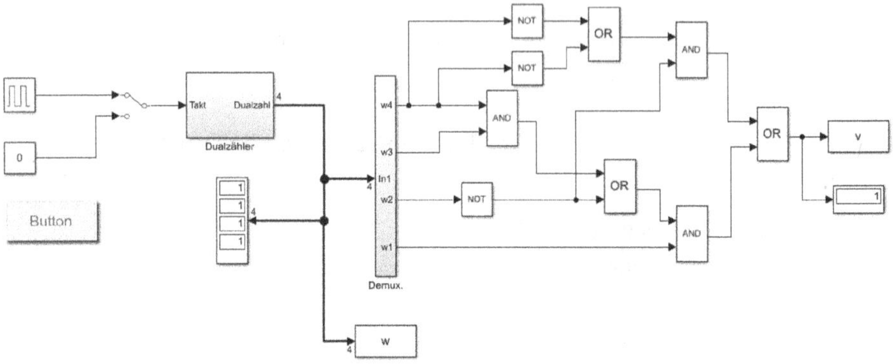

Abb. 5.2.10: Schaltnetz mit Testumgebung (aufg_III_1.slx)

Nachfolgende Wertetabelle wurde mit `xlswrite(‚data‘,[double(w) double(v)])` erstellt:

Tab. 27: Wertetabelle

w_4	w_3	w_2	w_1	v
0	0	0	0	1
0	0	0	1	1
0	0	1	0	0
0	0	1	1	0
0	1	0	0	1
0	1	0	1	1
0	1	1	0	0
0	1	1	1	0
1	0	0	0	0
1	0	0	1	1
1	0	1	0	0
1	0	1	1	0
1	1	0	0	0
1	1	0	1	1
1	1	1	0	0
1	1	1	1	1

Lösung 2

Die Wirkung derTastensignale auf eine Binärstelle wird mit einem ODER-Gatter erfasst. Die Realisierung des Schaltnetzes zeigt das Simulinkmodell in Abb. 5.2.11.

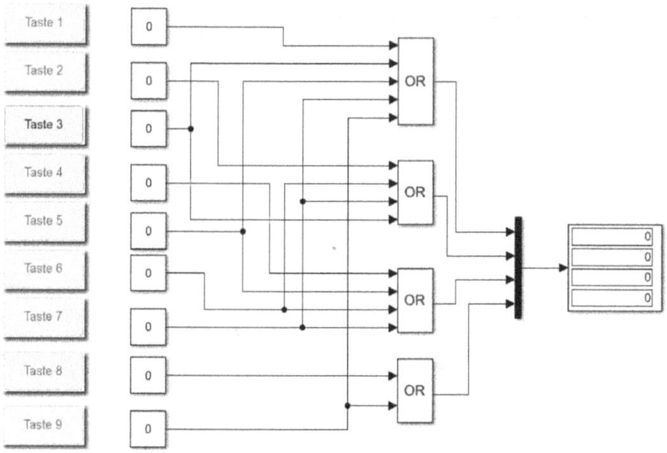

Abb. 5.2.11: Schaltnetz mit Testumgebung (tasten2dual.slx)

Lösung 3

3.1

Tab. 28: Wertetabelle

w_4	w_3	w_2	w_1	v_1	v_2
0	0	0	0	0	0
0	0	0	1	1	0
0	0	1	0	0	1
0	0	1	1	0	1
0	1	0	0	1	0
0	1	0	1	1	0
0	1	1	0	0	1
0	1	1	1	0	1
1	0	0	0	0	1
1	0	0	1	0	1
1	0	1	0	0	1
1	0	1	1	0	1
1	1	0	0	0	1

w_4	w_3	w_2	w_1	v_1	v_2
1	1	0	1	0	1
1	1	1	0	0	1
1	1	1	1	0	1

3.2

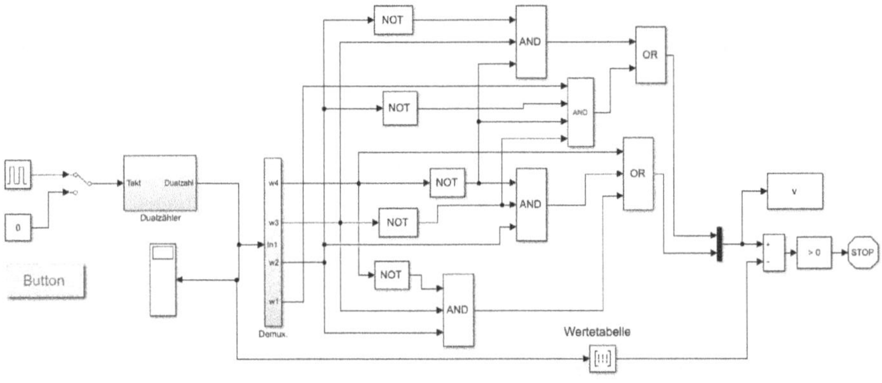

Abb. 5.2.12: Schaltnetz mit Testumgebung (aufg_III-2.slx)

Die Simulation des Modells erfolgt ohne vorzeitigem Stop für alle 16 Eingangswerte, was bedeutet, dass die logische Schaltung alle Werte der Wertetabelle richtig bildet.

Lösung 4

4.1

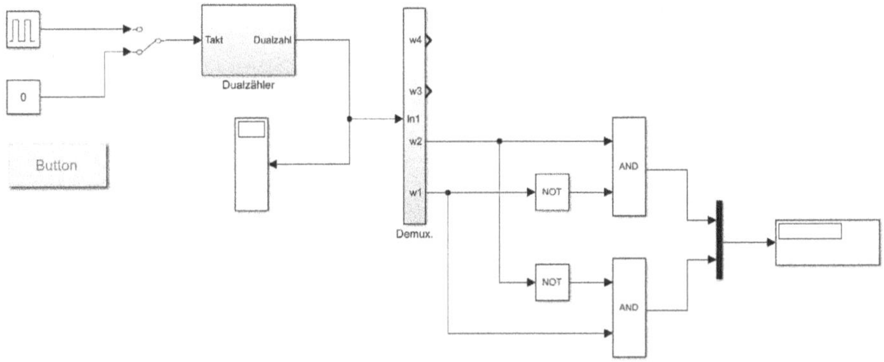

Abb. 5.2.13: Schaltnetz mit Testumgebung (richtung1.slx)

4.2

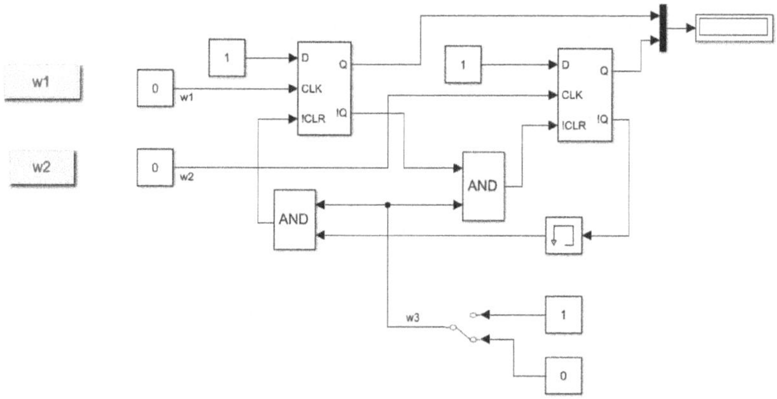

Abb. 5.2.14: Schaltnetz mit Speicherung (richtung2.slx)

Lösung 5

5.1

Tab. 29: Wertetabelle

L4	L3	L2	L1	lo	ro
0	0	0	0	0	0
0	0	0	1	0	1
0	0	1	0	0	1
0	0	1	1	0	1
0	1	0	0	1	0
0	1	0	1	0	0
0	1	1	0	0	0
0	1	1	1	0	0
1	0	0	0	1	0
1	0	0	1	0	0
1	0	1	0	0	0
1	0	1	1	0	0
1	1	0	0	1	0
1	1	0	1	0	0
1	1	1	0	0	0
1	1	1	1	0	0

5.2 Logischen Funktionen für lo und ro:

$$lo = \overline{L1}\,\overline{L2}\,L3 \vee \overline{L1}\,\overline{L2}\,L4 = \overline{L1}\,\overline{L2}\left(L3 \vee L4\right)$$

$$ro = L1\,\overline{L3}\,\overline{L4} \vee L2\,\overline{L3}\,\overline{L4} = \overline{L3}\,\overline{L4}\left(L1 \vee L2\right)$$

5.3 Simulinkmodell

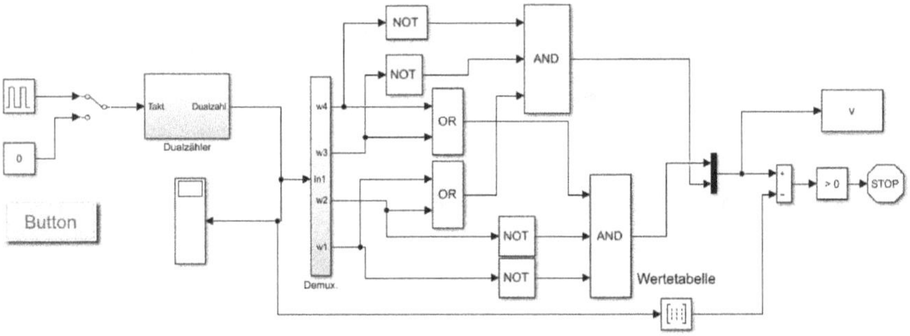

Abb. 5.2.15: Schaltnetz mit Simulationsumgebung (aufg_III_4.slx)

Die Simulation des Modells erfolgt ohne vorzeitigem Stop für alle 16 Eingangswerte, was bedeutet, dass die logische Schaltung alle Werte der Wertetabelle richtig bildet.

Lösung 6

Simulinkmodell der Ampelsteuerung:

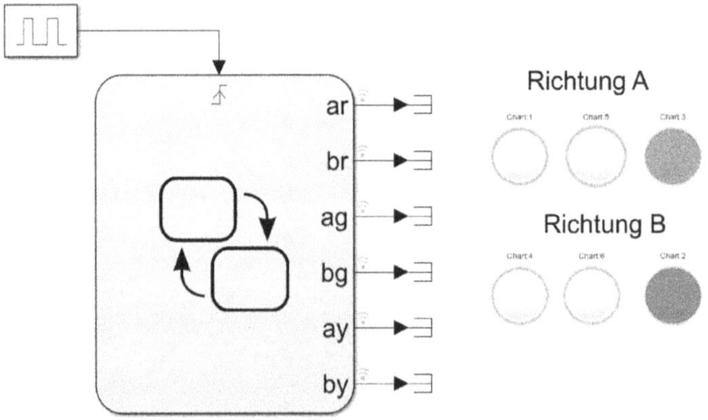

Abb. 5.2.16: Simulinkumgebung für die Ampelsteuerung (ampel.slx)

Chart mit Ampelsteuerung

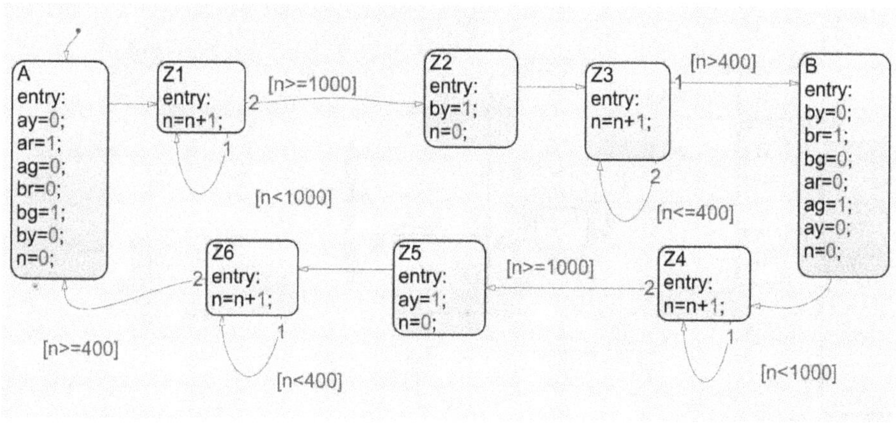

Abb. 5.2.17: Ampelsteuerung

Lösung 7

Chart mit der Steuerung

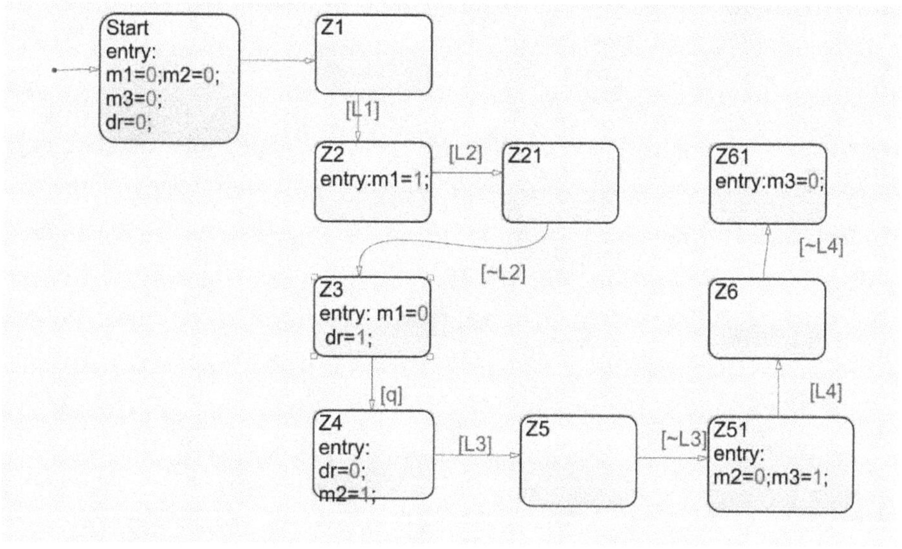

Abb.5.2.18: Steuerung der Paketbeschriftung

Simulinkumgebung:

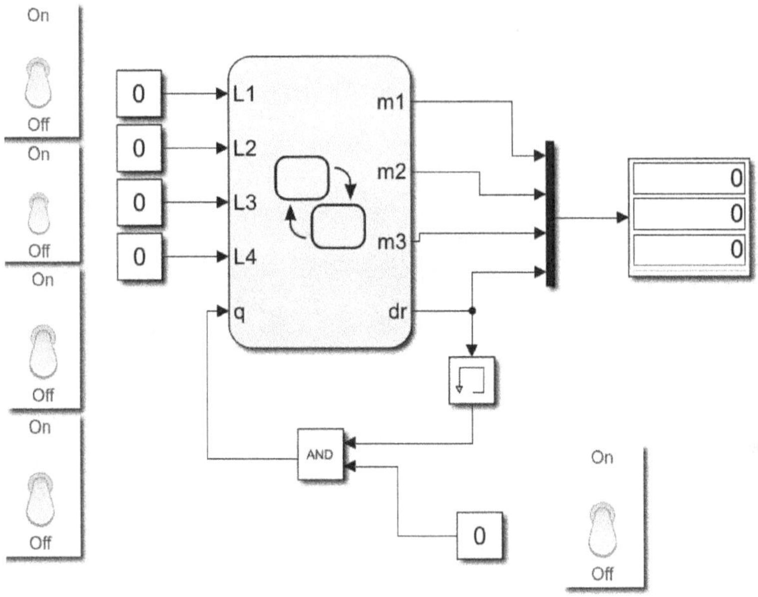

Abb. 5.2.19: Simulinkumgebung für die Paketbeschriftung (aufg_III_6).slx

Literatur

[1] W. Leonhard: Einführung in die Regelungstechnik, Springer Fachmedien Verlag, 3. Auflage 1985.
[2] Angermann, A u.a. Matlab-Simulink-Stateflow. Grundlagen, Toolboxen, Beispiele. De Gruyter Studium, De Gruyter OLdenbourg Verlag, 10. Auflage 2020.
[3] Lunze, J.: Automatisierungstechnik. Methoden für die Überwachung und Steuerung kontinuierlicher und ereignisdiskreter Systeme. Oldenbourg Wissenschaftsverlag GmbH, 3. Auflage 2012.
[4] Litz, L: Grundlagen der Automatisierungstechnik, De Gruyter Oldenbourg Verlag, 2. Auflage 2012.
[5] Scherf E. H.: Modellbildung und Simulation dynamischer Systeme. Oldenbourg Verlag, 4. Auflage 2010.
[6] Glöckler, Michael: Simulation mechatronischer Systeme. Grundlagen und Beispiele mit Matlab und Simulink. Springer Fachmedien Verlag, 2. Auflage 2018.
[7] Amos, Albert u.a.: Mechatronik. Komponenten-Methoden-Beispiele. Carl Hanser Verlag, 4. Auflage 2016.
[8] Roddeck, Werner: Einführung in die Mechatronik. Springer Fachmedien Verlag, 5. Auflage 2016.
[9] Schlitt, Herbert: Regelungstechnik, Vogel Buchverlag, 2. Auflage 1993.
[10] Unbehauen, H.: Regelungstechnik I, Vieweg+Teubner-Verlag, 15. Auflage 2008.
[11] Unbehauen, H.: Regelungstechnik II, Vieweg+Teubner-Verlag, 9. Auflage 2007.

https://doi.org/10.1515/9783110738018-007

Sachregister

Ablaufsteuerung 218
Abstandsregelung 150–160
Abtasttheorem 45
Aufbauschwingung 80–81
Außentemperatur 181, 189
Automatengraf 212
Automatic Gain Control 204
Beobachter-Normalform (BNF) 9
Brenner 188
Charakteristisches Polynom 56
Dämpfer-Feder-Kombination 21
Dämpfer-Feder-Masse-Kombination 23
Dauermagnet 102
Demodulator 198
Differenzialgleichung 8
Differenziationssatz 10
Digitaler Regler 44
Disjunktiven Normalform 221
Diskrete Wertemengen 210
Drehimpulserhaltungsgesetz 164
Drehmomentsensor 89
Drehzahlverhalten 62
Dreiwege-Mischventil 185
Drosselklappe 131
Drossel-Speicher-Kombination 30
Drosselvorrichtung 132
Druck 8
Druckbehälter 7
Druckwalzen 170
Dualcodezähler 219
Dualzahlgenerator 219
E-Bike-Modell 95
Elevationswinkel 68
Ereignisdiskrete Steuereinrichtung 217
Ereignisdiskretes System 209
Fahrbahnanregung 78
Fahrbahnsteigung 154
Faustformel für die Tastzeit 45
Federkraft 4
Federmoment 4
Fouriertransformation 193
Frequency Shift Keying 197
Fußbodenheizung 179
Geschwindigkeitsregelung 156
Gieren, Nicken, Rollen 116
Gleichstrommotor 61
Gleitreibkraft 146
Gleitreibung 5
Haftreibung 148
Höhenregelung 128
Integralgleichung 9
Kaskadenstruktur 69
Kesseltemperatur 186
Kesselwasser 188
Kirchhoffsche Gesetze 6
Klemmfall 87
Kompensationsmethode 33
Laminare Strömung 7
Laplace-Transformation 10
Lastmoment 63
LC-Oszillation 28
Luftwiderstandskraft 153
Masterantrieb 170
Modulator 197
Newtonsche Reibung 5
Optoelektronischer Positionssensor 104
Pedalmoment 93
Phase Locked Loop System 198
Phasenreserve 33
PID-Differenzengleichung 48
PI-Differenzengleichung 48
Polvorgabe 55
Propeller 115
Pseudozufallsfolgen 207
Pulsweiten-Modulator 64
Quasikontinuierliche Regelung 45
Radioteleskop 67
Radlermoment 96
Radschwingung 81
Raumtemperatur 184
RC-Kombination 26
Reaktionsrad 163
Regelungsnormalform (RNF) 11
Regleralgorithmus 49
Reibkräfte 5
Remote Control 196
Rückführvektor 54
Satellitenwinkel 166
Schaltnetz 220
Schieberegister 207

https://doi.org/10.1515/9783110738018-008

Schubkräfte 115
Schwungscheibe 163
Signalverarbeitung 193
Slaveantrieb 170
Spektralanalyse 194
Stateflow 210
Stateflowchart 212
Steueralgorithmus 217
Stick-Slip-Effekt 149
Strukturbild 9
Symmetrische Optimum 37
Systemmatrix 15
Tauchspule 102
Thermostat 179
Turbulente Strömung 7
Übertragungsfunktion 10
Verknüpfungssteuerungen 218
Viertelauto 77
Viskose Reibung 5
Vorfilter 54
Vorlauftemperatur 180
Waage-Modell 106
Waage-Regelung 110
Wärmefluss 6
Wertetabelle 219
Wurzelortskurven-Verfahren 33
Zentripetalkraft 4
Zugwalze 170
Zustand 210
Zustandsgleichung 14
Zustandsraum 14
Zustandsregelung 53
Zustandsübergänge 210

www.ingramcontent.com/pod-product-compliance
Lightning Source LLC
Chambersburg PA
CBHW081056220326
41598CB00038B/7117
9783110737998